한국 녹색도시 정책의 미래

# 녹색인프라의 이해와 구축 방안

한국 녹색도시 정책의 미래

# 녹색인프라의 이해와 구축 방안

**초판 1쇄 펴낸 날** _ 2014년 5월 9일
**지은이** _ 박재철, 양홍모, 장병관, 서주환, 나정화
　　　　　　김 현, 권경호, 이경주, 윤상준, 안명준
**엮은이** _ (사)한국조경학회
**총괄편집** _ 박재철, 안명준
**펴낸이** _ 박명권 | **펴낸곳** _ 도서출판 조경
**신고일** _ 1987년 11월 27일
**신고번호** _ 제406-2006-00005호

**주소** _ 경기도 파주시 회동길 47 (문발동 529-5)
**전화** _ 031.955.4966~8 | **팩스** _ 031.955.4969
**전자우편** _ klam@chol.com
**편집** _ 임경숙 | **디자인** _ 이은미
**출력** _ 한결그래픽스 | **인쇄** _ 중앙문화인쇄

ISBN 978-89-85507-98-1

* 파본은 교환하여 드립니다.

* 이 도서의 국립중앙도서관 출판시도서목록(CIP)은 서지정보유통지원시스템 홈페이지(http://seoji.nl.go.
  kr)와 국가자료공동목록시스템(http://www.nl.go.kr/kolisnet)에서 이용하실 수 있습니다.(CIP제어번호:
  CIP2014014487)

정가 18,000원

한국 녹색도시 정책의 미래

# 녹색인프라의 이해와 구축 방안

박재철, 양홍모, 장병관, 서주환, 나정화
김 현, 권경호, 이경주, 윤상준, 안명준 **지음**
(사)한국조경학회 **엮음**

도서출판
조경

# 인 사 말

시민 누구나 공원, 녹지 등 녹색인프라는 환경복지를 위해서 없어서는 안 될 필수 기반 시설이라고 인식하고 있습니다. 그러나 매년 정부와 지자체가 공원, 녹지 등 녹색인프라에 투자하는 비용은 도로, 항만 등 회색인프라 투자에 비해 미미한 수준입니다. 최근 논란이 되고 있는 공원일몰제가 이를 잘 말해 주고 있습니다. 이런 현상이 수십 년 지속되면서 자연환경과 인공환경의 부조화가 발생하고, 각종 도시 환경문제가 야기되고 있습니다.

2011년 기준 전국의 지자체가 고시한 도시공원의 총면적은 747㎢로, 이중 미집행 면적은 623㎢(83.4%)에 달하며, 녹지의 총면적은 75㎢로 이중 미집행 면적은 67㎢(88.7%)에 이릅니다. 미집행 공원면적은 100만평 188개에 해당합니다. 미집행 도시공원과 녹지는 2020년 7월 1일이면 일몰제에 의해 사라질 위기에 처해 있어 국가도시공원조성 등 정부차원의 대책이 시급한 실정입니다.

조경분야가 중요하게 다루는 녹색인프라 구축은 도시공원 조성보다 더욱 미진한 상태여서 이를 해소하기 위한 정책 개발과 법제도적 뒷받침이 필요합니다.

국회, 정부, 지자체, 시민이 녹색인프라에 대한 투자를 회색인프라 투자만큼 중요하게 여기도록 사고를 바꾸는 운동의 전개가 절실하여, 2011년부터 한국조경학회는 녹색인프라 구축 운동을 전개하고 있습니다. 특히 전국 6대권역과 국회에서 심포지엄을 개최하고 추진하면서 녹색인프라의 실태를 설명하고 의견을 수렴하였습니다.

녹색인프라 구축은 다양한 공원, 녹지, 하천, 습지, 농지, 그린벨트를 유기적으로 배치하고 이들을 녹색길로 연결하여 네트워크를 조성하는 것입니다. 녹색인프라 구축은 쾌적한 환경 창출, 시민건강 증진, 삶의 질 개선 등 환경복지에 기여하며, 생물다양성을 증가시키고, 홍수 등 재해를 방지하는 역할을 합니다. 아울러 관광 등 지역경제 활성화에도 기여합니다. 최근 복지문제가 사회적, 정치적 이슈가 되고 있으나 단기적인 시각의 복지들입니다. 녹색인프라 구축은 현 세대는 물론 100년 앞을 내다보는 환경복지에 관한 문제입니다.

국내의 녹색인프라 실태와 외국의 녹색인프라 구축 현황과 추세를 분석하여, 국내 여건에 적합한 녹색인프라 구축 전략과 정책을 제시하고, 녹색인프라 구축을 위한 법제도화 방안을 모색해 보았습니다. 기고를 해주신 분들께 감사드립니다. 본서의 내용들이 녹색인프라 구축에 대한 이해와 접근방법에 도움이 되고, 앞으로 나아갈 방향의 설정에 밑거름이 되길 기대합니다. 또한 한국조경학회가 추진하고 있는 녹색인프라 구축 운동에 여러분들의 적극적인 참여와 성원을 부탁드립니다.

전남대학교 교수 | 20대 (사)한국조경학회 회장 양 홍 모

# 책을 펴내며

21세기를 맞아 세계는 지구온난화에 따른 각종 자연재해, 수질 및 대기환경 악화, 생물 종다양성 저하 등 범세계적 환경문제를 해결하기 위하여, 녹색성장 및 환경복지의 기치를 걸고 국가적 차원에서 정진하고 있다. 그러나 우리나라의 경우 기존 국토개발의 주축이었던 회색인프라 위주의 토건사업만으로는 녹색성장 및 환경복지를 실현하기 어려워, 이를 발전적으로 보완하고 증진하기 위한 녹색인프라 구축과 관련된 정책 마련이 필요하다.

녹색인프라 구축은 다양한 권역 규모에서 모든 국민이 균등하게 누릴 수 있는 정원, 공원, 녹지, 하천, 습지, 농경지, 그린벨트를 유기적으로 배치하고, 녹색망으로 이들을 연결하여 네트워크를 조성하는 것이다. 이를 기본으로 하는 녹색인프라 정책은 조경 관련 분야의 역할 증진과 함께 최근 주목받고 있는 저탄소 녹색성장의 기본 개념인 낙후된 지역의 재생과 소외계층의 녹색 일자리 창출은 물론 녹색산업 발전을 지원하게 될 것이다.

녹색인프라는 국토환경을 새롭게 성장 동력화하는 21세기 선진 정책이라 할 수 있다. 국토 및 도시에 자연의 힘이 생태적으로 작동하고 예술과 융합되는 녹색인프라 구축을 통해 자연재해 예방, 에너지 절감, 이산화탄소 저감, 기후변화 대응, 생물다양성 증진 등 환경적 문제의 해결이 가능하고, 국민의 삶의 질 향상, 커뮤니티 형성 등 복지와 형평성 증진을 통한 사회적 재생에 이바지 할 것이다. 또한 국토 및 지역의 고유한 자연환경, 풍토, 역사와 문화를 반영하여 국토의 합리적 보전 및 관리를 지향하고, 아름답고 건강한 선진 국토환경을 조성하여 미래세대에 전승될 공공적 가치를 구현할 수 있을 것이다. 자연을 매개로 한 다양한 문화를 창출하고 제공함으로써 궁극적으로 도시의 가치와 브랜드 증진을 꾀할 수 있다. 이를 통해 도시 경제 및 문화를 재생시키는 것이 녹색인프라 정책의 주된 지향점이며, 중요한 정책 과제다.

이제 국민 누구나 녹색환경복지를 원하고 있다. 삶의 공간 가까이에서 쾌적하고 생동감 넘치는 환경을 누릴 수 있는 공원 녹지를 조성하는 일, 도시 곳곳에 시민공원을 조성하는 일, 도시하천을 살리는 일, 주거단지의 조경을 수준 높게 만드는 일, 걷고 싶은 거리를 만드는 일, 동네 쌈지공원과 어린이 놀이터를 조성하는 일 등은 모두 녹색인프라를 구축하는 정책과 관련된 것이다. 이 모든 일들은 현세대는 물론 미래세대의 국민건강과 환경복지에 중추적 역할을 할 것이다. 또한 21세기 국제사회가 도시와 국토환경을 통해 국가의 경쟁력을 높이고 있음을 볼 때, 조경을 통한 녹색인프라 구축과 녹색경관의 창출은 다국적 기업유치, 도시 및 지역의 가치제고, 국가 브랜드 형성 등 대한민국의 경쟁력을 높이는데도 중추적 역할을 할 것이다.

그러나 현재 각 지방자치단체에서 개별적으로 추진하고 있는 녹색인프라 관련 정책은 단편적, 임의적, 제한적으로 수행되고 있어 체계적인 녹색기반 구축 측면에서 비효율성, 비경제성, 비형평성을 보여주고 있다. 녹색인프라를 구축하는 관련 분야의 노력은 국가 정책적 틀 속에서 종합적이고 체계적이며 국가의 격에 맞는 차원 높은 수준으로 추진될 필요가 있다.

이러한 중대한 변화에 능동적으로 대처하기 위하여 한국조경학회는 녹색인프라 특별위원회를 구성하여 2010년부터 2012년까지 3년여에 걸쳐 녹색인프라 구축 정책 방안에 대한 연구를 진행하여, 그 연구 결과를 한 권의 책으로 묶어내게 되었다. 연구진들이 나름대로 녹색인프라의 전반을 다루려고 하였으나 아직은 미진한 부분이 있다. 독자들의 넓은 혜량을 바라고 더 진전된 연구와 서적이 나오는 계기가 되길 바란다.

연구하면서 새롭게 느끼고 알게 된 점이 있다면 녹색인프라는 우리 조경분야의 나아갈 미래 성장동력이자 정책이며 비전이라는 사실이다. 사실 조경 분야에 정책이라고 할 만한 것이 아직까지 없었다고 해도 과언이 아니다. 녹색인프라 정책을 통하여 비로소 조경 정책의 아이덴티티를 가지게 되었다고 할 수 있다. 이는 한국 조경 발전의 역사적인 일로 기록될 것이다. 조경이 녹색인프라를 통해 사회적·경제적 이슈를 다루는 정책의 틀에 들어가게 되었다는 것이 가장 큰 의미를 두게 되는 부분이다. 앞으로 우리 조경계는 녹색인프라 정책을 뒷받침하기 위한 연구와 기술 개발, 프로그램 개발 등을 통해 한 단계 업그레이드되고 지평을 넓혀야 할 것이다.

조경의 미래를 내다보고 녹색인프라의 혜안을 제공하고 운동을 이끌어 준 양홍모 전 학회장과 바쁘신 가운데도 연구에 훌륭한 원고로 도와주신 연구진들에게 심심한 감사를 드린다. 그리고 출판을 위하여 여러 저자의 원고를 편집하여 정리하는 데 남다른 노고를 한 안명준 전 환경조경발전재단 사무국장에게 감사드린다. 이 책의 가치를 인식하고 출판을 허락해 준 도서출판 조경의 박명권 발행인에게도 감사드린다.

마지막으로 녹색인프라를 통한 행복한 대한민국을 기대해 본다.

(사)한국조경학회 녹색인프라 특별위원회 위원장 박　재　철

# 차 례

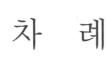

# III 한국의 녹색인프라 현황

# IV 녹색인프라 정책 방안

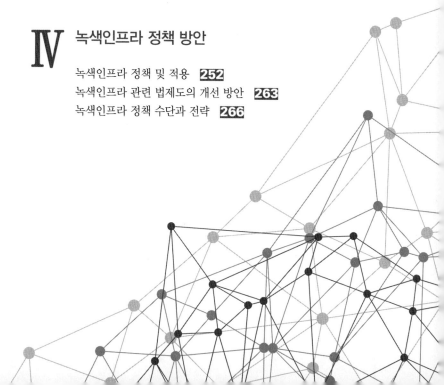

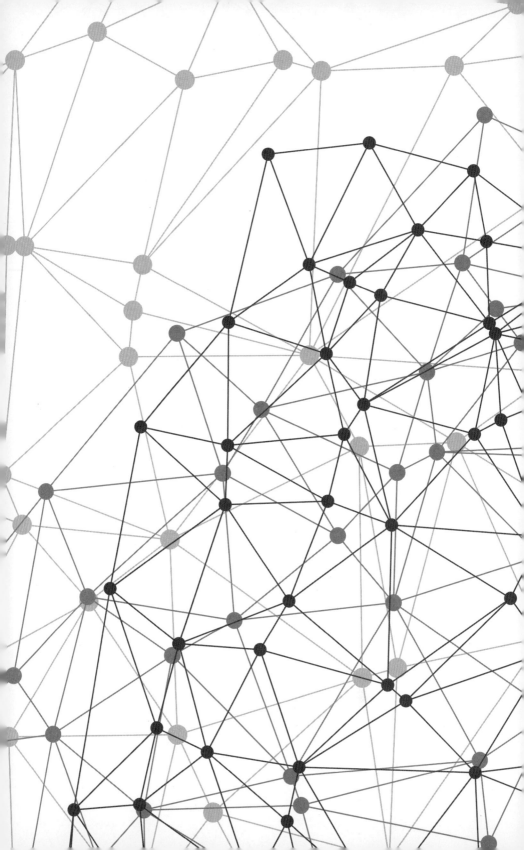

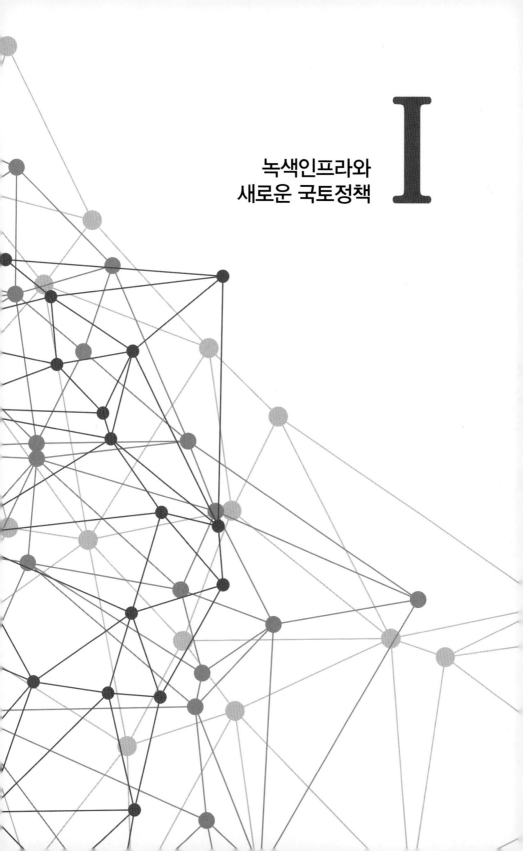

# I

녹색인프라와
새로운 국토정책

# 녹색인프라와
# 새로운 국토정책

**박 재 철**

최근 우리 도시에서 공원과 정원, 녹지는 새롭게 변신하고 재생되며 도시의 모습과 시민의 생활을 바꾸는 중요한 역할을 하고 있다. 여의도공원, 영등포공원, 선유도공원, 서울숲, 월드컵공원, 북서울꿈의숲, 용산공원(추진 중) 등 대규모의 도시공원뿐만 아니라 도시 곳곳에 흩어져 있는 생활권·도보권 근린공원과 주제공원, 녹색가로, 옥상정원 등의 녹색 공간들이 우리의 삶의 질을 개선하고 도시의 장소성을 회복하는데 커다란 기여를 하고 있다. 도시에 없어서는 안 될 중요한 기반시설로 공원과 가로가 사랑받고 있음에도 불구하고 현재의 공원녹지정책에는 몇 가지 우려할 만한 문제가 있는데, 이에 대한 대응과 해결을 위한 노력이 여러모로 논의되고 있다.

그중 녹색인프라에 대한 관심이 중요해지고 있는데, 이는 단편적 공원녹지 정책이 가지는 한계를 벗어나고 생활인프라로서 녹색공간의 중요성을 보다 통합적인 관점에서 제공하기 위한 노력이라고 할 수 있다. 보편적 녹색서비스의 확충과 국가적 실행체계 구축이라는 보다 확장된 정책적 접근이 널리 이해되고 있으며, 일상의 차원에서도 생활문화 지원이라는 구체적인 접근들도 요구되고 있다.

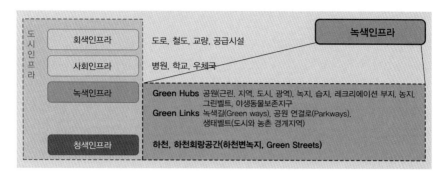

그림 1. 녹색인프라의 범위

이에 녹색인프라에 대한 정확한 이해와 통합적 실행을 위한 안내서로서 이 책이 기획되었다.

녹색인프라에는 기본적으로 '사람들의 권익을 위해 공원과 녹색 공간을 연결하는 것'과 '생물다양성을 증진하고 서식지 파편화를 저지하기 위해 자연 지역들을 보존하고 연결하는 것'이라는 두 가지의 개념이 담겨 있다. 녹색인프라 요소들은 '허브와 링크'로 구분되는데, 허브는 앵커 역할로, 야생동물과 생태적 프로세스가 지향하거나 거쳐 가는 본거지 또는 목적지를, 링크는 시스템을 묶고, 네트워크가 작용하게 하는 연결을 말한다. 녹색인프라는 이러한 녹색 공간들의 전체적인 구성 체계라고 할 수 있으며, 기후변화와 환경문제 등이 주목받고 있는 시점에서 그 중요성이 널리 강조되고 있다.

## 녹색인프라 정책 전환의 필요성

도시의 성장과 녹색인프라 기능은 큰 흐름을 보이며 변화해 왔다. 산업시대 이후 도시의 급격한 팽창을 막고 쾌적한 환경을 도심에서 유지하기 위해 녹색의 공간을 따로 만들어 적용하고 있다. 초기에는 정원과 공원의 형태로 이것이 적용되었다가 산업시대 후기로 오면서 대형공원과 그린벨트와 같은 정책적인 녹색공간들이 적용되었다. 녹색인프라의 기본적인 골격은 이때부터 형성되었다고 할 수 있다.

20세기 들어서부터는 경제적 여건과 산업적 여건의 확장으로 도시를 보는 시각도 다양해지기 시작하였는데, 그렇게 탄생한 도시 이론과 계획들에 의해 근대 도시들이 개발되고 성장하게 된다. 이때 녹색인프라의 중요한 도시적 기능들이 오픈스페이스라는 측면으로 이해되고 적용되면서 녹색공간의 중요성이 명맥을 유지하게 된다. 시스템으로 이해되는 도시가 개발과 성장 시대의 기본이었고 이에 따라 도시공원과 녹지가 우리 도시에도 공간적 위상을 가지게 되었다.

21세기에 들어서면서부터는 그렇게 자리 잡은 녹색공간들의 위상이 한층 높아지게 되었는데, 회색인프라 중심의 도시가 아니라 녹색인프라 중심의 쾌적한 환경이 더욱 중요하게 여겨지면서부터라고 할 수 있다. 녹색인프라가 도시 시스템의 부가적 역할로서가 아니라 중요한 도시 구조와 도시 작동의 원리로까지 이해되는 시대가 열린 것이다.
또한, 최근 문제가 되고 있는 온실가스 증가 등에 의한 기후변화와 기타 환경문제들은 여러 가지 도시문제를 일으켜 도시의 지속가능성에 부정적인 영향을 주고 있고, 이러한 문제들이 더욱 가속화될 수 있다는 우려가 다방면에서 나타나고 있기도 하다. 이를 대비하기 위한 노력도 여러모로 진행되고 있는데 이러한 기후변화에 대한 적응 전략으로 미국을 비롯한 선진국들에서는 녹색인프라의 경제적, 환경적 효과에 주목하여 정책과 전략을 실천하고 있다.

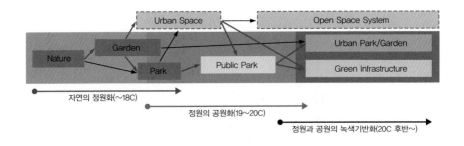

그림 2. 녹색인프라 패러다임의 전환

녹색인프라의 이해와 구축 방안

우리나라는 개발과 성장 중심의 시대를 거치며 국토 전략에서도 회색인프라 확충에 치우쳐온 것이 사실이다. 이제 회색인프라를 통한 사회적 여건이 성숙하고, 지엽적 환경문제의 차원이 아니라 국가적, 지구적 차원의 환경문제가 피부로 다가오면서 녹색인프라에 대한 중요성이 다시 주목받았다고 할 수 있다. 녹색인프라의 특징은 환경적으로나 사회적으로 건강하고 튼튼하게 해준다는 데 있다. 미국의 센트럴파크만 보더라도 도심의 환경을 쾌적하게 유지해줄 뿐만 아니라 매년 수만 명의 관광객을 불러오고, 관련 시민들의 커뮤니티를 형성하는 등 사회적, 경제적 효과 또한 상당하다.

그러나 국내의 경우, 도시공원만 하더라도 WHO가 권고하는 1인당 도시공원 기준에도 못 미치며, 이마저도 2020년이면 일몰제로 인해 계획해둔 공간까지 한번에 사라지게 될 위기에 처해 있다. 이러한 위기는 녹색인프라의 대표격인 도시공원에만 닥친 문제는 아니며, 그간 무분별한 도시 확장을 제어하던 그린벨트에서도 문제가 되고 있다. 녹색환경이 주는 효과는 이미 많은 연구와 사례를 통해 충분히 입증되었음에도 불구하고 종합적이고 통합적인 정책의 미비로 인해 난관에 봉착해 있는 상황인 셈이다.

따라서 파편화된 정책으로 인해 녹색공간에 불어온 위기에 적절하게 대응할 수 있는 정책과 수단이 절실한 시점이며, 이를 전체적으로 체계화하고 정책화하는 방안 모색이 어느 때보다 필요하다고 할 수 있다. 이는 국내만의 상황이 아니며 전 세계적인 추세라는 점에서도 중요하게 다룰 필요가 있다. 다시 말해 회색인프라 중심의 지난 시대의 개발과 성장 패러다임을 벗어나 이제 녹색인프라 구축이라는 큰 틀의 정책적 전환이 필요한 것이다.


## 책의 구성과 내용

이 책은 이러한 배경하에 크게 세 부분으로 나뉜다. 2장은 녹색인프라의 개념과 실태를 다룬다. 녹색인프라의 기본 개념과 현 실태를 시작으로, 미국, 영국, 일본 등의 해외 정책 사례를 살펴본다. 녹색인프라 개념의 발전과 실천적 사례를 살펴봄으로써 국내 녹색인프라 정책을 위한 기본 프레임을 살펴볼 수 있다. 이를 바탕으로 녹색인프라 진단과 구축 기법에 관한 이론적 접근을 살펴본다. 도시공원을 사례로 하는 네트워크 평가 방법은 녹색인프라 현황을 진단하는 데 유용한 방안이 될 수 있다. 이러한 진단과 평가 결과에 적용할 수 있는 녹색인프라의 구체적인 형성 기법과 이러한 개념과 사례, 진단 방법, 형성 기법 등 녹색인프라의 배경과 현황을 토대로 녹색인프라 구축을 위한 정책적 방안을 개괄한다. 2장을 통해서 녹색인프라 구축의 전반적인 사항을 이해하고 정책 방안을 모색하는 전반적인 배경과 방향을 살펴볼 수 있다.

3장은 한국의 녹색인프라 현황에 대해 살펴본다. 이 장에서는 녹색인프라를 구성하는 다양한 요소 중에서 주요하게 살펴야 할 부분을 심도 있게 다룬다. 녹색인프라로서의 공원 현황과 개선 방안에서는 공원의 기능을 녹색인프라 측면에서 재설정하며, 국내 도시공원의 현황과 문제, 녹색인프라로 재정의되는 도시공원의 위상을 꼼꼼하게 살펴본다. 녹지네트워크의 개념과 형성 방안을 통해서는 국토 전반의 녹지환경에 어떻게 접근할 수 있을지 살펴본다. 녹색인프라의 기본 요소라 할 수 있는 녹지네트워크의 측면을 개념과 구성 요소, 기능, 개선 방안 등 세부적으로 살펴본다. 녹색인프라로서의 도시하천도 중요하게 살펴볼 수 있다. 도시하천에 대한 녹색인프라적 접근을 토대로 사례를 통한 진단, 그에 따른 체계 구축과 개선 방안까지 살펴본다. 생활권 측면에서는 녹색가로를 위한 녹색인프라의 현황을 살펴본다. 특히 도시 녹색가로에 중요한 이슈로 떠오르고 있는 빗물 활용의 방안을 중점적으로 살펴보며 녹색인프라의 새로운 가능성을 보여준다. 정원문화와 지속가능한 녹색인프라를 통해서는 공급 중심의 녹색인프라에서 이용자 중심의 녹색인프라의 측면을 살펴본다. 특히 최근 주목되고 있는 정원문화의 측면에서 녹색인프라의 가능성을 살펴본다. 3장을 통해서는 녹색인프라의 실천적인 사항을 이해하고 구체적인 실천 방안을 모색할 수 있다.

4장에서는 앞 장에서 논의된 사항을 바탕으로 녹색인프라 정책을 전반적으로 제시한다. 녹색인프라 정책 및 적용, 녹색인프라 법 제도의 개선 방안, 녹색인프라 정책 수단과 전략으로 나누어 살펴봄으로써 녹색인프라 구축에 필요한 법제적 접근을 종합하고 단계적 추진을 모색할 수 있다.

녹색인프라는 아직까지 많은 연구와 관심이 필요한 새로운 방법론이자 종합적인 접근 시각이다. 국내외를 막론하고 녹색인프라에 대한 중요성이 충분히 공감되고 있으며, 국내에서도 패러다임의 전환이라고 할 만큼 녹색국토를 위한 전체적인 흐름으로 확고해지고 있음을 확인할 수 있다. 개발과 성장 중심의 국토 전

녹색인프라의 이해와 구축 방안

략에도 변화가 일고 있다. 녹색인프라는 중요한 국토 전략의 하나로서 의미 있게 살펴야 할 주제가 되었다.

이제 녹색인프라라는 종합적이고 통합적인 접근 시각으로 녹색국토에 대한 정책을 하나하나 되짚어야 할 시점이 되었다. 이 책에서 필자들은 각자의 연구 분야에서 녹색인프라의 개념을 기반으로 하는 접근 방법과 한국적 정착을 위한 단초를 충분히 보여주고자 노력하였다. 지속가능한 녹색국토 실현 노력에 이 책이 도움되길 바라며, 이 책을 통해 보다 확장된 연구와 정책 개발이 이루어지길 기대한다.

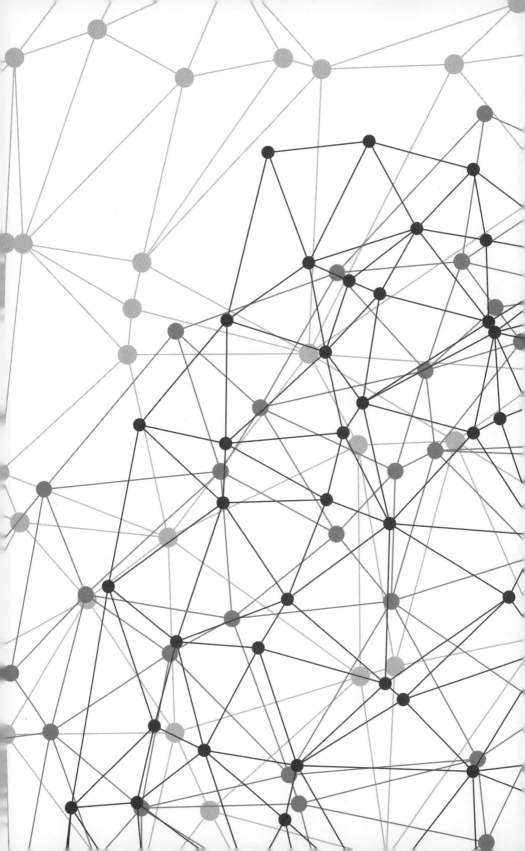

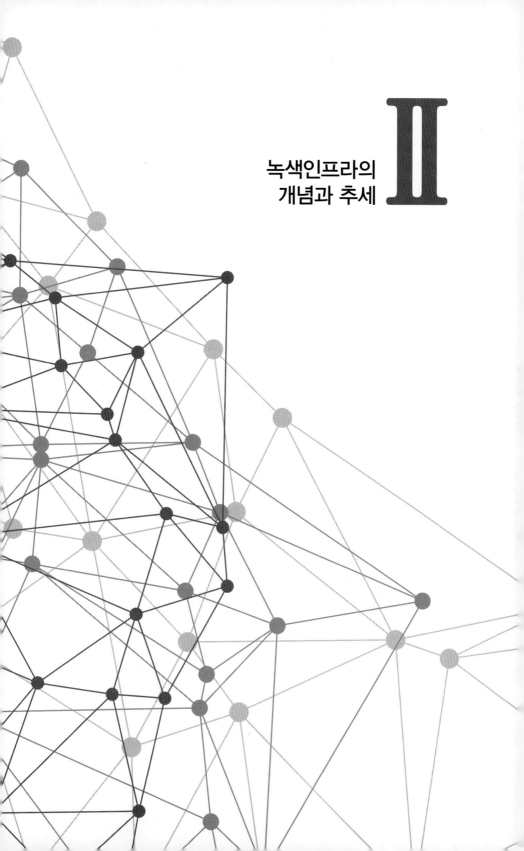

# Ⅱ

## 녹색인프라의
## 개념과 추세

# 녹색인프라의
# 개념과 실태

양 홍 모

시민 누구나 공원과 녹지는 쾌적한 환경과 건강을 위해서는 없어서는 안 될 필수 시설이라고 인식하고 있다. 그러나 매년 정부와 지자체가 공원, 녹지 등 녹색인프라에 투자하는 비용은 도로, 항만 등 회색인프라 투자에 비해 미미한 수준이다. 최근에 사회적 이슈가 되고 있는 공원일몰제가 이를 잘 말해주고 있다. 2011년 기준 전국의 지자체가 고시한 도시공원의 면적 중 조성은커녕 토지매입도 안 된 미집행된 상태가 83.4%에 이른다. 미집행 도시공원 면적은 100만 평약 188개에 해당하며, 이를 매입하는데 약 54조 원이 소요될 것으로 예상되어 열악한 지방자치단체(지자체)의 재정으로는 공원일몰제가 시행되는 2020년 7월 1일 이전에 미집행면적을 매입한다는 것이 사실상 불가능하다.
국내의 녹색인프라 구축 실태는 도시공원 조성보다 더 열악한 상황이다. 전국의 도시들은 도시기본계획을 수립하면서 공원녹지체계 혹은 오픈스페이스 체계라는 이름으로 녹색인프라 구축 계획에 대한 개략적 목표와 개념도만 제시하고 있지, 구체적으로 얼마의 면적을 언제까지 구축하겠다는 내용은 없다.
정부가 추진하고 있는 저탄소 녹색성장 정책도 탄소저감 기술개발에 집중되어 있어, 녹색성장에 중요한 녹색인프라 구축에 관한 정책은 없다. 최근 복지문제가 사회적 이슈로 떠오르고 있으나 대부분 단기적 시각의 복지들이다. 녹색인프라 구축은 현세대는 물론 다음 세대의 환경복지에 관한 문제이다. 시민건강 증진, 쾌적하고 생동감 넘치는 환경 창출, 재해 방지와 기후변화 대응 등 환경복지에 필수적인 녹색인프라 구축 방안 제시와 정책 개발이 시급하며, 녹색인프라 구축을 위한 법제도적 뒷받침이 절실하다.

녹색인프라의 개념, 역할, 혜택을 알아보고, 국내의 녹색인프라 실태를 파악해 본다. 미국, 일본 등 외국의 녹색인프라 구축 현황과 추세를 연구하고, 한국의 녹색인프라 현황을 검토하여 녹색인프라 구축이 미진한 원인이 어디에 있는지 진단해 본다. 또 국내 상황에 적합한 녹색인프라 구축 전략과 정책을 제시하고, 녹색인프라 구축을 위한 관련법 검토와 법제도화 방안을 모색해 본다.


## 국내 도시공원과 녹색인프라 실태

정부 자료에 의하면 2011년 기준 전국의 도시계획시설 결정면적은 1,907㎢이며, 이 중 미집행면적이 1,425㎢로 74.7%에 이른다.[1] 녹색인프라 구축에 중요한 도시공원과 녹지의 현황을 살펴보면, 전국의 지자체가 고시한 도시공원의 총면적은 747㎢이며, 이중 미집행 면적은 623㎢로 83.4%에 달한다. 또 전국의 지자체가 고시한 녹지의 총면적은 75㎢이며, 이중 미집행 면적은 67㎢로 88.7%에 이른다. 녹색인프라 구축에 중요한 공원(83.4%)과 녹지(88.7%)의 미집행률이 도로(70.5%), 항만(55.5%) 등 회색인프라 미집행률보다 월등히 높다. 매년 지자체가 공원, 녹지 등 녹색인프라 투자를 회피하는 현상이 수년간 지속되면서 발생한 현상이다.

전국의 미집행 도시공원 면적을 매입하는데 54조 원이, 미집행 도시녹지 면적을 매입하는데 14조 원이 소요될 것으로 예상되어, 총 68조 원이 일몰제가 시작되는 2020년 7월 1일까지 투자되어야 한다.

녹색인프라 구축에 가장 중요한 도시공원의 특별시와 광역시, 그리고 도의 2011년 기준 미집행률은 〈그림 1〉, 〈그림 2〉와 같다. 서울특별시를 제외한 광역시의 도시공원 미집행률은 49~95% 범위이며, 도의 도시공원 미집행률은 80%~98%의 범위를 보이고 있다.

| 1. 국토교통통계누리 인터넷 홈페이지(https://stat.molit.go.kr)

표 1. 2011 도시계획시설 미집행현황(시설별)(단위 : ㎡, %, 백만원)

| 시설명 | 결정면적 | 집행면적 | 집행비율 | 미집행면적 | 추정사업비계 |
|---|---|---|---|---|---|
| 총 계 | 1,907,230,786 | 481,891,290 | 25.27 | 1,425,339,496 | 214,115,994 |
| 도로 | 581,229,228 | 171,614,626 | 29.53 | 409,614,602 | 104,365,466 |
| 철도 | 4,800,473 | 682,092 | 14.21 | 4,118,381 | 2,949,097 |
| 항만 | 24,173,161 | 10,748,519 | 44.46 | 13,424,642 | 2,094,647 |
| 주차장 | 5,690,611 | 85,448 | 1.50 | 5,605,163 | 1,591,588 |
| 자동차정류장 | 1,750,447 | 204,144 | 11.66 | 1,546,303 | 421,436 |
| 궤도 | 286,526 | 0 | 0.00 | 286,526 | 21,618 |
| 자동차 및 건설기계운전학원 | 24,380 | 0 | 0.00 | 24,380 | 1,350 |
| 광장 | 32,619,885 | 5,028,855 | 15.42 | 27,591,030 | 4,077,342 |
| 공원 | 746,691,830 | 123,823,448 | 16.58 | 622,868,382 | 54,288,307 |
| 녹지 | 75,313,445 | 8,530,562 | 11.33 | 66,782,883 | 14,594,768 |
| 유원지 | 93,646,135 | 24,045,063 | 25.68 | 69,601,072 | 8,968,364 |
| 공공공지 | 2,600,148 | 130,140 | 5.01 | 2,470,008 | 476,689 |
| 유통업무설비 | 5,024,405 | 670,839 | 13.35 | 4,353,566 | 467,896 |
| 수도공급설비 | 3,178,248 | 741,996 | 23.35 | 2,436,252 | 279,337 |
| 전기공급설비 | 14,734,428 | 3,670,038 | 24.91 | 11,064,390 | 364,840 |
| 가스공급설비 | 17,871 | 0 | 0.00 | 17,871 | 1,783 |
| 열공급설비 | 240,894 | 0 | 0.00 | 240,894 | 67,410 |
| 방송 · 통신시설 | 175,958 | 26,074 | 14.82 | 149,884 | 45,713 |
| 공동구 | 10,045 | 439 | 4.37 | 9,606 | 2,751 |
| 시장 | 694,671 | 65,717 | 9.46 | 628,954 | 96,506 |
| 유류저장 및 송유설비 | 18,948 | 0 | 0.00 | 18,948 | 0 |
| 학교 | 34,054,883 | 17,481,747 | 51.33 | 16,573,136 | 3,976,337 |
| 운동장 | 8,550,273 | 3,613,989 | 42.27 | 4,936,284 | 1,252,330 |
| 공공청사 | 5,939,198 | 3,587,579 | 60.41 | 2,351,619 | 686,083 |
| 문화시설 | 5,054,937 | 720,822 | 14.26 | 4,334,115 | 461,055 |
| 체육시설 | 59,147,035 | 6,560,284 | 11.09 | 52,586,751 | 4,370,288 |

녹색인프라의 이해와 구축 방안

표 계속

| 시설명 | 결정면적 | 집행면적 | 집행비율 | 미집행면적 | 추정사업비계 |
|---|---|---|---|---|---|
| 도서관 | 111,895 | 0 | 0.00 | 111,895 | 43,308 |
| 연구시설 | 4,167,092 | 398,918 | 9.57 | 3,768,174 | 1,055,349 |
| 사회복지시설 | 1,823,802 | 117,103 | 6.42 | 1,706,699 | 624,195 |
| 청소년수련시설 | 746,858 | 236,551 | 31.67 | 510,307 | 146,248 |
| 하천 | 173,414,541 | 92,643,172 | 53.42 | 80,771,369 | 3,639,134 |
| 유수지 | 2,566,624 | 65,085 | 2.54 | 2,501,539 | 176,583 |
| 저수지 | 40,149 | 0 | 0.00 | 40,149 | 0 |
| 방수설비 | 162,623 | 0 | 0.00 | 162,623 | 16,453 |
| 방조설비 | 6,500 | 3,056 | 47.02 | 3,444 | 0 |
| 화장시설 | 897,840 | 428,889 | 47.77 | 468,951 | 135,994 |
| 공동묘지 | 6,571,574 | 3,066,218 | 46.66 | 3,505,356 | 321,739 |
| 납골시설 | 86,376 | 1,355 | 1.57 | 85,021 | 12,645 |
| 자연장지 | 50,870 | 0 | 0.00 | 50,870 | 117 |
| 장례식장 | 25,513 | 0 | 0.00 | 25,513 | 5,007 |
| 도축장 | 345,925 | 90,220 | 26.08 | 255,705 | 43,702 |
| 종합의료시설 | 870,364 | 233,185 | 26.79 | 637,179 | 352,499 |
| 하수도 | 2,677,704 | 679,807 | 25.39 | 1,997,897 | 404,743 |
| 폐기물처리시설 | 6,462,240 | 1,835,449 | 28.40 | 4,626,791 | 1,147,669 |
| 수질오염방지시설 | 534,233 | 59,861 | 11.21 | 474,372 | 67,608 |

표 2. 2011 전국 도시공원 · 녹지 결정, 집행, 미집행 현황(단위 : ㎡, %)

| 시설명 | 결정면적 | 집행면적 | 집행비율 | 미집행면적 | 미집행비율 |
|---|---|---|---|---|---|
| 공원녹지 합계 | 822,005,275 | 132,354,010 | 16.10 | 689,651,265 | 83.90 |
| 공원 | 746,691,830 | 123,823,448 | 16.58 | 622,868,382 | 83.42 |
| 녹지 | 75,313,445 | 8,530,562 | 11.33 | 66,782,883 | 88.67 |

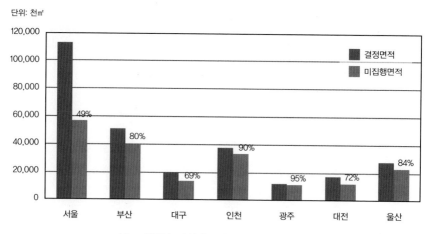

단위: 천㎡

그림 1. 특별시, 광역시 고시 및 미집행 공원 면적

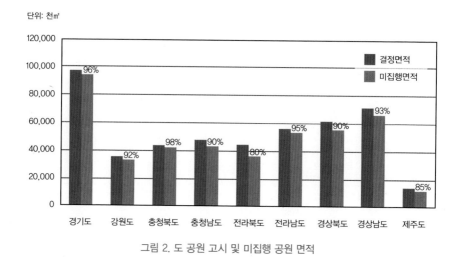

단위: 천㎡

그림 2. 도 공원 고시 및 미집행 공원 면적

## 공원 일몰제

고시된 도시계획 시설 중 10년 이상 집행되지 않은 시설을 장기미집행 도시계획시설이라고 부르며, 고시된 공원용지 중 10년 이상 공원조성이 이루어지지 않은 경우 장기미집행 도시공원이라 지칭한다.

녹색인프라의 이해와 구축 방안

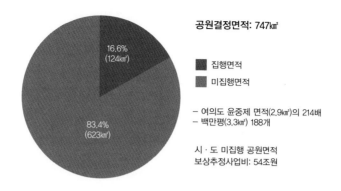

공원결정면적: 747㎢

■ 집행면적
■ 미집행면적

16.6%
(124㎢)

83.4%
(623㎢)

– 여의도 윤중제 면적(2.9㎢)의 214배
– 백만평(3.3㎢) 188개

시·도 미집행 공원면적
보상추정사업비: 54조원

그림 3. 전국 도시공원 고시 및 미집행 면적

장기미집행 도시계획시설에 대한 헌법소원이 1997년이 제기되었는데,[2] 장기간의 미집행에 의한 사유재산권 침해가 과도하다는 판단으로 헌법재판소 전원재판부에 의해 1999년 도시계획법 제6조에 대한 헌법불합치 판결이 내려졌다. 2000년 "도시계획법" 개정 시 도시계획 결정 시점으로부터 대지의 경우 10년경과 시 매수청구권 부여를, 기타 토지는 20년경과 시 도시계획시설 결정의 효력 상실을 명기하였다. 2003년 도시계획법이 폐기되고 "국토계획 및 이용에 관한 법률"로 바뀌면서 그에 관한 조항이 현재까지 유지되고 있다. 국계법 제48조는 고시된 도시계획시설 사업이 2020년 7월 1일까지 시행되지 못할 경우 효력을 상실한다고 규정하고 있다. '장기미집행 도시계획시설결정의 실효'를 한 번에 해제된다고 하여 '일몰'이라고 부르며, 장기미집행 공원용지에 대한 2020년 7월 1일 실효를 '공원일몰제'라 부르고 있다.

1993년 지방자치단체 제도가 도입된 이후 도시공원 및 녹지의 조성과 관리 업무는 정부로부터 지자체로 이관되었다. 열악한 지자체의 재정으로는 앞으로 8년 이내에 미집행 공원면적과 녹지면적을 매입하기 위해 각각 54조 원과 14조 원을 투입한다는 것이 사실상 불가능한 상황이다. 따라서 국가가 나서서 투자해야만 해결될 상황이다.

도시공원법에 명시된 공원면적 기준은 1인당 6㎡이다. 만약 공원일몰 문제를 해소하지 못할 경우 2020년 7월 이후에는 1인당 도시공원면적이 현저히 줄어

---

| 2. 97헌바26 도시계획법 제6조 위헌소원

들어 사회적으로 심각한 도시환경 문제가 발생하게 된다. 한편, 국제보건기구 WHO는 1인당 공원조성 면적을 9㎡로 권장하고 있다.

## 녹색인프라의 개념, 역할과 혜택

인프라스트럭처infrastructure를 줄여서 인프라infra로 사용하고 있다. 도시 인프라는 사회인프라, 회색인프라, 녹색인프라로 구분한다(그림 4). 녹색인프라의 개념을 단일 도시는 물론 몇 개의 도시를 포함하는 지역적regional 맥락에서 광의로 사용할 때는 오픈스페이스와 자연 지역을 상호 연결한 네트워크를 의미한다. 이 경우 공원, 녹지, 하천, 습지, 산림, 농지, 텃밭, 야생동물 보호구역, 그린벨트 등의 허브hubs를 녹색길greenways로 연결하여 구축한 네트워크network를 지칭한다. 도시적 맥락에서 녹색인프라 구축에 가장 중요한 구성요소는 도시공원과 녹지이다. 오픈스페이스는 건물이 들어서 있지 않은 토지를 의미하나 도시계획에서는 일반적으로 공원과 녹지를 의미한다.

녹색인프라의 개념을 도시의 일부 혹은 근린주구 맥락에서 협의의 의미로 사용할 경우 강우유출수를 최적관리best management practices 하는 시설을 지칭한다. 강우유출수 정화 시설은 저류, 침투, 여과, 증발(정화)하는 그린스트리트green street, 레인가

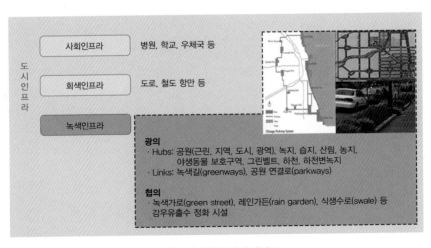

그림 4. 녹색인프라의 개념도

든rain garden, 식생수로swale, 투수포장 등 친환경 생태공학적으로 조성한 시설을 의미한다.

녹색인프라 구축은 기존의 허브에 새로운 허브를 추가 배치하는 것도 중요하지만, 기존의 허브를 연결하는 연결로의 구축이 더욱 중요하다. 독립된 허브보다 허브를 상호연결하여 네트워크를 조성하면 녹색인프라의 생태적, 환경적 기능과 경제적 효과가 증가하며, 특히 연결로인 녹색길은 산책, 조깅, 자전거 타기, 자연감상을 할 수 있는 공간으로 시민 건강증진에 중요한 역할을 한다Erickson(2006년).

광주광역시 영산강 변 일부에 조성된 약 50m 폭의 선형 대상공원 등 몇몇 도시에서 미개발지역에 택지를 개발하면서 녹지축을 조성한 경우는 찾아볼 수 있다. 최근 국가에서 조성하는 용산공원 계획을 수립하면서 남산, 용산공원, 한강을 연결하는 녹지축의 개념을 제시하고 있다. 하지만 이 녹지축은 기존 시가지 일부에 조성하는 녹색인프라 구축 계획이나 구체적인 조성 및 투자 계획이 아직 수립되지 않은 상태이다.

녹색인프라는 도시 및 지역region에서 다양한 환경적 · 생태적 기능과 역할을 하며, 여러 혜택을 도시 및 지역에 제공한다. 쾌적한 환경을 제공하고, 정신과 육체의 건강향상에 이바지하는 등 시민 환경복지를 위한 필수 기반시설이다. 맑은 공기와 깨끗한 물을 제공하며, 생물다양성을 증가시키고, 기후온난화와 도시 열섬화를 완화하는 기능을 하며, 최근 들어 빈번히 발생하는 한발, 홍수, 산사태 등 자연재해의 피해를 막아주는 역할을 한다. 강우유출수를 저류하고 정화하여 하천수질을 개선하는 역할도 한다. 하천 수질관리에서 중요한 비점오염원인 강우유출수의 정화와 저류에 있어 기존시설보다 비용이 적게 들어 최근 미국 등 선진국에서는 하천수질관리에 녹색인프라 활용을 권장하는 추세이다. 잘 조성된 녹색인프라는 쾌적하고 아름다운 경관을 제공하며, 관광자원이 되어 일자리 창출에 기여하는 것은 물론 기업의 입지선호, 토지 가치상승 등으로 지역경제 활성화에 기여한다.

녹색인프라가 제공하는 이런 다양한 역할과 혜택으로 환경 선진국인 미국, 독일, 스웨덴, 일본 등지에서는 이미 많은 도시 계획 및 개발 사업에 녹색인프라 구축을 적용하고 있다.

## 녹색인프라 구축이 미진한 원인

공원과 녹지 조성 등 녹색인프라 구축이 이처럼 미진하고 어려운 이유는 어디에 있을까?

첫째, 도시공원과 녹색인프라에 대한 정부와 지자체의 관심이 적고, 시민단체와 시민들의 관심도 적은 데 있다. 우리 사회는 녹색인프라에 대한 관심이 적다.

둘째, 정부와 지자체가 녹색인프라에 중요한 도시공원 및 녹지 조성에 필요한 예산을 배정하기 꺼리는데 원인이 있다. 이런 현상이 수십 년 지속하면서 일몰제까지 이르게 된 것이다. 환경부와 국토교통부도 녹색인프라에 관심이 적어 녹색인프라를 다루는 부서가 아직 없다. 지자체장의 입장에서는 도시공원과 녹지 조성을 위한 부지매입에 시간이 걸리고, 공원과 녹지를 조성한 후 식재한 수목이 성장하여 시민들에게 주는 효과를 임기 내에 나타내기 어려워 사업추진을 꺼리는 경향이 있다. 하천복원의 경우 사업을 시행한 후 1~2년이 지나면 시민들에게 주는 효과가 눈에 띄게 나타나 단체장들이 선호한다. 전국의 도시를 관통하는 주요 하천복원 사업은 거의 마무리된 상태로 약 15년 만에 일어난 현상이다.

셋째, 출중한 조경 전문가가 나타나 언론과 지역사회는 물론 지자체, 시민단체에 녹색인프라의 사회적 환경적 생태적 중요성을 알리고, 투자의 필요성을 설득하지 못한데도 원인이 있다. 뉴욕의 센트럴파크 탄생에는 조경학의 아버지로 불리는 옴스테드가 중추적 역할을 하였다. 센트럴파크의 조성에 대한 찬반이 사회적 논란이 되면서 뉴욕시장 선거공약이 되어 조성에 탄력을 받기도 하였다. 옴스테드는 사업혁명기인 뉴욕의 열악한 도시환경을 개선하기 위해서는 자연적 요소 즉 공원을 도시 내에 도입할 필요가 있다고 주장하였으며, 시민이 산책, 휴식, 운동을 통하여 건강을 증진할 공간으로 공원이 필요하다고 역설하였다.

넷째, 공공정책 토론에서 공원, 녹지 등 공공재가 주는 정성적qualitative 혜택을 인정하고 있으나, 공공재의 정량적quantitative, 경제적 가치를 더 중요하게 여기는 추세이다. 도로, 교량 등 회색인프라의 서비스를 화폐가치로 환산하기는 쉬우나, 공원, 녹지 등 녹색인프라의 서비스를 화폐가치로 환산하기 어려워 공공정책 토론에서 녹색인프라의 중요성이 인정받지 못하고 있다. 따라서 정부와 지자체 공무원들은 녹색인프라의 경제적 가치가 낮다고 생각하기 쉬우며, 투자로부터 발생하는 이익이 투자비를 충당할 수 없다고 생각하는 경향이 있다.

공원은 시간이 흐를수록 그 가치가 증가하나, 도로와 교량 등은 시간이 흐를수록 가치가 줄어든다. 155년 전에 조성된 센트럴파크는 지금은 뉴욕의 거대한 허파 역할을 하며 아름다운 도시경관을 창출하고 연간 5억 달러의 수입을 창출하고 있다.

공원, 녹지 등 시장이 형성되지 않는 자연자원의 비소비사용nonconsumptive use 가치와 간접이용indirect use 가치를 시장가치로 환산하는 몇 가지 방법이 있다. 조경 분야에서도 여행비용travel cost, 회피비용avoided costs, 속성가치hedonic pricing, 조건부가치contingent valuation 등의 측정방법을 활용하여 공원, 녹지 등 녹색인프라가 가지고 있는 비시장적 가치를 평가하는 기법의 연구가 필요하다.


## 녹색인프라 구축 해결 방안

첫째, 녹색인프라 구축을 위해서는 무엇보다 조경전문가의 리더십이 필요하다. 때로는 정치가들의 리더십도 필요하다. 미국의 녹색인프라 구축 사례를 보면 모든 녹색인프라 구축에는 조경전문가의 탁월한 리더십이 있었다. 옴스테드는 미국의 산업혁명기에 공원, 공원과 공원을 연결하는 공원 연결로parkway, 공원과 공원 연결로로 구성된 공원 체계park system의 중요성을 언론, 시민, 지자체, 정부에 역설하여 뉴욕의 센트럴파크, Buffalo Parkway System, 보스턴의 Emerald Necklace 등을 조성하는데 주도적 역할을 하였다. 당시에는 녹색인프라라는 용어가 없었지만, Emerald Necklace의 공원 체계는 지금의 녹색인프라 구축과 유사한 개념이다.

센트럴파크는 가로 800m, 세로 4㎞로 100만 평 규모이다. 오늘날 센트럴파크 토지가격은 5,290억 달러(약 571조 원)에 이른다. 공원 등 녹색인프라의 가치가 시간이 흐를수록 증가한다는 사실을 보여주는 대표적인 사례이다. Emerald Necklace는 120년 전 공원, 호수, 하천, 식물원 등을 진주 목걸이처럼 연결하여 조성한 것으로, 지금은 보스턴 시의 녹색인프라 구축에서 핵심적 기능을 하며, 훌륭한 관광자원 역할을 한다.

조경 선각자인 클리블랜드Horace William Shaler Cleveland(1883년)는 "100년 후 도시인구가 100만 명에 달할 때를 생각하라. 그리고 그들이 원하는 것이 무엇인지를 생각하라. 그들은 돈으로 살 수 있는 모든 것을 살 정도의 부를 가지게 될 것이다. 그러나 그들이 가진 모든 부로 잃어버린 기회는 살 수 없을 것이다. 그때는 값으로 환산할 수 없는 가치를 가진 자연의 위대함과 아름다움은 복원할 수 없을 것이다."라고 공원과 녹지의 중요성을 주장하였다.

미국 메릴랜드Maryland 주지사였던 클렌데닝Clendening은 "우리가 도로, 교량, 상수도 등을 주도면밀하게 계획하고 투자해야 하듯이, 공원, 공원 연결로, 습지, 하천과 강 등 녹색인프라에 투자해야한다."고 강조하였다. 국내에서도 녹색인프라 구축에 대해 클렌데닝과 같은 생각을 하는 국회의원, 도지사, 시장, 군수, 공무원이 나와야 한다.

둘째, 지자체, 정부, 국회, 시민단체를 대상으로 녹색인프라의 역할과 혜택을 적극적으로 설명하고, 녹색인프라 구축의 필요성을 설득할 필요가 있다. 아울러 지자체장, 국회의원, 대통령 선거에서 녹색인프라 구축 정책이 선거공약으로 채택되도록 노력할 필요가 있다.

공원 등 녹색인프라 조성에는 많은 재원이 필요하다. 정부에서 조성 중인 용산공원의 경우 약 7,500억 원이 소요될 것으로 예상하고 있다. 일본, 미국 등 선진국에서는 공원 및 녹색인프라 조성에 필요한 재원의 일부를 중앙정부가 지자체에 지원하고 있으며, 공원세를 신설하거나 채권을 발행하는 경우도 있다. 우리도 이런 재원조달 방법의 활용을 검토할 필요가 있다.

셋째, 녹색인프라 구축 운동의 전개가 필요하다. 국민의 세금을 투여하기 위해서는 사회정치적 합의가 이루어져야 한다. 시민과 시민 단체는 물론 국회, 정부, 지자체, 언론이 녹색인프라에 대한 투자를 회색 및 사회인프라 투자처럼 여기도록 사고를 바꾸는 운동의 전개가 필요하다.

(사)한국조경학회는 2011년부터 국가도시공원 조성과 녹색인프라 구축 운동을 전개해 오고 있다. 2011년에는 국가도시공원 조성 및 녹색인프라 구축 전국순회 심포지엄을 6대 권역에서 개최하였고, 국회에서 7번째 심포지엄을 가졌다. 그리고 2012년 9월 8일 국회에서 국가도시공원 세미나를 또 한 번 개최하였다. 순회 심포지엄과 세미나를 통하여 공원일몰제를 해결하는 방안으로 국가가 주도적으로 나서 지자체와 협의하여 조성하는 국가도시공원의 도입과 법제화가 필요하다는데 의견이 수렴되었다.

넷째, 녹색인프라 구축을 뒷받침하는 법제정과 제도도입이 필요하다. 국가도시공원 조성을 법제화하기 위해 '도시공원 및 녹지 등에 관한 법률 개정안'을 2011년 9월 30일 정의화 국회부의장이 대표 발의하였으나, 18대 국회 마지막에 여야의 정치적 갈등으로 국토해양위원회(현 국토교통위원회)가 열리지 못하여 개정안이 통과되지 못하였다. 국회의원회관으로 국토해양위원회 소속 의원 31명, 특히 국토해양위원회 법안심사소위원회 의원 9명의 의원실로 찾아가 도시공원의 현황과 지자체의 어려운 재정사정으로 공원부지 매입조차 어려우니 정부가 국가도시공원을 조성할 필요가 있다고 설명하였고, 의원들은 개정안의 내용에 동의하였다.

2012년 8월 7일 정의화 의원이 국가도시공원 조성을 위한 "도시공원 및 녹지 등에 관한 법률 개정안"을 다시 대표 발의하였으나 국회에 계류중이다. 개정안이 통과되어 전국 권역에 국가도시공원이 순차적으로 조성되길 기대해 본다.

일본은 1979년 도시공원법을 개정하여 국가가 조성하는 90만 평 규모의 대형 국영공원을 추진하고 있으며, 이미 17개 조성을 추진하여 국영공원재단을 설립해 국가가 관리하고 있다. 국영공원은 국가가 조성비 전액을 투자하는 로호국영공원과 국가가 2/3를 지자체가 1/3을 분담하는 이호국영공원으로 구분하고 있다. 이호국영공원은 몇 개의 지자체를 서비스하는 지역공원regional park의 개념이다. 일본은 국영공원 조성에서 부분개장이라는 방법을 활용하고 있다. 국가 예산이 많이 투여되므로 17개 국영공원의 부지매입에 우선적으로 투자하여 거의 완료된 상태이며, 조성은 예산이 확보 되는 대로 진행하여 조성된 부분만 먼저 개장하고 있다.

미국의 경우 녹색인프라 조성을 위한 법이 주 의회에서 통과된 사례가 많다. 아울러 연방정부, 주정부, 카운티는 녹색인프라 조성에 필요한 기구를 설치하고 기구를 통해 지원금을 지원하고 있다. 국내에서도 이와 관련된 법제정이 논의되고 있다.

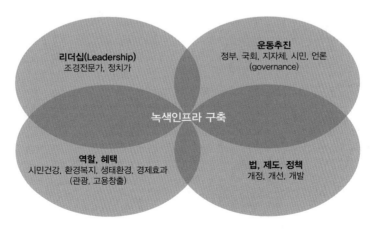

그림 5. 녹색인프라의 개념도

녹색인프라의 이해와 구축 방안

## 참고문헌

1. 양홍모, 공원일몰제 대처 및 녹색인프라 구축을 위한 국가도시공원 조성, 국가도시공원 및 녹색인프라 구축 전국순회 심포지엄 자료집(2011 국회 심포지엄), 한국조경학회, 2011.
2. 양홍모, "녹색인프라 구축", 「한국조경학회 정보지」 11호, 2011, pp.2-5.
3. 양홍모, 도시공원 일몰제 대처방안, 전국시 · 도공원녹지협의회 발족식 및 워크샵, 2011.
4. Megan Lewis, ed, *From Recreation to Re-creation: New Direction in Park and Open space system*, American Planning Association, 2008.
5. Eugenie L. and Susan M. Wachter eds., *Growing Greener Cities: Urban Sustainability in Twenty-First Century*, Philadelphia: University of Pennsylvania Press, 2008.
6. Mark A. Benedict and Edward T. McMahon eds., *Green Infrastructure: Linking Landscapes and Communities*, Washington: Island Press, 2006.
7. Peter Harnik, *Inside City Parks*, Washington: Urban Land Institute, 2000.
8. Julia Czerniak and George Hargreaves, eds., *Large Parks*, New York: Princeton Architectural Press, 2007.
9. Donna Erickson, *MetroGreen: Connecting Open Space in North American Cities*, Washington: Island Press, 2006.
10. Alexander Garvin, *Public Parks: Key to Livable Communities*, New York: W.W. Norton & Company, 2010.
11. Peter Clark, ed., *European City And Green Space: London, Stockholm, Helsinki And St. Petersburg, 1850-2000*, Burlington: Ashgate Publishing Limited, 2006.
12. https://stat.molit.go.kr
13. http://www.city.go.kr
14. http://www.law.go.kr

# 미국의
# 녹색인프라 정책

## 양 홍 모

녹색인프라 구축에서 허브를 잇는 연결로의 의미로 녹색길greenway, 공원 연결로 parkway, 트레일rail을 사용하고 있는데, 일반적으로 녹색길을 가장 많이 사용하고 있다.

녹색길은 프레데릭 로 옴스테드와 칼버트 보가 19세기말 처음 사용한 용어로, 보행, 자전거타기, 승마를 위한 공원과 공원을 연결하는 길을 의미하였다. 그 후 레크리에이션 목적으로 자동차가 다니는 식재된 도로를 포함하는 의미로 확대되었다. 최근에는 출퇴근 목적의 고속화도로를 포함하는 개념으로 확장되었으며, 이 경우 도로변에는 식생이 조성되어 있다.

공원 연결로는 산책과 자전거타기를 할 수 있는 식재된 연속적인 길을 의미한다. 자전거 출퇴근이 가능하며 자동차 이용은 배제된다. 환경과 삶의 질을 개선할 목적으로 조성하고 있다. 녹색 통로green corridor는 야생동물 보호구역을 연결하는 공간으로 레크리에이션 이용을 고려하지 않는다.

트레일은 하이킹을 할 수 있는 야생 혹은 전원 지역에 조성된 비포장 연속된 길을 의미한다. 도시에서는 보행과 자전거타기를 할 수 있는 포장된 트레일도 있으며, 관광 목적의 자동차 트레일을 포함하는 개념으로 확장되었다. 하루이내

돌아오는 짧은 거리의 트레일과 장거리 트레일도 있으며, 자연을 배우고 학습하는 자연 탐방로nature trail도 있다.

산업혁명기로부터 1970년대까지는 시민건강 증진, 레크리에이션 이용, 쾌적한 주거환경 제공을 위해 도시에 공원을 조성하는 것을 중요하게 여겼다. 1980년대에는 무질서하게 확장해 가는 도시의 성장을 합리적으로 제어할 수 있는 수단으로 오픈스페이스 개념이 등장하였다. 도시계획에 있어 공원과 녹지 체계를 미리 계획하고, 주거, 상업, 공업, 농업 지역을 배치하는 개념이다. 1990년대에는 공원, 녹지, 자연지역 등을 녹색길로 연결하는 것에 관심이 높아져 오픈스페이스를 보완하는 녹색길 개념이 등장하였고, 최근에는 녹색인프라 개념이 등장하였다.

오픈스페이스는 주로 도시적 맥락에서 사용되어 왔다. 건물로 덮이지 않은, 하늘을 향해 열려있는 토지를 의미하며 구성요소로는 공원, 녹지, 산림, 습지, 그린벨트는 물론, 도로, 광장, 철도, 활주로, 하천, 호수, 저수지, 농지 등이 있다. 이들 구성 요소들을 유기적으로 배치하고 연결하여 네트워크를 구축하는 것이 오픈스페이스 체계이다. 일반적으로 도시계획에서 오픈스페이스 계획은 주로 공원과 녹지의 체계를 계획하는 것을 의미한다. 오픈스페이스 체계는 도시개발의 틀을 제공하며, 무질서한 난개발을 방지하는 역할을 한다. 또한 이용자가 쉽게 도달할 수 있는 접근성, 오픈스페이스 내에서 자기가 하고 싶은 활동을 할 수 있는 개방성, 아름다운 경관을 제공하는 시각적 쾌적성을 강조한다.

녹색인프라는 오픈스페이스의 접근성, 개방성, 쾌적성 외에 기능function과 성능performance을 강조하는 개념으로 공원과 녹지 등 자연시스템natural systems이 생태적 기능을 가지고 있는 시설이며, 시민건강, 쾌적한 환경, 우수정화 등 도시서비스urban services 기능도 가지고 있는 시설로 여기는 개념이다.

미국은 1999년 클린턴 정부 때 대통령 자문기구인 '지속가능한 개발위원회'에서 녹색인프라를 지속가능한 지역개발의 5대 전략 중 하나로 채택하여 녹색인프라 계획을 수립하여 왔다.

미국의 녹색인프라 구축 사례를 통해 어떤 기관과 기구가 어느 수준에서 참여하였고, 무슨 프로그램이 추진되었으며, 어떤 리더십이 있었고, 조성비용은 어떻게 마련하였으며, 주민참여는 어떻게 진행되었는지 살펴본다.

## 시카고Chicago

시카고 메트로폴리탄 지역은 6개 카운티county(몇 개의 도시로 구성된 행정단위)로 구성되어 있으며 토지매입을 통해 자연자원을 보호해 오고 있다. 녹색인프라 구축은 산림청과 공원관할지구 내에 있는 카운티에서 추진하고 있다. 대부분의 카운티는 면적의 약 10%를 녹색공간으로 보전하려고 노력하고 있다.

시카고 권역의 녹색인프라 계획은 녹색길을 중요시하고 있다. 권역 녹색길 계획Regional Greenways Plan은 1992년 수립되어 1997년과 2000년에 변경되었으며, 기존에 있었던 트레일을 연결하는 것이 중요한 목표였다. 녹색길 계획은 트레일의 이용활성화, 트레일의 확대 및 연결, 하천변 트레일의 복원 및 보호, 조성을 위한 기금마련을 포함하고 있다. 1963년 비영리 단체로 설립된 오픈랜드 프로젝트Openlands Project, OP와 일리노이 주 의회가 설립한 북동일리노이 계획위원회Norastern Illinois Planning Commission, NIPC의 연합으로 녹색길 계획이 추진되었다. 국가공원국National Park Service과 일리노이주 자연자원국도 참여하였다. NIPC는 정책과 협력을 조정하지만, 세금을 징수하거나 규제를 하는 기구는 아니다. OP는 하천변 산책로, 가로수 그늘 도로, 공공 정원을 연결하여 주민들이 일상생활에서 쉽게 접근할 수 있게 하고, 공원과 자연서식처를 보호하고, 녹색길로 연결하는 것을 강조하였다.

녹색길 구축은 총괄기구 없이 260개 행정단위와 150개 공원관할구역 및 산림보호구역의 협력을 통해 구축되었다. 이런 방대한 협력에는 NIPC와 OP의 역할이 컸다. 계획은 권역차원region에서 수립되었지만, 실행은 지역단위local에서 추진되었다. 1997년 변경된 계획에서 녹색길의 규모가 3배로 증가하였고, 트레일은 1,000mile이 2,000mile로 확대되었다.

일리노이주 자연자원국은 녹색길 프로그램에 지원금을 지원하였다. 일리노이 교통개선 가이드라인과 연계되어 있어 연방정부 교통개선 지원금도 받았고, 몇 개의 카운티는 재단을 설립하여 조성비 기금을 마련하였다.

하천 회랑corridor을 따라 녹색길과 하천유람(카누, 카약 등)을 조성하자는 요구가 높아지면서, 1990년대 후반 NIPC와 OP는 약 500mile의 하천변 녹색길 계획과 하천유람 계획을 수립하였다.

민간기구인 시카고 상공회의소Commercial Club of Chicago는 1999년 시카고 메트로폴리스 2020Chicago Metropolis 2020을 발간하였다. 민간기구가 시카고 계획을 제시한 것은 이례적인 일이었다. George Ranny Jr.(Chicago Metropolis 2020의 CEO)와 Elmer

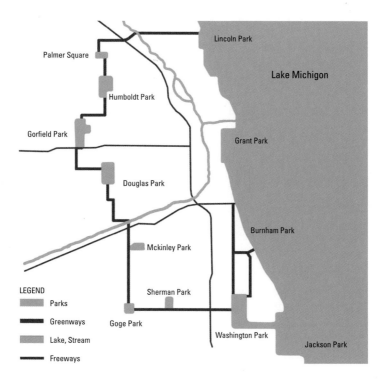

그림 1. 미국 시카고 녹색인프라 시스템

Johnson(Preparing Metropolis Chicago for the 21st Century의 저자)이 리더십을 발휘한 메트로폴리스 2020은 오픈스페이스의 보호와 계획을 강조하였다. 오픈스페이스 계획은 보행과 자전거 접근, 걸어 다닐 수 있는 근린주구neighborhood와 업무지구, 산림과 습지의 보호와 복원을 강조하였다. 이런 노력으로 걸어서 공원과 오픈스페이스에 도달할 수 있는 면적이 기존 주거지역 전체면적 중 1/2에도 못 미쳤으나, 새로 개발된 주거지역에서는 2/3에 달하였다.

Richard Daley 시카고 시장은 시카고 녹색화Chicago Greening를 계획하고 실행하는 데 리더십을 발휘해 시카고 시가 권역의 녹색인프라 계획에서 중추적 역할을 할 수 있게 하였다. 이는 미국에서 가장 활기찬 녹색경관 모델을 제시한 사례로 꼽히고 있다. 도시계획에서 오픈스페이스의 목표를 다른 목표와 동시에 고려하는 것은 쉬운 일은 아니다. 오픈스페이스를 조성할 수 있는 기회는 인구증가와 개발 환경 속에서 사라지곤 한다.

## 미니애폴리스와 세인트폴Minneapolis & St. Paul

미네소타 주의 중심 도시인 세인트폴St. Paul은 미니애폴리스Minneapolis로부터 10mile 떨어진 곳에 위치하고 있다. 두 도시는 빙하작용으로 생긴 많은 호수와 습지, 하천 회랑을 가지고 있다. 미니애폴리스와 세인트폴의 외곽은 녹색인프라 체계에서 중요한 역할을 하는 그랜드 라운드Grand Rounds로 둘러싸여 있다. 그랜드 라운드는 길이가 53mile로 공원, 공원 연결로, 자전거길, 보행로로 연결되어 있으며, 국가경관로National Scenic Byways로 지정되어 있다.

1883년 어링Charles M. Loring의 제안으로 미니애폴리스 공원위원회Minneapolis Board of Parks Commissioners가 미네소타 주법에 의해 설치되었다. 같은 해 조경가 클리블랜드는 공원위원회에 미니애폴리스와 세인트폴 권역을 위한 공원 연결로와 오픈스페이스 시스템을 제안하였다. 미니애폴리스 공원위원회 의장인 어링은 클리블랜드의 비전을 실행에 옮기기 시작하였고, 그랜드 라운드는 사전에 세운 계획 및 설계와 신속한 실행으로 성공적으로 추진되었다.

1970년대 초 미니애폴리스 조경가인 라저 마르탱Roger Martin과 그의 동료들은 1960년대 조경가 가렛 에크보의 제안을 추진하면서, 미니애폴리스 전체 공원 연결로를 재설계하였다. 2차선 도로를 1차선 도로로 바꾸고, 자전거타기와 산책을 위한 길을 따로 설계하였다.

오픈스페이스 연결 계획은 녹색인프라 구축을 위한 전환점이 되었다. 6개 카운티 188개 행정단위가 있는 권역에서 행정단위간 상호협력을 한다는 것은 쉬운 일이 아니어서 리더십이 절실했다. 두 도시에서 만나는 미시시피Mississippi 강, 미네소타Minnesota 강, 세인트크로이St. Croix 강이 21세기 녹색인프라 구축의 중요한 틀이 되었다.

1968년 세인트크로이 강 상류는 연방 야생 및 경관 하천 법National Wild and Scenic Rivers Act에 의해 연방 야생 및 경관 하천으로 지정되어 이를 통해 강이 자유롭게 흐르고 보호되었다. 미네소타 계곡 연방 야생동물 서식처는 1976년 연방정부가 지정하여 보호하는 34mile 길이의 하천 회랑으로 미네소타 강을 따라 철새, 물고기, 기타 야생동물을 보호하기 위해 지정하였다. 미니애폴리스와 세인트폴을 흐르는 11.5mile의 미시시피 강은 대부분 공유지로 공원 연결로, 트레일, 기타 오픈스페이스로 연속적으로 이어져 있다. 그랜드 라운드의 일부 구간으로 1988년 미시시피 연방 하천 및 레크리에이션 지역[1]으로 지정되었으며 이 지역에는 350개의 공원이 존재한다.

미네소타 대학의 메트로폴리탄 설계 센터Metropolitan Design Center는 메트로 미시시피 레크리에이션 자원2) 프로젝트를 1994년과 1995년에 수행하였다. 미네소타주 의회와 다른 기관으로부터 지원을 받아 회랑, 연결로, 수계를 걷기구역walking zones으로 설계하였다.

1967년 설립된 메트로 위원회3)는 1974년에는 지역공원 시스템Regional Park System을 설치하였다. 지역공원 시스템은 47개 지역공원52,000acres과 170 mile의 22개 트레일을 관리하고 있다.

미네소타 대학의 메트로폴리탄 설계 센터는 종합적인 오픈스페이스 계획에 필요한 자료를 제공하고 분석하는 역할을 하였으며, 1990년대에는 메트로 위원회가 하던 조정 역할을 맡았다. 설계 센터는 6개 카운티의 오픈스페이스와 트레일 지도를 작성하고, 오픈스페이스 보호를 위한 시민운동도 전개하였다.

미네소타주 자연자원국4)이 1998년 주 의회로부터 4백 30만 달러를 지원받아 남겨져 있거나 복원된 자연지역을 연결하는 메트로 녹색길 프로그램Metro Greenways Program을 수립하였다.

1997년 DNR은 소속 공무원과 시민 27명으로 구성된 녹색길과 자연지역 협의회5)를 조직하여 메트로 녹색프린트Metro Greenprint 보고서를 발간하였다. 보고서는 녹색인프라 조성 블럭과 잠재적 녹색 회랑을 지정하였으며, 인간의 활동이 미치지 않는 야생동물 보호구역인 자연지역Natural areas, 인간 활동의 영향을 받으나 미개발지로 작물생산과 완충지 역할을 하는 오픈스페이스Open spaces, 연속적 식생지역으로 사람, 야생동물, 무동력 이동이 가능하고 연결된 녹색길Greenways 등 세 가지 유형의 오픈스페이스를 구분하였다.

메트로 녹색길 프로그램의 두 가지 목표는 토지수용과 서식처 복원을 위한 기금 조성, 토지이용 목록과 녹색길 계획을 위한 대응자금 조성이었다. 1998년부터 2004년까지 9백 30만 달러가 조성되었으며 90만 달러의 대응자금이 조성되었다. 메트로 녹색길 프로그램의 중요한 업적은 메트로 위원회가 녹색인프라 중요성을 수용하도록 만든데 있었다.

---

1. Mississippi National River and Recreation Area, MNRRA
2. Recreational Resource Planning in the Metro Mississippi Corridor
3. Metro Council, Metropolitan Council of Minneapolis and St. Paul
4. Department of Natural Resources, DNR
5. Greenways and Natural Areas Collaborative

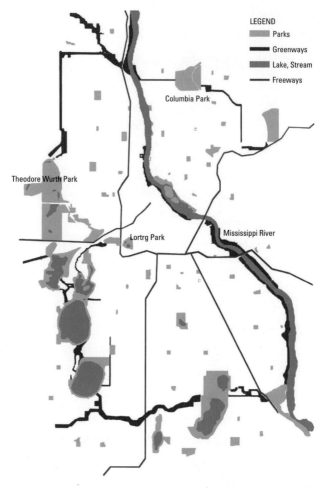

그림 2. 미국 미니애폴리스 녹색인프라 시스템

DNR은 2003년에 6개 비영리단체와 함께 메트로 보전 회랑 프로그램Metro Conservation Corridor Program을 추진하였으며 주 의회로부터 485만 달러를 지원받아 서식처 보호와 복원에 사용하였다.

미니애폴리스 서쪽에 위치한 헤너핀Hennepin 지역의 헤너핀 지역사회사업Hennepin Community Works, HCW은 자연시스템을 도시서비스로 여기도록 하는 비전을 보여준 좋은 사례이다. 공원과 공공사업 위원회는 인프라, 공공사업, 공원, 자연환경의 투자 조정을 위해 HCW 프로그램을 만들었다. 잘 설계되고 세심하게 통합된

녹색인프라의 이해와 구축 방안

공원과 공공사업 프로젝트는 근린주구의 삶의 질을 향상시키고, 장기적 과세기준을 개선하고, 일자리 교육과 더불어 지속적인 고용을 제공한다는 전제 아래 HCW 프로그램을 수행하였다. 1993년 공원 및 공공사업 위원회Park and Public Works Commission가 설립되어 공원과 공공사업의 통합개발 타당성을 검토하였다. 위원회가 추진한 훔볼트 녹색길 프로젝트Humbolt Greenway Project는 식재된 녹색길을 조성하여 근린주구와 하천을 회생시켰다. 210개의 주택과 상업 용지가 제거되고 200개의 새로운 주택이 들어섰다. 새로운 공원 연결로는 수목이 식재된 중앙분리대, 가로등, 습지, 보행자전용 상가를 포함하고 있다.

그랜드 라운드는 경제개발과 경관보전을 양립시키는 방법을 제시하였고, HCW는 근린주구에서 공원, 호수, 녹색길, 도시림, 쾌적성을 지속적으로 조성하여 재정적 안전성을 유지하는 방안을 보여주고 있다.


## 밀워키Milwaukee

밀워키의 오픈스페이스 체계는 공원 시스템에 뿌리를 두고 있다. 당시의 진보주의 사고와 도시미운동이 공원부지 매입을 야기시켰다. 도시미운동은 웅대한 도로와 오픈스페이스, 고전적 공공건물이 인공환경에 아름다움, 질서를 준다는 사고이며, 진보주의는 노동과 재정 정책의 변화와 노동자의 건강을 위한 레크리에이션 공간 확보를 중요시하는 사고다. 다른 도시에서 있었던 후원자와 민간기구에 의한 재정지원과는 다르게 밀워키시 공원조성은 시가 재정지원을 담당하였다. 오픈스페이스 계획도 유명한 조경가보다는 지역의 전문가에 의존하였다.

Charles B. Whitnall이 밀워키 오픈스페이스 체계를 수립하는데 리더십을 발휘하였다. Whitnall은 1907년 공공토지 위원회Public Land Commission와 카운티의 공원위원회Park Commission 위원으로 일하면서 메트로폴리탄 지역의 계획을 이끌었다. 그가 수립한 1923년 기본계획은 하천과 호수변을 따라가는 84mile의 공원화 도로parked driveways를 레크리에이션, 습지보호, 홍수통제, 하천제방 복원, 하수처리, 환경교육을 위해 제안한 야심 찬 계획이었다. 그가 주장한 두 가지 원칙은 토지는 필요성이 제기되기 전에 매입해야 하고, 등고선과 자연식생을 최대한 고려한 토지개발이었다. 1930년대 밀워키시는 공원 시스템을 카운티로 이관시켰으며, 카운티는 1930년까지 1,977acres의 공원부지를 매입하였다.

밀워키 오픈스페이스 계획에는 밀워키 카운티, 남동부 위스콘신 권역계획 위원

그림 3. 미국 밀워키 녹색인프라 시스템

회[6], 위스콘신주가 중요한 역할을 하였다.

Whitnall이 제안한 오크리프 트레일Oak Leaf Trail이 녹색길 네트워크의 기본 틀이 되었다. 오크리프 트레일은 92mile의 자전거길, 기존 트레일, 레크리에이션 부지의 연결과 140개 공원5,000acres과 공원 연결로로 구성되어 있다. 공원 연결 시

---

6. Souastern Wisconsin Regional Planning Commission, SEWRPCSouastern Wisconsin Regional Planning Commission, SEWRPC

녹색인프라의 이해와 구축 방안

스템의 자전거 트레일 일부는 1939년 자전거 동호회의 요구로 미개발 공원부지의 도로에서 떨어진 트레일에 조깅, 인라인 스케이팅, 자전거 타기 등 다목적 레크리에이션을 목적으로 조성되었다. 밀워키 카운티는 1972년 1,976acre의 새로운 공원 연결로를 제안하였다.

밀워키의 녹색길 회랑은 레크리에이션과 환경보전에 의해 유발되었는데, SEWRPC가 녹색길 회랑 계획의 산파역할을 하였다. 토지 매입, 토지이용 규제, 공급서비스 시설 연장을 제한하는 정책의 결합을 통해 회랑이 만들어졌다. 밀워키 권역 차원에서는 오픈스페이스 연결에 대한 종합적인 비전은 없었다. 카운티 수준에서는 레크리에이션과 자전거이용 연결 사업을 중요시했으며, 권역 수준에서는 회랑 프로그램을 다루었다.


## 포틀랜드Portland

포틀랜드 시민은 유난히 삶의 질 보호에 관심이 높다. 자연을 근린주구와 가깝게 연결하거나 오픈스페이스를 매입하고 야생동물 서식처를 보호하는 데 적극적으로 참여한다.

오리건 주 정부는 인구 3,000명 이상 도시에 공원부지를 매입할 수 있는 법을 1852년 통과시켰으며, 이를 계기로 공원이 조성되기 시작하였다. 동 법에 따라 설립된 공원위원회는 세금을 부과할 수 있는 권한이 있었다. 포틀랜드시 공원 역사에서 가장 영향력 있었던 사람은 조경가 Emanual Tillman Mische로 그는 1908년부터 1914년까지 공원 책임자로 일했다. 1907년 공원국Park Board은 공원 및 운동공원 부지를 매입하기 위한 채권발행을 성공적으로 마쳤으며, 1913년까지 15개 공원과 13개 운동 공원을 조성하였다. 1934년 계획위원회Planning Commission는 걸어서 접근할 수 있는 40acre의 공원 하나를 구district가 조성해야 한다고 권고하였다. 계획위원회는 1acre/100명의 공원면적 기준과 시의 10% 면적은 공원으로 지정해야 한다는 규정을 마련하였다.

1969년 '주민을 위한 수변Riverfront for People'이라는 이름의 단체가 월래메트Willamette 강변의 버려진 땅에 놀이장소를 조성하였다. 이것이 발단되어 그 장소에 수변공원이 조성되었고, 이후에 주지사 이름을 따서 Governor Tom McCall로 부르고 있다.

월래메트 강은 녹색인프라 네트워크가 탄생한 장소로 1967년에서 1975년 주지

사 Tom McCall이 녹색길을 제방에 조성하여 윌래메트 강을 재생시키는 비전을 제시하였다. 이후 수백만이 축제에 참석할 수 있는 Governor Tom McCall Riverfront Park가 조성되었다.

공원 공무원과 시민, 그리고 주민 수천 명이 참석하여 1999~2001년 작성한 공원비전 2020Parks Vision 2020은 미래의 포틀랜드 공원체계를 다루고 있다. 공원비전 2020은 트레일, 도로, 보행로를 연결하여 '서부의 걷는 도시walking city of west'를 만드는 것을 목표로 설정하였으며, 지역사회 조성은 양질의 오픈스페이스 제공에 달려 있다고 강조하였고, 주민이 15분 걸어서 도달할 수 있는 근린공원 조성계획이 수립되었다.

새로운 공원부지 매입을 위해 포틀랜드시는 공원부과금(주택건설에 부과하는 공원부지 비용, 1,500달러/주택단위)을 부과하였다. 2001년 포틀랜드 공원재단Parks Foundation이 설립되어 5백만 달러를 모금하였다. 공원재단의 목표는 공원 공급이 부족한 근린주구에 기금을 투자하여 주민들이 공원과 녹지에 쉽게 접근할 수 있도록 하는 것이었다.

1979년 주민선출 조직으로 출발한 메트로Metro는 24개 도시를 관할하였으며, 세금보다는 수익자 부담금을 활용하여 공원과 녹지 조성에 투자하였다. 메트로는 1992년 지역 주민들에게 미래 계획에서 가장 중요한 가치가 무엇인지를 조사하였다. 1)지역사회의 느낌, 2)자연지역, 산림, 농지의 보존, 3)상가, 직장, 레크리에이션에 쉽게 접근할 수 있는 조용한 근린주구, 4)오픈스페이스와 경관의 아름다움, 5)무동력 수단을 포함한 교통 효율로 나타났다. 이들 5개 항목은 오픈스페이스 연결과 관련이 있는 내용들이다. 1990년 이후 포틀랜드는 메트로의 녹색공간 프로그램Metro's Metropolitan Greenspaces Program, 연방위기관리국Federal Emergency Management Agency, FEMA, 공원체계개발 부담금Park Systems Development Charge을 통해서 추가로 약 750에이커의 자연지역을 매입하였다.

메트로는 마이크 훅Mike Houck과 같은 리더십이 훌륭한 사람들과 함께 40마일 루프40-Mile Loop를 계획하였고, 연방정부로부터 연간 5,000만 달러 지원을 받아 어류 및 야생동물 보호국U.S. Fish and Wildlife Service, FWS과 협력하여 메트로폴리탄 녹색공간 프로그램Portland's Metropolitan Greenspace Program을 수립하였다. 녹색공간 프로그램은 초기부터 주민참여를 강조하였다.

1990년 메트로와 4개 카운티는 메트로폴리탄 녹색공간 기본계획Metropolitan Greenspaces Master Plan을 지원하는 결의를 하였다. 녹색공간 프로그램은 트레일 시스

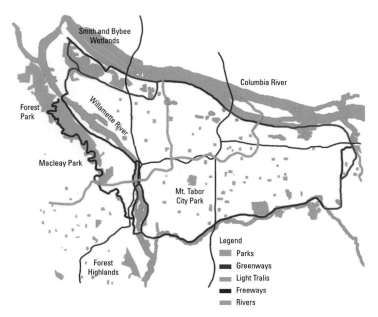

그림 4. 미국 포틀랜드 녹색인프라 시스템

템, 하천 트레일(카누, 카약 등), 하천회랑을 연결하는 950mile의 네트워크 계획을 수립하였으며, 2004년 보고서에 의하면 133mile의 트레일이 조성되었다.

연결된 녹색공간은 파편화된 녹색공간보다 생태적, 환경적, 사회적 측면에서 훨씬 나은 결과로 나타났다. 녹색인프라 구축은 복잡한 과정을 수반한다. 한 개 혹은 몇 개의 기관과 조직의 리더십과 관리가 중요하며, 협력은 필수적이다. 어떤 지역은 녹색인프라 네트워크의 일부를 가지고 있으며, 다른 지역은 새로 시작해야하는 경우도 있다.

미국의 사례에서 살펴본 것처럼, 녹색인프라 네트워크 구축에는 여러 개 조직이 다양한 수준에서 관여하였고, 행정조직뿐 만아니라 비영리 단체, 재단, 대학, 회사, 개인 자문가 등 다양한 그룹이 참여하였다.

미니애폴리스-세인트폴 사례에서 정부기구가 녹색인프라 계획과 조성에 중요한 역할을 하였다. 주 정부도 녹색인프라 계획과 지원을 통해 녹색인프라 시스템 구축에 기여하였다. 밀워키와 시카고 사례에서는 권역 행정이 녹색 네트워크의 계획과 실행에 참여하였다.

비영리단체와 재단이 지역사회 개선, 환경보호, 녹색인프라 계획에서 중요한 역할을 하였다. 재단은 기금을 조성하는 경우가 많았다. 미네소타 대학의 메트로폴리탄 설계센터처럼 대학의 오픈스페이스 연구와 계획이 녹색인프라 구축에 중요한 역할을 한 경우도 있다.

밀워키 사례처럼 한 행정 구역이 녹색인프라 네트워크를 직접 조성하는 경우도 있었다. 이는 주민들의 의견 수렴과 통합된 계획을 수행할 수 있는 장점이 있으나, 리더십이 부족한 단점이 있다. 포틀랜드 사례에서 보듯이 여러 지자체를 통괄하는 통합기구가 녹색인프라 네트워크를 주도하는 경우도 있다. 비전을 공유하고 협력할 수 있는 장점이 있으나, 여러 지자체 간에 조정이 어려운 경우가 발생할 수도 있다. 시카고와 미니애폴리스-세인트폴 사례에서는 녹색인프라 수립에 권역의 행정기구가 지역의 행정기구에 권한을 위임하고, 지역 행정기구 간의 협력과정에 파트너로 참여하는 경우도 있다. 주 정부가 녹색길 조성을 위해 지역 행정기관을 지원하는 체계이다. 권역 행정기구가 주정부와 연방정부로부터 지원금을 우선순위에 따라 배분하고, 프로그램을 지원하는 역할을 할 수 있으나, 행정구역간 협력이 어려울 경우가 있다.

녹색인프라 구축에서 가장 중요한 요소는 리더십과 열정이다. 녹색인프라 구축은 단기에 끝나지 않아, 장기적인 의지가 중요하다. 계획수립 단계에서 달성될 비전에 대하여 시민들에게 영감을 주어야하며, 수행과정에서 정치적 경험, 타협, 결정, 직감이 필요하다. 미국의 녹색인프라 네트워크 사례에서 보듯 성공은 비전과 계획을 옹호하는 개인 혹은 그룹의 리더십과 의지에 달려있다.

권역 규모에서는 수많은 파트너십이 불가피하다. 공공-민간, 행정기관-관련기구, 비영리 그룹-시민 그룹 간 파트너십이 중요하다. 시민참여는 필수적 요소이다. 아울러 녹색인프라 네트워크 구축은 토지매입과 조성에 필요한 기금이 조성되어야 한다.

## 참고문헌

1. 양홍모, 공원일몰제 대처 및 녹색인프라 구축을 위한 국가도시공원 조성, 국가도시공원 및 녹색인프라 구축 전국순회 심포지엄 자료집(2011 국회 심포지엄), 한국조경학회, 2011.
2. 양홍모, "녹색인프라 구축", 『한국조경학회 정보지』 11호, 2011, pp.2-5.
3. 양홍모, 도시공원 일몰제 대처방안, 전국시 · 도공원녹지협의회 발족식 및 워크샵, 2011.
4. Megan Lewis, ed, *From Recreation to Re-creation: New Direction in Park and Open space system*, American Planning Association, 2008.
5. Eugenie L. and Susan M. Wachter eds., *Growing Greener Cities: Urban Sustainability in Twenty-First Century*, Philadelphia: University of Pennsylvania Press, 2008.
6. Mark A. Benedict and Edward T. McMahon eds., *Green Infrastructure: Linking Landscapes and Communities*, Washington: Island Press, 2006.
7. Peter Harnik, *Inside City Parks*, Washington: Urban Land Institute, 2000.
8. Julia Czerniak and George Hargreaves, eds., *Large Parks*, New York: Princeton Architectural Press, 2007.
9. Donna Erickson, *MetroGreen: Connecting Open Space in North American Cities*, Washington: Island Press, 2006.
10. Alexander Garvin, *Public Parks: Key to Livable Communities*, New York: W.W. Norton & Company, 2010.
11. Peter Clark, ed., *European City And Green Space: London, Stockholm, Helsinki And St. Petersburg, 1850-2000*, Burlington: Ashgate Publishing Limited, 2006.
12. https://stat.molit.go.kr
13. http://www.city.go.kr
14. http://www.law.go.kr

# 영국의
# 녹색인프라 정책

윤 상 준

## 녹색인프라의 발단 및 정립

영국에서는 정원도시<sub>Garden City</sub>를 시작으로 오픈스페이스 시스템, 그린벨트, 녹색마을, 생태 연결망, 녹지 축 등 인간 삶의 환경을 개선하기 위하여 기존 발전해 오던 개념들이 1990년대 중반[1] 녹색인프라라는 큰 틀로서 통합·발전되었다. 녹색인프라는 광역적 녹지 연결이라고 쉽게 설명되고 이해될 수 있지만, 그 등장 배경은 전략적 계획과 실행에 있어 녹지의 조성 및 유지·관리가 아직까지 충분하지 못하며 녹지를 개별적으로만 다루고 있어 네트워크화됨으로써 얻어지는 광범위한 이익을 간과하고 있다는 자각에서 시작되었다.

영국에서는 그 개념적 틀이 이미 19세기에 에베네저 하워드<sub>Ebenezer Howard(1850~1928년)</sub>와 패트릭 게데스<sub>Patrick Geddes(1854~1932년)</sub>에 의해서 정립되었다고 볼 수 있다. 하워드는 녹지로 둘러싸이고 정원을 가진 주택을 기본으로 넓은 오픈스페이스와 함께 녹지의 연결 기능을 담은 넓은 도로를 골자로 한 정원도시를

---

1. 녹색인프라(Green Infrastructure)라는 단어는 1994년 미국 플로리다주 국토보전전략 보고서에서 처음 사용하였다.

녹색인프라의 이해와 구축 방안

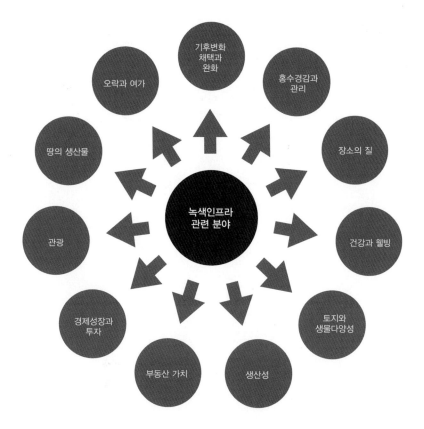

그림 1. 녹색인프라 구축에 따른 관련 분야 및 혜택

제창하였으며, 지역계획의 개념을 정립한 게데스는 20세기에 접어들면서 자연 보전 캠페인을 펼쳤다. 미국에서도 일찍이 옴스테드가 센트럴파크 조성 이후 "일련의 고립된 공원들보다는 공원 간에 연결이 더욱 완벽하고 유용하다."고 했으며 공원은 그 크기나 디자인의 질이 중요한 것이 아니라 하나의 공원이 아닌 여러 공원들이 연결되어 시민이 일상에서 자연의 이익을 얻을 수 있게 하는 것이 중요하다고 하였다.

녹색인프라는 이에 따라 크게 두 가지로 정의되고 있다. 우선 기능적인 독립체로서 도시 와 도시 사이에 위치하는 다기능적 오픈스페이스, 수로, 가로, 산림지대, 공원, 전원지대 등을 연결하는 네트워크로 정의될 수 있다. 다른 한 가지는 실천적 정의로서 계획의 과정 즉, 어떻게 녹색인프라가 광역의 전략적 계획과 관련되는가 하는 점이다. 전자는 미국적 특성이며 후자는 영국적 특성이라 할 수 있다. 미국은 생태에, 영국은 사회에 초점이 맞추어져 발달하였다. 그러나 21세기에 들어와서 영국에서는 이 두 가지 성격을 동일한 비중으로 다루는 형태로 발전하고 있다.

따라서 녹색인프라 계획은 삶의 질 개선과 경제성장 발전을 위한 매개체 역할을 하는 오픈스페이스 및 환경 자산의 네트워크를 보전, 개발 그리고 유지하는 것으로 정의된다. 또한 사람 주변에 조성된 환경에 있어 필수적인 부분으로 지속가능한 지역사회를 만들기 위한 기본적인 구성요소로 인식되고 있으며, 국토환경을 위한 복합적인 인프라 계획으로서 보다 상위의 광역적 개념으로 이해되고 실행되고 있다.

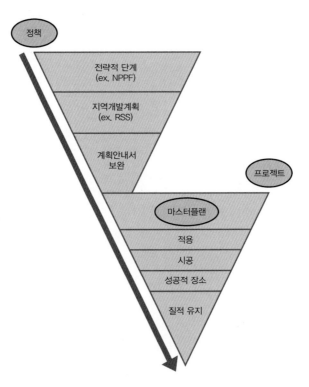

그림 2. 녹색인프라의 계획 및 실행 과정

녹색인프라의 이해와 구축 방안

## 녹색인프라 정책

영국에서는 직접적으로 녹색인프라를 다루는 법령은 존재하지 않는다. 녹색인프라가 가지고 있는 다기능성 때문에 녹색인프라 계획이 국립공원, 그린벨트, 지역계획과 함께 연계되어서 도시 및 농촌계획 체계 속에 포함되어 핵심적 기본계획으로 자리하고 있다. 또한 상대적으로 그 개념 도입이 미약했던 도시 지역에서의 녹색인프라 계획이 강화되고 있다. 이와 관련하여 지리정보시스템 Geographic Information System, GIS을 기반으로 하여 전국을 대상으로 각 지역의 특성을 조사·분석하는 랜드스케이프 특성 평가landscape character assessment 사업을 추진함으로써 녹색인프라 계획을 위한 기본적인 자료를 구축해놓고 있다.

## 1) 국가 정책

### (1) 국가계획정책체제National Planning Policy Framework, NPPF

국가계획정책체제는 이전의 국가계획정책안내서Planning Policy Guidance, PPG와 국가계획정책성명서Planning Policy Statements, PPS가 강화된 정책으로 2011년에 확정되어 이듬해 발표되었다. 당시 44개의 관련 정책이 통합되었으며 현재도 지속적으로 관련 정책들이 통합되고 있다. NPPF는 그 범위 안에서 지방자치정부가 그들 지역에 대한 계획을 수립하고 조절할 수 있도록 강화하고 능률화한 정책체제이다.

NPPF는 지방자치정부로 하여금 녹색인프라라는 용어를 사용하도록 요구하고 있으며 녹색인프라를 '지역사회의 이익을 위한 광범위한 환경과 삶의 질을 가져올 수 있는 다기능적 녹지의 네트워크'로 명시하고 있다. 또한 NPPF 제114항에서는 녹색인프라의 전략적 네트워크에 대한 확실한 계획수립의 책임이 지역계획당국에 있다고 명시하고 있으며, 제99항에서는 기후변화로 인한 위험을 녹색인프라의 이익으로 줄일 수 있도록 고려하여 계획하도록 명시하고 있다. 이뿐만 아니라 생태적 네트워크와 기후변화 채택 등에 녹색인프라가 기여한다는 것을 언급하고 있다.

### (2) 2011 지역주의 법Localism Act 2011

2011년 만들어진 지역주의 법은 1947년 이래로 계획시스템 개선에 있어 가장 지대한 영향을 가져올 법안 중 하나이다. 공무원의 권한이 줄어들고 이웃을 가장 잘 아는 지역민에게 그 힘이 이양되는 효과가 있는 법안이다. 이 법안으로 인접한 지방정부들이 함께 계획을 수립할 수 있고, 근린개발계획이 지역계획의 일

환으로 수립될 수 있게 되어 거주민이 주도하여 녹지가 만들어질 수 있는 길이
마련되었다.

- 전략적 수준Strategic level: 지방자치정부는 이웃한 지방자치정부와 전략적으로 협
  력해야 한다. 지방자치정부들은 공동의 개발계획보고서 준비에 대한 동의를
  할 수 있도록 명시된 1990년 도시 및 지역개발법에 의거하여 협력에 대한 의
  무와 전략적 계획의 쟁점을 공동계획위원회를 통하여 상정할 수 있다.
- 지방 수준Local level: 지역계획의 기본적인 구조는 이전과 달라지지 않았으나 지
  역계획서의 내용은 NPPF의 내용으로 수정되어야 한다.
- 근린 수준Neighbourhood level: 지역주의 법은 근린개발계획Neighbourhood Development Plans
  과 근린개발체계Neighbourhood Development Orders를 포함하는 새로운 자발적인 근린계
  획과정을 도입하였다. 계획 혹은 체계는 지방의회나 공청회를 통하여 착수돼
  야 하고 지역민에 의해 찬성된 사항은 투표와 동일한 효과를 가진다. 근린개
  발계획과 체계는 지역계획의 일환으로 채택이 된다. 그러나 이 계획과 체계는
  지방계획의 전략적 정책에 일반적으로 따라야 하며 국가정책과 유럽연합의
  의무와 인권을 위한 요건에 부합되어야 한다.

## 2) 지역 정책

지역 정책으로는 지역공간전략Regional Spatial Strategy, RSS에 녹색인프라의 가치가 담
겨있다. 많은 지방정부는 그들의 개발계획, 전략, 제안서에서 녹지의 다기능적
연결을 담은 녹색인프라에 관한 사항을 인식하고, 진흥하며, 계획안을 제안해
야 한다. 더욱이 현재 어느 녹지가 사람의 접근이 제한적이며 어느 곳의 녹지
연결이 취약한지를 담아야 한다. 그리고 이에 대한 통합적 대비사항을 포함해
야 한다.

## 녹색인프라 계획

녹색인프라 계획은 '성장을 위한 동력', '다기능성', '질과 디자인', '도시와 전원
의 연결', '지속가능성' 그리고 '미래를 위한 투자'라는 원칙과 목표 아래에서 이
루어지고 있다. 녹색인프라 계획의 과정은 크게 네 단계로 나누어 볼 수 있다.
녹지에 대한 현황조사, 정책조사 등 자료를 조사하는 단계를 시작으로, 조사된
자료를 바탕으로 현존하는 녹색인프라 구성요소의 질과 기능 등 특성평가 및 지

도 제작이 이루어지는 두 번째 단계로 이어진다. 이때 각 요소에 있어 잠재적 기능 또한 평가된다. 세 번째 단계에서는 현존하는 녹색인프라가 지역 요구에 적합한지에 대한 평가 및 조사된 자료와 평가결과에 근거하여 녹색인프라 구성요소의 우선적 중요도와 구성요소 간의 연결을 결정한다. 마지막 단계에서는 선행된 단계의 결과를 바탕으로 어느 곳에 어떠한 변화가 필요하고 그것을 어떻게 추구하는가를 다루는 계획이 이루어진다. 녹색인프라 계획의 마지막 단계에서는 일반적으로 다음과 같은 내용을 고려하여야 한다.

- 레크리에이션 동선, 운동시설물, 역사적 공원 그리고 전원지대를 고려하여 현존하는 자연적, 역사적 그리고 레크리에이션을 위한 자산의 보전과 강화
- 현존하는 자산에 대한 관리 개선과 요구를 반영한 새로운 녹색인프라 구축
- 도시 내, 도시 주변부 그리고 전원지대에 자연적 그리고 인공적인 형태의 지속가능하고 안전하며 매력적인 다기능적 녹지 네트워크 구축
- 여가와 교육적 목적을 위하고 사람에게 건강한 생활방식을 고취할 수 있는 좋은 질을 가진 접근 가능한 녹색인프라의 공급
- 지역의 중요한 녹색인프라 자산으로서의 잠재지역에 대한 질 유지 및 확보

실례로 영국에서는 녹색인프라 계획이나 녹색인프라 구축 전략 혹은 정책이 광

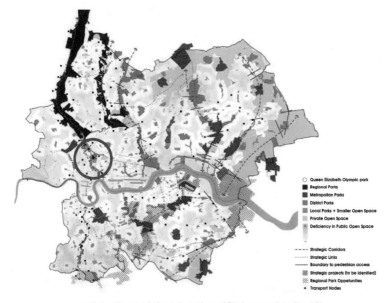

그림 3. 이스트 런던 그린 그리드 계획의 2008년 보완 계획

역지방정부를 중심으로 기초지방정부에서도 마련되고 있다. 2012년 영국 올림픽을 기점으로 영국 런던의 관문 역할을 할 템스게이트웨이Thames Gateway 지역 재개발 프로젝트의 경우, 더욱 넓은 이스트 런던 그린 그리드East London Green Grid 정책에 포함되어 녹지를 새로 공급하고 연결하는 역할을 담아 계획하였고, 올림픽 공원은 기존의 리 밸리Lea Valley 녹지 하단부에 조성하여 템스 강과의 연결을 계획하였다. 이처럼 기존 녹지와 함께 재개발할 때, 환경과 생태를 반영한 장소의 질 향상을 통하여 인간에게 이익을 가져다주는 지속가능한 지역 개발을 위하고 새로운 녹지를 확보하여 네트워크화하는 녹색인프라 계획을 구축하여 실행하고 있다.


## 정책 프로그램과 프로젝트 사례

### 1) 에코타운Eco-town 프로젝트

2007년 영국의 지역사회부The Department for Communities and Local Government가 발표한 에코타운 프로젝트는 2020년까지 영국에 10개의 기후변화에 대응하면서 지속가능한 유형의 신도시를 건설하겠다는 프로젝트이다. 에코타운은 최고 수준의 지속가능한 생활을 달성하는 동시에 취약계층에 충분한 주택을 공급하려는 두 가지 목적으로 추진되고 있다. 예를 들어, 지속가능 생활을 위해서는 신재생에너지의 자체 생산과 폐기물 재활용 등을 통해 온실가스가 배출되지 않는 도시로 개발, 운영되어야 하며, 취약계층을 위한 주택을 전체 주택공급량의 30% 수준으로 공급해야 한다. 2008년에 50개 이상의 지자체가 영국 정부에 사업제안서를 제출하여 11개 지역의 사업 제안서가 1차 선정되었고, 최종적으로 2009년 4개의 지역2)이 에코타운 시범사업으로 선정되었다. 이와 동시에 국가정책서로 에코타운 기준을 발간하였다. 탄소제로Zero carbon, 기후변화 대응Climate change adaptation, 주택Homes, 고용Employment, 교통Transport, 건강한 생활양식Healthy lifestyle, 지역 서비스Local services, 녹색인프라Green infrastructure, 경관과 역사 환경Landscape and historic environment, 생물다양성Biodiversity, 물Water, 홍수위험관리Flood risk management, 쓰레기Waste, 마스터 플래닝Master planning, 변화Transition, 지역사회와 가버넌스Community and governance의 내용을 포함하고 있으며, 전체 부지의 40%를 녹지로 조성해야 하고 이중 50%는 공공

---

| 2. Whitehill-Bordon, North-West Bicester, Rackheath 그리고 St Austell

녹색인프라의 이해와 구축 방안

공간으로 조성해야 한다. 또한 녹색인프라 계획으로 조성된 녹지가 단지의 녹지와 연결되는 계획을 담도록 규정하고 있다. 이것은 저탄소 녹색성장시대에 요구되는 소규모 도시개발[3]의 최신모델로 평가받고 있다.

## 2) 자연환경백서 2011Natural Environment White Paper, The Natural Choice: Securing the Value of Nature

2011년에 출간된 자연환경백서는 자연환경을 보호하고 개선하며 자연시스템의 가치를 반영한 생태적 네트워크가 용이해지는 계획 역할을 명시하고 있다. 백서에는 '전국 생태 네트워크의 연결'과 '홍수와 혹서 등의 환경위험을 관리하는데 유용한 가장 효과적인 도구 중의 하나'로 녹색인프라의 역할을 명시하고 있으며 녹지가 반드시 지역 개발에 반영되어야 하는 것을 천명하고 있다. 자연환경백서 발표에 따라 녹색인프라 발전을 지원하기 위하여 그린 인프라스트럭처 파트너십Green Infrastructure Partnership 프로그램도 만들어 운영하고 있다. 사람과 야생동식물을 위한 높은 삶의 질을 지원하는 지속가능한 장소를 비전으로 설립하여 어떻게 녹색인프라가 생태적 네트워크 강화, 지역사회의 건강과 삶의 질의 개선 그리고 기후변화의 회복을 향상시킬 수 있는가를 고려하는 프로그램이다. 따라서 녹색인프라가 지역 수준, 도시 수준, 그리고 전원 수준에서 보다 많이 계획되고 이를 성공적으로 성취하는 것, 영국의 마을과 도시에 보다 많은 녹지공간을 보급하는 것, 생태적 서식지 네트워크 및 생물적 다양성 위한 보다 개선되게 연결하는 것 그리고 기후 변화를 보다 완화시키는 것을 목표로 하고 있다.

## 3) 접근 가능한 자연녹지 기준Natural England's Accessible Natural Greenspace Standards

내추럴 잉글랜드Natural England[4]가 자연녹지의 공간분포를 다루기 위해 마련한 기준이다. 여러 제한 조건으로 인한 접근성에 따라 인구 일 인당 지역의 자연보호지역 면적으로 나타낸다. 따라서 기준을 통하여 사람들이 거주하는 곳에 가까운 자연녹지에 대한 보장된 접근성을 찾고자 한다. 여기서는 마을이나 도시에 거주하는 사람들이 자연녹지에 쉽게 접근할 수 있도록 다음과 같이 구분한 기준을 제안하고 있다.

---

3. 5,000~15,000세대 사이
4. 2006년 '자연환경과 지역사회법'에 의해 정부가 출현하여 조직된 비 정부조직 공공단체이다. 기존의 '컨트리사이드 에이전시', '잉글리쉬 네이처', '지역개발 서비스' 세 개의 단체가 통합되었다.

- 한 곳의 접근 가능한 20,000㎡ 규모의 녹지가 집으로부터 300m 이내 위치(도보 5분 이내)
- 한 곳의 접근 가능한 200,000㎡ 규모의 녹지가 집으로부터 2km 이내 위치
- 한 곳의 접근 가능한 1,000,000㎡ 규모의 녹지가 집으로부터 5㎞ 이내 위치
- 한 곳의 접근 가능한 5,000,000㎡ 규모의 녹지가 집으로부터 10㎞ 이내 위치
- 법에서 명시한 지역자연보호구역의 최저수준은 인구 천 명당 10,000㎡

## 4) 트럼핑톤 메도우즈Trumpington Meadows, 케임브리지Cambridge

영국에서 녹색인프라 정책이 어떻게 실천적으로 적용되는지를 볼 수 있는 사례를 케임브리지 남쪽 주변부에 조성 중인 트럼핑톤 메도우즈 주거지역 개발 사업에서 찾아 볼 수 있다. 케임브리지의 미래 발전을 위해 추진된 이 사업의 개발지역은 캠 강River Cam을 따라 케임브리지 시와 남부 케임브리지셔에 걸쳐 있는 1,540,000㎡ 규모의 농업지대이다. 개발자는 300년의 주택개발 경험이 있는 개발회사인 그로스브너Grosvenor와 영국에서 가장 큰 연금기금 중의 하나인 대학퇴직연금제도Universities Superannuation Scheme의 파트너십으로 만든 트럼핑톤 메도우즈 부동산 회사Trumpington Meadows Land Company이다. 종합계획은 테렌스 오루크Terence O'Rourke가 담당하였다.

주변 보전지역과 전원지대에 미치는 영향을 최소화하고 독특성과 지속가능성을 가진 주거지역 조성을 목적으로 한 종합계획은, 다양한 크기와 형태의 가용주택affordable housing 40%를 포함한 1,200가구의 주택 공급과 생활편의시설, 지역 중심지, 공원, 주변 전원지대, 대중교통 환승주차장 등 부지 전체를 자전거와 도보로 다닐 수 있는 안전한 환경을 조성하는 것이다. 부지의 중요한 환경과 생태를 위하여 와일드라이프 트러스트Wildlife Trust의 자문을 통한 녹지체계 확립을 골자로 하고 있다.

케임브리지셔의 녹색인프라 전략을 반영하고 개발지역의 환경을 보호 · 강화한 녹색인프라 계획은 다음과 같다.

- 600,000㎡의 근린공원 조성: 숲 그리고 습식과 건식 초지 등 다양한 서식처 제공, 캠 강과 연계하여 지속가능한 도심의 관개시설 일부로 두 개의 연못 조성, 부지 밖 전원지대와 연결된 보행자와 자전거를 위한 산책로, 경지를 구획하던 역사적 생울타리의 재 식재와 함께 이전 농업경관의 복원
- 다양한 형태의 녹지, 다용도 게임과 테니스코트를 포함한 어린이 놀이터 조성

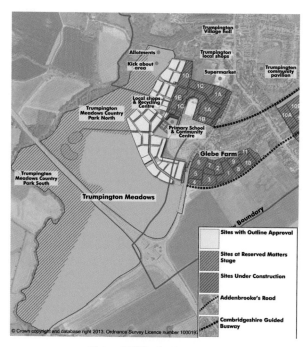

그림 4. 트럼핑톤 메도우즈 개발계획

- 텃밭 조성
- 도심지 내 일련의 스퀘어와 소공원, 개발 중심부로부터 주변 전원지대로 연결
  될 수 있는 녹지대 조성
- 지역 내 야생동식물 서식처의 규모와 질을 개선하여 기존 자연보전을 강화

시공은 바라트 홈즈Barratt Homes 시공회사가 담당하였고, 2010년 기반시설로서 접
근로와 공원이 1단계 착공하였으며, 주택 350세대가 2011년에 1차 착공하여
2012년 5월에 입주를 시작하였고, 2012년 9월에 초등학교가 개교하였다.

### 5) 셔포드Sherford, 플리머스Plymouth

셔포드는 영국 남서부에 있는 플리머스 시의 동쪽 외곽에 계획된 새로운 마켓
타운market town으로 총 4,850,000㎡ 면적에 20~30%의 가용주택을 포함해 총
15,000명의 거주자를 위한 5,500세대의 주택을 2026년까지 공급하는 것을 목
표로 하고 있다. 셔포드 계획은 자연환경을 강화하여 21세기 도시계획의 모델
을 제시하는 것을 추구하고 있다.

그림 5. 트럼핑톤 메도우즈 마스터플랜

종합계획은 기존 부지 내의 여러 특징을 유지하며 녹지축과 녹지대 네트워크 계획과 통합하는 안을 포함하고 있다. 영국 남서부에서 가장 큰 서식지와 함께 운동시설, 공공정원, 텃밭, 유기농 농장을 위한 공간을 포함한 2,000,000㎡ 면적의 대규모 근린공원 조성이 계획의 중요 골자이다. 또한 도시 내 하천, 야생동물 통행로, 녹도, 도시공원 그리고 놀이 공간 등 많은 공간을 녹지로 조성하여 주택에서 도보거리 내에 녹지가 위치하도록 계획하였다. 하나의 주도심과 세 개의 부도심을 중심으로 84,000㎡의 상업지구에 5,000개의 일자리를 창출하여 집에서 직장, 학교, 쇼핑, 녹지와 오락시설을 도보로 5분 안에 도달할 수 있도록 계획하였다.

셔포드 신도시 계획은 약 1조 8천억 원의 총사업비가 예상되는 프로젝트로 2014

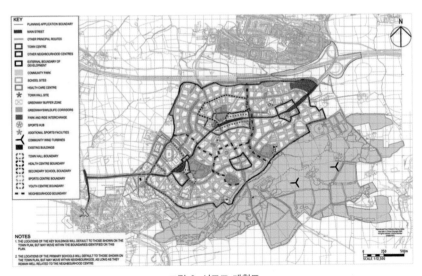

그림 6. 셔포드 계획도

녹색인프라의 이해와 구축 방안

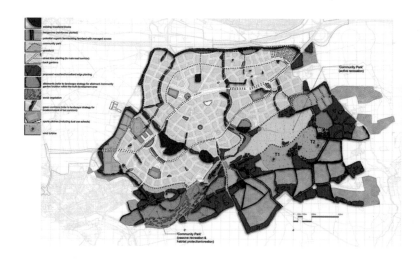

그림 7. 셔포드 녹지 계획도

년 1월 현재 부지매입이 완료된 상태로 2014년 말 착공을 목표로 하고 있다. 재생 에너지 사용과 건물의 에너지 성능을 높인 주택을 2016년까지 4,000세대 공급하고 2026년 완공 이후에는 1,500세대를 추가로 공급할 계획이다.

## 참고문헌

1. Carol Kambites & Stephen Owen, "Renewed Prospects for Green Infrastructure Planning in the UK", *Planning, Practice & Research*, 21/4, 2006, pp.483-496.
2. Department for Communities and Local Government, *National Planning Policy Framework*, 2012.
3. Forest Research, *Benefits of green infrastructure: Report to Defra and CLG*, Farnham: Forest Research, 2010.
4. HM Government, *The Natural Choice: securing the value of nature*, London: The Stationary Office, 2011.
5. Landscape Institute, *Green Infrastructure: An integrated approached to land use*, 2013.
6. Natural England, *Green Infrastructure Guidance*, 2009.
7. Natural England, *Green Infrastructure-Valuation Tools Assessment*, 2013.
8. Peter Neal, *Olympic Parkland Green Infrastructure*, London: Olympic Delivery Authority, 2011.
9. The Town and Country Planning Association and The Wildlife Trusts, *Planning for a Healthy Environment: Good Practice Guidance for Green Infrastructure and Biodiversity*, 2012.

# 일본의
# 녹색인프라 정책

**김 현**

일본에서는 최근 도시 내 하천으로의 우수 유출을 최소화하고 토양과 녹지로 흡수시켜 관수 부담과 홍수 위험을 줄이고 환경부하 저감 효과를 높이기 위한 신기술 개발과 보급이 증가추세이다. 이에 투수성 가로, 녹도, 옥상녹화, 레인가든, 습지, 공원, 산림 등 지표수의 침투, 증발, 재이용이라는 수문학적 순환녹지에 대하여 관심도 또한 높다. 그러나 이러한 사업은 학술적, 단일 정책사업으로 실행되고 있으며, 녹색인프라라는 단어는 행정용어로는 사용되지 않는다.

녹지정책의 주요 대상은 도시계획시설인 공원, 녹지 이외에도 수림지, 초지, 농지, 가로수, 하천, 호소가 중심이 되며 최근에는 교정, 공공시설 및 택지 내 녹지, 옥상녹화, 벽면녹화, 수변공간에 대한 녹지 확충이 증가하고 있다.

이는 지자체의 부족한 예산, 인재 등에 따른 결과로 특히 광역은 산지, 구릉지, 하천, 간선도로 등 광역적 골격이 되는 녹지를 보전, 조성에 주력하고, 기초의 경우 주민, 기업과 협력하여 마을만들기, 도시계획수법과 연동하여 주민주체형 녹지확보 정책을 추진하고 있다. 특히 도쿄도의 녹의 동경모금과 요코하마의 녹지세는 주목할 만한 성과이다.

'시민의 숲', '농업전용지구' 등 토지소유자와 협력하여 수림지와 농지를 보전하고 녹지계획서와 같은 토지이용규제 등도 실시하여 녹지 감소를 최소화하고자 하고 있다. 즉 새로운 녹지 확보와 함께 기존의 녹지를 최대한 유지하기 위한 주민협력형 녹지정책이 활발히 진행 중이다.

공원과 녹지 등의 조성에 근간이 되는 법규는 도시공원법, 도시녹지법이며 이외에도 고도보존법, 수도권근교녹지보전법, 킨키권보전구역近畿圈域保全区域의 정비에 관한 법률 등 다양한 법률에 따라 조성, 관리되고 있다(표 1 참조).

본 절에서는 한국의 녹색인프라 구축을 위한 선진사례로서 일본 도쿄도와 요코하마시의 '녹지의 보전 및 녹화의 추진에 관한 기본계획'을 대상으로 대상, 목표, 실천방안에 대한 분석을 하고자 한다.

일본의 경우 '녹지의 보전 및 녹화의 추진에 관한 기본계획(이하 녹의 기본계획)'은 지방자치단체가 도시계획구역을 범위로 하여 녹지보전과 녹화추진의 시책을 종합

표 1. 일본의 공원 및 녹지

| 명칭 | 내용 | 정비 주체 | 관리 주체 | 전국 (2010.3) | |
|---|---|---|---|---|---|
| | | | | 개소수 | 면적(ha) |
| 주구기간공원(住区基幹公園)「근린주구론」에 기초한 공원) | | 시구정촌 | 시구정촌 | 87,056 | 32,431 |
| 가구공원 街区公園 | 주로 가구(街区)내 거주자 이용을 목적으로 조성한 공원으로 1개소당 면적 255ha를 표준으로 배치 | | | 79,944 | 13,276 |
| 근린공원 近隣公園 | 주로 근린 거주자 이용을 목적으로 조성한 공원으로 1개소당 2ha를 표준으로 배치 | | | 5,399 | 9,681 |
| 지구공원 地区公園 | 주로 도보권내 거주자 이용을 목적으로 조성한 공원으로 1개소당 4ha를 표준으로 배치 | | | 1,713 | 9,475 |
| 특정지구 공원 | 도시계획 권역내 일정 정촌(町村) 의 농산어촌 생활환경 개선을 목적으로 면적 4ha이상을 표준으로 배치 | | | 181 | 1394 |
| 도시기간공원(都市基幹公園) | | 도도부현 시구정촌 | 도시구정촌 지정관리자 (UR · 민간기업) | 2,105 | 36,598 |
| 종합공원 総合公園 | 도시주민 전체의 휴식, 관상, 산보, 유희, 운동등 종합적 이용을 목적으로 조성한 공원으로 도시규모에 따라 1개소당 면적 10~50ha를 표준으로 배치 | | | 1,312 | 24,358 |

| 명칭 | 내용 | 정비<br>주체 | 관리<br>주체 | 전국<br>(2010.3) | |
|---|---|---|---|---|---|
| | | | | 개소수 | 면적(ha) |
| 운동공원<br>運動公園 | 도시주민의 운동공간으로 도시규모에 따라 1개소당 면적 15~75ha를 표준으로 배치 | 도도부현<br>시구정촌 | 도<br>시구정촌<br>지정관리자<br>(UR·민간기업) | 793 | 12,240 |
| 대규모공원(大規模公園) | | | | 218 | 15,187 |
| 광역공원<br>広域公園 | 주로 1개의 시정촌 구역을 초월한 광역 레크리에이션 수요를 충족하기 위한 공원으로 지방생활권 등 광역적 블록 단위마다 1개소당 50ha 이상을 표준으로 배치 | | | 212 | 14,635 |
| 레크리에이션<br>도시 | 대도시 그 외 도시권역에서 발생하는 다양하고 선택성이 풍부한 광역 레크리에이션 수요를 충족하기 위한 목적으로서 종합적인 도시계획에 기초하여 자연환경이 양호한 지역을 주체로 대규모공원을 핵으로 각종 레크리에이션 시설이 배치된 일단의 지역으로 대도시권 그 외 도시권역부터 용이하게 도달가능한 장소로 전체규모 1,000ha를 표준으로 배치 | 도도부현 | 도쿄도 공원<br>협회 | 6 | 552 |
| **완충녹지 등** | | | | 10,478 | 30,988 |
| 특수공원 | 풍치공원(風致公園), 묘원 등 특수공원으로 그 목적에 따라 배치 | 도도부현<br>시구정촌 | | 1,300 | 13,445 |
| 풍치공원 | 주로 풍치의 향수를 목적으로 조성된 도시공원으로 수림지, 호소 해빈 등의 양호한 자연적환경을 형성하는 토지를 선정하고 배치 | | 도·시구정촌<br>지정관리자 | 677 | 8,613.50 |
| 동식물<br>공원 | | | 도쿄도 동물원<br>협회 | 62 | 873.38 |
| 역사공원 | 「역사적 의의를 가진 토지를 포함한 토지권역」에서「역사적 의의를 지닌 토지를 유효하게 이용되도록 배려」 | 도도부현<br>시구정촌 | 국가·도·시<br>구정촌 | 326 | 1,440.52 |
| 묘원 | 묘원은 묘지의 기능만이 아니라 묘지에 참배와 동시에 녹지안에서의 산책, 휴식 등 정적 레크리에이션 기능을 가진 공원 12기능을 가진 공원, 면적 2/3 이상을 원지로 함 | 도도부현<br>시구정촌 | 도·시구정촌<br>지정관리자 | 235 | 2,517.33 |

| 명칭 | 내용 | 정비 주체 | 관리 주체 | 전국 (2010.3) | |
|------|------|----------|-----------|------|------|
| | | | | 개소수 | 면적(ha) |
| 완충녹지 | 대기오염, 소음, 진동, 악취 등의 공해 방지, 완화 또는 완충지대 등 재해방지를 위한 목적으로 조성된 녹지. 공해, 재해 발생원 지역과 주거지역, 상업지역 등을 분리차단하기 위한 적정 위치에 배치 | 도도부현 시구정촌 | 도·시구정촌 지정관리자 (제3섹터(공사등)) | 227 | 1,672 |
| 도시녹지 | 도시의 자연환경 보전 및 개선, 도시 경관 향상을 위해 설치된 녹지 1개소 당 면적 1ha 이상을 기준으로 배치. 기성시가지에 양호한 수림지 등이 있는 경우 또는 식수에 의해 도시녹지가 증가 또는 회복되어 있어 도시환경 개선을 위해 녹지를 조성할 경우는 0.05ha 이상 확보(도시계획 결정 없이 차지 정비하여 도시공원으로 배치하는 것을 포함) | | | 7,684 | 14,211 |
| 도시림 | 주로 동식물 생식 또는 생육지인 수림지 등을 보호하기 위한 도시공원. 도시의 양호한 자연환경 형성을 목적으로 배치 | | | 117 | 423 |
| 광장공원 | 상업·업무계 토지이용이 이루어지는 지역 경관 형상, 주변시설 이용자를 위한 휴식지 등의 이용을 위해 배치 | | | 316 | 345 |
| 녹도 | 재해시 피난로 확보, 도시생활의 안전성 및 쾌적성 확보를 위한 목적으로 근린주구내 또는 근린주구를 연결하도록 설치하는 식재대 및 보행자로, 자전거도로, 폭원 10~20m를 표준으로 공원, 학교, 쇼핑센터, 역전광장을 연결하도록 배치 | | | 834 | 892 |
| 국영공원 | 하나의 도도부현을 초월한 광역적 대규모 도시공원(이호공원(イ號公園), 이하 광역국영공원으로 칭함)과 국가적 기념사업 등으로 각의결정에 따라 설치되는 공원(로호공원(ロ號公園), 이하 기념국영공원으로 칭함)을 국영공원으로 지정 | 국가 | 지정관리자 | 17 | 2,961 |
| 합계 | | | | 99,874 | 118,165 |

적이면서 계획적으로 실시하기 위하여 그 구체적인 내용을 책정하는 녹지와 오픈스페이스의 종합적인 계획(일본 도시녹지법 제2조 2)으로 정의된다. 이는 지방자치단체에서 개별적으로 실시해 오던 녹의 마스터플랜(1977년 실시), 녹지보전계획과 도시녹화추진계획(1985년 실시)을 종합한 도시녹지 종합계획으로 한국의 공원녹지기본계획에 해당한다.[1] 공원이란 명칭이 빠져 있으나 계획의 내용에는 도시공원 내용이 포함되어 있다. 다만 한국의 공원녹지기본계획이 시 단위 이상의 지자체가 도시관리계획과 연동하여 10년 단위로 수립되는 반면 일본의 녹의 기본계획은 시구촌이 수립대상으로 도쿄도, 가나가와현 등의 도도부현과 같은 광역지자체는 비법정계획인 '광역녹지계획'을 수립한다. 따라서 이 글에서는 동경의 경우 광역녹지계획에 해당하는 '녹의 동경 10년 프로젝트', 요코하마의 경우 '요코하마시 물과 녹의 기본계획横浜市水と緑の基本計画'을 대상으로 한다.


## 일본 도쿄도

도쿄도는 2006년 계획을 수립한 '10년 후의 동경'에서 제1 실천전략으로 내세운 물과 녹지의 회랑에 둘러싸인 아름다운 동경을 복원하기 위하여 2007년 1월 '녹지 도시 만들기 추진본부緑の都市づくり推進本部'라는 전략조직을 구성하고 '녹의 동경 10년 프로젝트緑の東京10年プロジェクト,(이하 녹의 동경)'를 계획 · 추진하고 있다. 녹의 동경 계획은 매년 성과를 분석하고 있다.

다만 2011년 대지진 이후 수도 동경의 위상 제고와 안전성 확보에 중심을 두고 있으며, 2020년 올림픽 유치를 위하여 전력을 다하고 있다. 특히 녹지정책 실현을 위한 전략사업의 경우 비상시 안전 확보와 생물다양성, 기후변화 대응에 집중하여 기존의 자치단체 중심의 공원, 녹지 확보 이외에 마을만들기, 교정, 기금 등 다양한 방법을 동원하고자 노력하고 있다. 실제 녹의 동경 10년 프로젝트

---

1. 한국의 공원녹지기본계획이 시 단위 이상의 지자체가 도시관리계획과 연동하여 10년 단위로 책정할 의무를 규정하는 데 반해, 일본의 녹의 기본계획은 말단 지자체의 필요에 따라 자발적으로 책정하도록 하고 있어 의무사항은 아니라는 점이다. 또한 기본적으로 시구촌이 입안하기 때문에 광역자치체, 즉 도쿄도, 지바현, 가나가와현 등의 도도부현은 비법정계획인 광역녹지계획을 입안하고 있다. 또한 입안시기에 대한 규정이 따로 없는 관계로 각 입안권자가 필요하다고 판단할 때 입안한다는 점도 다른 점이라고 할 수 있다. 이는 최종 구속력을 지닌 도시계획(도시관리계획)에 어느 정도 녹지계획이 반영되느냐에 차이를 주게 되는 것으로, 도시계획의 입안시기와 상관없이 입안되는 일본의 녹의 기본계획보다, 공원녹지에 대한 계획은 도시관리계획의 상위계획으로 자리잡혀 있는 한국의 기본계획이 실현성을 담보하는 방식이라고 볼 수도 있다(예경록, 2011년).

의 주요 사업대상은 우미노모리공원海の森公園 정비, 가로수 정비, 학교 교정 잔디 사업, 도시공원, 해상공원, 수변공간이다.

도쿄도의 공원은 도시공원법에 근거한 도시공원 7,403개소(약 5,500㏊)와 도시공원 이외의 공원 3,636개소(약 1,941㏊)로 전체 약 7,441㏊이며 도민 1인당 공원면적은 5.7㎡에 이른다. 도시공원은 국영공원(1개소, 약 163㏊), 도립공원2)(78개소, 약 1,906㏊), 구시정촌립공원(7,324개소, 약 3,431㏊)을 포함한다. 도시공원 이외의 공원이 존재하는데, 구시정촌이 설치한 아동유원児童遊園, 국가가 설치한 국민공원, 도쿄도 항만국이 설치한 해상공원, 공사·공단이 설치한 주택지 내 공원, 도쿄도 환경국이 설치한 자연체험공원自然ふれあい公園이 이에 해당한다.

이와 함께 국립공원(3개소, 약 69,426㏊), 국정공원(1개소, 약 770㏊), 도립자연공원(6개소, 약 9,686㏊)의 자연공원이 분포되어 있다.

도쿄도의 녹지정책은 '녹지율みどり率'을 지표로 삼고 있다. 녹지율은 어느 특정지역에서 수림지, 초지, 농지, 택지 내 녹지(옥상녹화 포함), 공원, 가로수, 하천, 호소 등의 면적이 차지하는 비율이다. 도쿄도는 녹지율을 높이기 위하여 구시정촌区市町村 주민과의 협력을 강조하고 있으며 특히 산지, 구릉지, 하천, 간선도로 등 광역적 골격이 되는 녹지를 보전하는 데 주력하고 있다. 구 지역의 경우 2001년 기준 녹지율 29%에서 2016년까지 약 32%로 3% 증가를 목표로 하고, 외곽부의 타마多摩 지역은 녹지율 저하를 억제하여 현재의 녹지율 80%를 유지하고자 하는 등의 보전정책을 펼치고 있다.

## 1) 신규 녹지의 확보

구 지역 즉, 도시화가 진전된 지역에 대해서는 신규 녹지 1,000㏊를 확보하기 위하여 공원을 신규 조성하고 공립 초·중학교 교정의 잔디운동장을 조성하고 있다. 공원의 역할과 기능에 대해서도 기존의 도시미화, 도시 녹지 확충이라는 역할만이 아니라 재난 시 피난장소이자 방재거점의 기능을 강조하고 있다.

2010년 현재 새로운 공원녹지는 목표의 약 46%인 463㏊가 조성되었다. 와다보리和田堀공원, 미즈모토水元공원, 히라야마조시平山城址공원, 노야마기타野山北공원, 로쿠도야마六道山공원이 확대 조성되었고 무사시노모리武蔵野の森공원, 오오토大戸녹

---

| 2. 건설국에서 관리하는 도시공원을 의미한다.

표 2. 도쿄도 공원 현황

| 명칭 | 정비주체 | 관리주체 | 개소수 및 면적 (2010.3) | |
|---|---|---|---|---|
| | | | 개소수 | 면적(ha) |
| 주구기간공원(住区基幹公園) | 시구정촌 | 시구정촌 | 2,983 | 915 |
| 가구공원 街区公園 | | | 2,790 | 426 |
| 근린공원 近隣公園 | | | 169 | 316.77 |
| 지구공원 地区公園 | | | 24 | 171.88 |
| 특정지구공원 | | | 0 | 0 |
| 도시기간공원(都市基幹公園) | 도도부현 시구정촌 | 도·시구정촌·지정관리자 (UR·민간기업) | 47 | 475.27 |
| 종합공원 総合公園 | | | 27 | 341.24 |
| 운동공원 運動公園 | | | 20 | 134.03 |
| 대규모공원(大規模公園) | 도도부현 | 동경도공원협회 | 8 | 373.07 |
| 광역공원 広域公園 | | | 8 | 373.07 |
| 레크리에이션 도시 | | | 0 | 0 |
| 완충녹지 등 | 도도부현 시구정촌 | | 663 | 974.16 |
| 특수공원 | | | 26 | 237.41 |
| 풍치공원 | | 도·시구정촌 지정관리자 | 11 | 73.7 |
| 동식물공원 | | 동경도동물원협회 | 5 | 152.55 |
| 역사공원 | | 국가·도·시구정촌 | 9 | 9.77 |
| 묘원 | | 도·시구정촌 지정관리자 | 1 | 1.39 |
| 완충녹지 | | 도·시구정촌·지정관리자 (제3섹터(공사중)) | 3 | 2.69 |
| 도시녹지 | | | 590 | 705.3 |
| 도시림 | | | 3 | 0.94 |
| 광장공원 | | | 13 | 3.9 |
| 녹도 | | | 28 | 23.92 |
| 국영공원 | 국가 | 지정관리자 (西武造園·프린스호텔) | 1 | 162.5 |
| 합계 | | | 3,702 | 2,900 |

주_ 2010년 3월 기준
출처: 동경도(2012) 녹의 동경10년 프로젝트 시책화 상황 2012(緑の東京10年プロジェクトの施策化状況 2012)를 참조하여 연구자 재작성

녹색인프라의 이해와 구축 방안

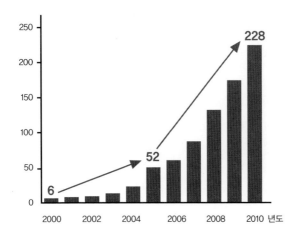

그림 1. 공립초중학교 교정 잔디화 사업(개소) 출처: 도쿄도(2012) 동경 2020

지가 가까운 시일 내 신규 개원될 예정이다. 최근 가장 주목할 만한 곳은 2011
년 개장된 동경 임해광역방재공원東京臨海広域防災公園으로 수도권의 녹지 거점은
물론 방재거점의 기능을 수행하고자 국영공원 구역과 도립공원 구역이 통합된
광대한 면적으로 조성된 곳이다.

한편, 교정의 잔디운동장 등 녹화사업으로 지역 녹지 거점을 확보하는 주요 대
상지는 공립 초·중학교, 도립학교이며 공립유치원, 인가 보육시설, 사립학교의
경우에는 모델사업으로 지원하여 도시녹지 확산을 꾀하고 있다. 2010년 12월
기준 228개소의 공립 초·중학교에 잔디운동장, 옥상 및 벽면녹화가 완료되어
지역의 녹지 네트워크의 결절점은 물론 환경교육의 장으로 활용되어 이용자의
만족도가 매우 높다. 조성된 녹지 관리를 위하여 도쿄도는 그린키퍼를 육성·파
견하고, 교정녹화에 대한 연구조사, 홍보, 교육 활동을 교육청과 함께 진행하고
있다.

## 2) 그린 로드 네트워크

타마가와多摩川와 아라가와荒川 등 물을 중심으로 하는 대형 환상축과 그 내부의
수변공간과 녹지축을 중심으로 하는 녹지 네트워크를 구성하고, 녹지의 거점을
직접 연결하는 수단으로 가로수를 정비하고 있다.

그림 2. 주요 그린로드 네트워크 출처: 도쿄도(2012) 동경 2020

구체적으로 살펴보면 샤쿠지가와石神井川 변에 자리 잡고 있는 도립공원은 도로, 하천, 공원을 일체화하여 정비하고, 아라가와에서 샤쿠지가와, 쵸후호우야調布保谷선, 타마가와를 연결하는 직경 30km의 녹지대를 조성하였다.

녹지의 거점을 연결하는 가로수 중 도쿄도가 직접 관리하는 도로 2,241km(2009년 4월 기준) 중 가로수는 약 1,212km, 중앙분리대와 교통섬 등 도로녹지는 약 220ha 가 조성되어 있다. 2017년까지 간선도로의 가로수를 정비하고 가로수 100만 주를 식재하여 녹지대를 연결하고 도시의 아름다운 경관을 창조하고자 한다. 녹의 동경이 책정된 2006년 48만 주였던 가로수가 2010년 12월 기준 70만 주로 22만 주 증가하였으며, 도쿄도 도로변만 보면 16만 주에서 32만 주로 2배 증가하였다. 특정긴급우송도로[3]변 노령수목(간주 90cm 이상) 5만 주는 국도 가로수 정비를 수행하여 녹화기능을 물론 방재기능을 강화하였다.

### (3) 도쿄도민, 기업과 함께 녹의 무브먼트緑のムーブメント(녹지 운동) 전개

2007년 시작된 '녹의 동경 모금緑の東京募金'은 도민과 기업의 기부금으로 우미노모리 정비, 가로수 정비, 교정 잔디운동장 사업, 꽃가루가 적은 삼림 조성사업 비용으로 사용되고 있다. 녹의 동경 모금은 2010년도 7.7억 엔이 모금되었으며, 우미노모리 12ha에 식수가 전개되어 15ha가 정비되었고, 도시개발 사업자

---

3. 긴급우송도로 중 특히 도로변 건축물의 내진화가 필요하다고 판단되는 경우 내진화 추진조례에 의하여 지정되는 도로를 특정긴급우송도로라 칭한다.

녹색인프라의 이해와 구축 방안

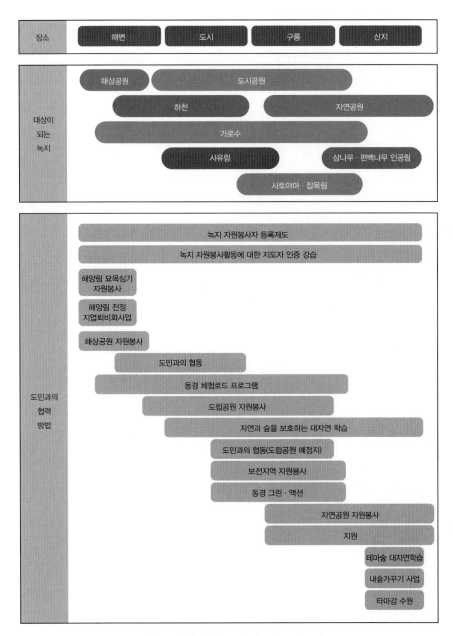

| 장소 | 해변 | 도시 | 구릉 | 산지 |

대상이 되는 녹지
- 해상공원
- 도시공원
- 하천
- 자연공원
- 가로수
- 사유림
- 삼나무 · 편백나무 인공림
- 사토야마 · 잡목림

도민과의 협력 방법
- 녹지 자원봉사자 등록제도
- 녹지 자원봉사활동에 대한 지도자 인증 강습
- 해양림 묘목심기 자원봉사
- 해양림 전정 지엽퇴비화사업
- 해상공원 자원봉사
- 도민과의 협동
- 동경 체험로드 프로그램
- 도립공원 자원봉사
- 자연과 숲을 보호하는 대자연 학습
- 도민과의 협동(도립공원 예정지)
- 보전지역 자원봉사
- 동경 그린 · 액션
- 자연공원 자원봉사
- 지원
- 테마숲 대자연학습
- 내숲가꾸기 사업
- 타마강 수원

그림 3. 동경 녹지 보전을 위한 주민 협력방안

등이 자주적으로 녹화에 참여하도록 하여 기존 건축물 옥상 녹화 등으로 새로운 17㏊의 녹지가 확보되었다.

건설국에서는 녹의 동경 모금의 새로운 사용처로 2008년부터 '나의 나무My Tree' 운동을 시행하고 있다. 모금된 비용으로 식재하고 플레이트에 기부자의 이름과 메시지를 적도록 하여 기부자(기업 포함)를 소개하고 세제 우대조치 등 다양한 혜택을 부여하여 녹지운동을 사회전반으로 확산시키고 있다. 2011년 12월 기준 약 2,700개의 이름표가 설치되었다. 도쿄도민, NPO 등이 참여하는 식수제, 자원봉사활동으로 45㏊가 추가 식재되었으며, 2016년에는 우미노모리가 개장할 예정이다. 이렇게 주민과 함께하는 녹지운동은 녹의 동경 모금과 우미노모리공원 운동 외에도 마을만들기, 도시개발사업자 참여 등 다양한 형태로 확산하고 있다.

표 3. 지상부 및 건축물상부의 녹화기준

| 종합설계제도 등의 부지 | 1,000㎡ 이상 5,000㎡ 미만 부지 | 〈지상부〉<br>(부지면적−건축면적)×30%<br><br>〈건축물상부〉<br>옥상면적×30% |
| --- | --- | --- |
| | 5,000㎡ 이상 부지 | 〈지상부〉<br>(부지면적−건축면적)×35%<br><br>〈건축물상부〉<br>옥상면적×35% |
| 그 외부지 | 1,000㎡ 이상 5,000㎡ 미만 부지 | 〈지상부〉<br>다음 산술식 중 작은 면적<br>A: (부지면적−건축면적)×20%<br>B: {부지면적−(부지면적×건폐율×0.8)}×20%<br><br>〈건축물상부〉<br>옥상면적×20% |
| | 5,000㎡ 이상 부지 | 〈지상부〉<br>다음 산술식 중 작은 면적<br>A: (부지면적−건축면적)×25%<br>B: {부지면적−(부지면적×건폐율×0.8)}×25%<br><br>〈건축물상부〉<br>옥상면적×25% |

출처: 동경 자연보호, 회복에 관한 조례 · 시행규칙 별표 제2

*옥상면적이란 건축물의 옥상부분으로 사람의 출입 및 이용가능한 부분의 면적을 일컬음. 건물의 관리에 필요한 태양광, 공조기기 등으로 녹화가 곤란한 부문의 면적은 제외

녹색인프라의 이해와 구축 방안

## (4) 제도 개선

도쿄도에서는 1,000㎡(국가 또는 지방공공단체 소유 부지의 경우에는 250㎡) 이상의 부지에서 개발계획, 건축계획이 일어날 경우 "동경 자연보호, 회복에 관한 조례·시행규칙東京における自然の保護と回復に関する条例·施行規則(자연보호조례로 칭함)"의 제14조, 47조, 48조에 따라 개발을 규제하는 것과 동시에 녹화사업을 지도하고 있다. 개발 규제에 해당하는 계획에 대해서는 동경지사의 허가를 반드시 얻어야 한다. 건축의 신축, 개축, 증축과 공작물 건설, 옥외경기시설 또는 옥외오락시설, 주차장, 작업장, 묘지 건설 시 녹화계획서를 사전에 제출해야 하며, 계획서에는 부지 내 지상부에 일정면적(인공지반 및 접도부의 녹화를 포함) 이상의 녹화와 건축물 상의 녹화 실행계획을 작성하여야 한다. 한편 종합설계제도[4] 등을 적용하는 부지와 그 외 설계를 시행하는 부지에서의 녹화기준은 다르게 적용되고 있다(표 3 참조).

특히 옥상녹화를 강조하고 있다. 재정난이 심각한 도쿄도는 옥상녹화에 대한 직접적 지원은 시행하지 않고 옥상녹화의 효과에 대한 홍보와 기술연구, 세금감면 등 옥상녹화 활성화를 위한 기초적 지원을 하고 있다. 주요 재원으로는 공익재단법인 도쿄도공원협회[5]의 도쿄도 도시녹화기금 또는 기초자치단체의 독자적인 조성금 제도가 활용되고 있다.

일본은 도시의 양호한 환경, 경관을 형성하고 있는 개인소유의 수림지 등 도심의 잔존녹지가 상속, 매매과정에서 높은 세금과 유지비로 점점 줄어들고 있다. 이를 최소화하기 위하여 다양한 지원책이 강구되고 있다. 도쿄도에서 마을만들기가 활발하게 이루어지고 있는 세타가야구의 경우, 토지소유자와 계약을 맺고 수림지 소유자가 지속적으로 수림지를 유지해 갈 수 있도록 비용을 지원하거나 세금을 감면하는 정책을 도입하여 수림지를 보전하고 공원녹지를 확보하는 데 성공하였다. 300㎡ 이상의 부지에 대하여 소유주와 계약을 맺어 조성과 관리를 보조하며 주민들이 항상 이용할 수 있는 '시민녹지'를 2012년 2월 현재 10개소 조성하였고, 50㎡ 이상의 정원 소유주와 연계하여 일 년 중 일정 기간 동안 주민들이 이용할 수 있도록 하는 '작은 숲'이 8개소를 운영하고 있다.

---

4. 종합설계제도 외에 하나의 단지건축물설계제도, 연단건축물설계제도 등을 적용하여 계획하는 건축물 부지, 또는 재개발 등 촉진지구, 고도이용지구, 특정가구 내 건축물 부지가 포함된다.
5. http://www.tokyo-park.or.jp

## 가나가와현 요코하마시

도쿄도 남서부의 가나가와神奈川현에 위치하는 요코하마시는 면적 약 435km², 인구 약 367만 명으로 일본에서 도쿄 23구 다음으로 인구가 가장 많은 도시이다. 2009년 통계에 의하면 요코하마시 공원면적은 약 1,726ha로 1인당 공원면적 4.7m²/인이다. 2010년 3월 말 일본 도시의 일 인당 평균 면적 약 9.7m²/인에는 크게 미치지 못하지만 일본 대도시의 일인당 공원면적이 5m²/인 이하인 점을 고려한다면 적다고 단언하기는 어렵다. 또한 일본 최초의 서양식 공원인 야마테공원, 요코하마공원, 야마시타공원 등 선진적이며 유명한 공원을 다수 보유하고 있는 공원도시이다.

요코하마시 또한 1960년대 일본의 급격한 경제성장으로 인한 도시화 진전으로 도심 녹지가 급격히 감소하였으나, 1970년대 계획적인 녹지 보전 및 확충 사업을 진행하여 2000년까지 양적 성장을 이루었다. 다만 2000년 이후에는 지자체

표 4. 요코하마시 물과 녹의 기본계획의 목표

| 구분 | | | 현황 1994년 기준 | | 목표 2024년 기준 |
|---|---|---|---|---|---|
| 녹피율 | 수림지 | 민유산림(시민의 숲, 사원수림 포함) 공유산임(공원, 시유녹지 등의 녹지) 공공시설의 녹지 주택지의 녹지(주동간 녹지, 연속된 가로수) 공장 · 사무소의 녹화 | 약 18% | 약 31% | 수녹율, 녹피율 2배 향상 |
| | 농지 | 경작지 휴경지(흙의 상태) | 약 7% | | |
| | 초지 | 광장의초지(공원의 초지광장 등을 포함) 불경작지, 공지, 유휴지의 초지 사업예정지, 조성지 등 | 약 6% | 35% | |
| 그외 | 운동장 등 녹지에 둘러싸인 공간면적률 | 도시공원의 광장 · 운동장 등 도시공원에 준하는 것(항만녹지 등)의 광장 등 수립지, 농지의 광장 학교 교정, 운동장 우수조정지 · 유수지 등의 광장 | 약 3% | | |
| | 수면의 면적률 | 하천등의 수면 도시공원내 수면 도시공원에 준하는 석(항만녹지등)의 수면 저류지 · 우수조정지 · 유수지의 수면 | 약 1% | | |
| 수녹율 합계 | | | 약35% | | |

녹색인프라의 이해와 구축 방안

의 재정부족 등을 이유로 공원조성사업 건수가 감소하고 생활권 격차 또한 심해지고 있어 녹지확보를 위한 선진적 정책 요구가 매우 높아지고 있다.

연구의 주 대상이 되는 '요코하마시 물과 녹의 기본계획'은 2006년 수립된 계획으로 1997년에 수립한 요코하마시 녹의 기본계획과 요코하마 수환경 계획(1994년 수립), 수환경 마스터플랜(1999년 수립)을 통합하여 수립된 것이다. 요코하마는 해안으로 둘러싸인 입지의 특성을 감안하여 기존의 녹지뿐만 아니라 물에 대하여 주목하였다. 요코하마시 녹의 기본계획에서 대상으로 하는 녹의 개념은 하천을 포함하여 개인주택의 녹지에서부터 공원, 수림지, 농지를 포괄하고 있다. 따라서 계획목표로 녹피율과 운동장 등 녹지에 둘러싸인 공간면적률과 수면의 면적률을 포함한 수녹율을 적용하였다.

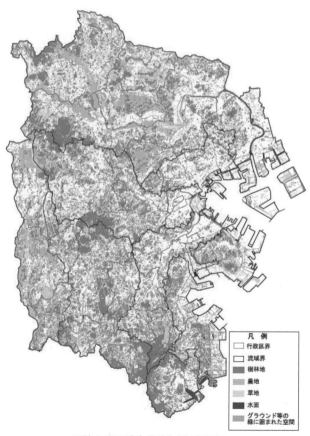

그림 4. 요코하마 물과 녹지 네트워크

## 1) 녹지세 신설

일본사회의 세금 감축과 지자체 재정여건 등을 감안했을 때 물과 녹의 기본계획에서 목표하는 수림지 보전, 농지 보전, 도시녹지 확대, 시민참여 지원 등의 각 시책을 수행하기 위해서 추가적인 재정확보가 필수적인 과제이다. 이에 요코하마시는 계획을 원활하게 실시하기 위해 2009년 녹지세 조례를 신설[6]하고 2010년부터 녹지세를 징수하고 있다.

일반시민에게는 시민세를 연간 900엔 증액하여 징수하고, 법인에는 현행 시민세에 약 9% 증액하여 징수하고 있다. 요코하마시가 추정한 연간 녹지세 규모는 약 24억 엔으로 녹지확보를 위한 토지매수, 수림지와 농지 보전, 녹화사업, 녹지관리, 시민참여 홍보 등 녹지 보전 및 확산을 위한 주요 추진수단으로 작용하고 있다.

## 2) 임대지 공원제도

요코하마시는 공원녹지 총량을 유지하고 향상시키기 위하여 개정된 도시공원법에 의거한 '임대지 공원제도'를 적극 활용하고 있다. 도시공원법의 '도시공원 보존'에 관한 조항에 따라 한번 도시공원을 조성하면 폐지하는 것이 매우 어렵고, 폐지하기 위해서는 대체공원을 조성해야만 하고, 실제 토지소유자로부터 공원부지를 매입하는 과정에서 많은 비용과 시간이 소요되었다. 이러한 문제점을 극복하고자 2004년 개정된 도시공원법에서는 임대지에 조성된 공원의 경우 계약이 종료되면 폐지할 수 있도록 하고 있다. 이를 임대지 공원제도라 한다. 도시계획상 공원녹지 정비에 대해 공원관리자(해당 지자체)가 토지소유자와 임대차 계약을 맺고 토지를 임대하여 도시공원을 개설하는 제도이다. 이로써 민유지를 활용한 새로운 공원조성 가능성이 높아졌다.

요코하마시의 임대지 공원 지정기준은 녹지면적이 약 500㎡ 이상이며 20년 이상의 장기임대계약이 가능한 토지이다. 토지소유자는 무상 임대기간 동안 해당 토지의 고정 재산세 및 도시계획세를 감면받으며, 20년 장기임대할 경우에는

---

6. 사전작업으로 1만 명 이상의 시민을 대상으로 한 설문조사와 심포지엄 등을 실시하였다. 특히, 설문조사에서는 현재의 녹지량을 늘렸으면 좋겠다(58.2%), 현재의 양을 유지하면 좋겠다(40.0%) 등 녹지의 확보와 보존에 관한 시민의 의식이 매우 높게 나타났다. 이러한 시민들의 의견을 바탕으로 2009년 요코하마 녹지세 조례를 제정하고 2010년부터 시행하고 있다.

토지상속세의 약 40%를 추가 감면 혜택을 받는다. 이러한 혜택 때문에 토지를 사용하지 않고 방치하고 있는 토지소유자의 참여가 늘고 있어 공원 증가에 기여하는 바가 매우 크다. 특히 민유지를 포함하고 있는 도시공원의 토지매입 의무가 있는 요코하마시의 재정부담을 줄여줌으로써 공원폐지라는 최악의 사태를 막는 매우 유효한 정책수단이 되고 있다.

### 3) 입체도시공원제도

입체도시공원제도는 기존 도시공원법에서 제한하였던 도시공원 하부공간의 토지이용 유연성을 도모한 것으로, 2004년 도시공원법 개정을 통해 도입되었다. 이를 통해 기존에 제한되었던 인공지반 위 혹은 건축물의 옥상에 도시공원을 조성할 수 있으며 신설공원은 물론 기존 공원에도 적용되고 있다. 입체도시공원은 도보로 쉽게 이용할 수 있는 경사로, 계단, 엘리베이터 등을 이용한 동선계획과 공원의 위치, 경로 등의 사인계획을 시행하여 도로, 역, 공공시설에서의 접근성을 확보하여야 한다.

요코하마시 아메리카야마공원은 이 제도를 활용하여 조성된 일본 최초의 입체도시공원이다. 아메리카야마공원은 '항구가 보이는 언덕공원', '외국인 묘지', '야마테 서양관' 등이 소재한 야마테지구와 브랜드 점포가 밀집된 상점가인 모토마치지구가 연결되는 곳에 입지한다. 두 지구는 약 18m의 고도차가 있어 보행자 동선이 단절되어 있었다. 이에 요코하마시는 입체도시공원제도를 활용하여 역사(미나토미라이선 토마치주카가이역) 상부 공간과 인접공원 용지를 통합적으로 정비하여 공원을 조성하였다. 역사의 경우 2층에서 4층으로 증축되었고, 옥상 부분을 포함한 3층과 4층의 일부 공간도 공원시설로 조성되었다. 옥상 부분을 포함한 옥외 공원면적이 4,630㎡, 역사 내 공원면적이 890㎡로 총 5,520㎡의 공원을 도심부에 확보할 수 있었으며 두 지구를 보행자 동선으로 연결함으로써 지역 활성화에도 기여한 바가 크다.

### 4) 수림지, 농지 확보

광역적인 녹지 네트워크는 물론 생활권의 이용자 네트워크를 확충하고 이용성을 높이기 위하여 수림지와 농지를 보전하는 정책을 추진하고 있다. 도쿄도와 마찬가지로 요코하마시도 유지관리비, 상속세 등 토지소유자의 경제적 부담으로 인하여 수림지가 계속 감소하고 있다. 특히 도시화가 급격히 진전되는 시가

화조정구역 내 포함되는 수림지는 그 감소세가 매우 가파르게 진행된다. 이에 토지소유자가 수림지를 유지해 갈 수 있도록 상속세 등의 세금 감면과 관리비 지원 등을 제도화하였다.

요코하마시 농가의 과반수가 60세 이상으로 도시농업 종사자의 고령화로 인하여 농지보전이 어려운 실정이다. 특히 도시화 압력이 높은 시가화조정구역 중 농업전용구역에 포함되지 않은 농지의 감소량은 매년 증가하고 있다. 농사체험, 농업관광 등에 대한 시민들의 관심과 참여도가 높아지고 있어 특구농원과 같은 시민농원제도가 효과적으로 활용되고 있는 것도 사실이다. 이러한 사회문화적 변화에 따라 요코하마시는 우선 농업에 대한 진흥과 농업종사자 육성 정책을 지원하고 주거지역 또는 생활권에 근접하는 농지를 보전하여 시민이용형 농원으로 조성함으로써 도심지의 농지를 보전하고 있다.

녹색인프라의 이해와 구축 방안

## 참고문헌

1. 도쿄도항만국 사업개요, 2011, pp.185-186.
2. 도쿄도항만국 사업개요, 2011, pp.191-193.
3. 도쿄도, 綠の東京計画, 2000.
4. 도쿄도, 綠の東京10年プロジェクト, 2008.
5. 도쿄도, 東京10年プロジェクト, 2012.
6. 엔도 아라타, "미국도시의 우수유출관리정책으로서 녹색인프라 계획에 관한 연구 - 펜실베이니아주 필라델피아시의 우수 규제 장기계획을 중심으로", 『도시계획논문집』 46(3), 2011, pp.649-650.
7. 요코하마시, 요코하마시 물과 녹지 기본계획, 2007.
8. 요코하마시, 요코하마 미도리 업 계획(신규, 확충 시책), 2010.
9. http://www.kankyo.metro.tokyo.jp
10. http://www.city.yokohama.lg.jp/kankyo

# 도시공원 네트워크의 평가 방법

## 이 경 주

녹색인프라의 개념은 녹색 단위체hubs, links와 이들 사이의 연결망network에 기반을 둔 것이다. 공간 분석 기법과 네트워크 이론의 발전으로 녹색 공간에 대한 분석적 시각이 일반화되었고, 최근에는 이를 응용한 실무적 접근이 중요해지고 있다. 녹색인프라의 중심 요소라 할 수 있는 도시공원에 대한 시각에도 이러한 접근이 요청되고 있으며, 국내에서도 이를 기반으로 하는 평가와 개선책 마련이 논의되고 있는 시점이다.

여기에서는 녹색인프라 요소로서 도시공원에 대한 관련 분석 기법을 적용하고 이를 기본으로 하는 녹색인프라 구축의 방향성 논의의 단초를 제공하고자 한다.

## 공공재로서 도시공원의 역할 및 총량적 분석의 한계

도시는 도시민들이 일상적 삶을 영위하는 데 필요한 기본 인프라를 제공한다. 도시공원은 도시민들이 일상생활에서 서로 자연스럽게 부대낄 수 있는 사회적 공간을 제공한다. 특히 삶의 질에 대한 관심과 건강에 대한 관심이 높아짐에 따라 다양한 형태의 물리적 여가활동이 삶의 일상적 가치에서 차지하는 비중 역시 증가하고 있다. 도시공원은 일상적 만남의 장소와 여가활동을 영위하는 데 필요한 물리적 공간을 제공하는 기본 인프라로서의 위상이 공고해지고 있다.

도시공원은 다양한 순기능을 제공한다. 도시의 대기를 정화하여 신선한 공기를 제공하는 도심 허파 공간으로서의 역할을 수행할 뿐만 아니라 기후와 같은 외부 요인의 거시적 변화로 인하여 문제가 심각해지고 있는 도시열섬현상을 완화하는 데 중요한 역할을 하는 것으로 알려졌다. 또한 도시민들의 물리적 활동을 촉진하는 환경을 제공함으로써 도시민의 건강을 증진하는데 기여하기도 한다. 이는 도시계획 등의 분야에서 화두가 되고 있는 건강·장수도시를 조성하는 데 도시공원이 중요한 역할을 할 수 있다는 가능성을 함축한 것이기도 하다. 이에 더하여 도시공원은 주변지역 토지의 경제적 가치를 향상하기도 한다.

앞서 논의한대로 도시공원은 도시민이 일상생활을 영위하는데 그 기능과 역할의 확대와 중요성이 증대되고 있는 일종의 재화goods이지만 이윤추구의 대상이 아니기 때문에 공공에서 제공할 필요가 있는 공공재public goods에 해당한다. 이는 공공재의 기본적 특성상 도시공원을 이용하는 데 있어서 차별적 제약이 없어야 함을 의미하는 것으로 누구나 편리하게 공원을 이용할 수 있도록 하기 위한 정책적 노력이 필요함을 의미한다.

공원 관련 정책수립과정에서 총량적 분석결과를 반영하는 경우가 많다. 예를 들어 어느 도시의 인구가 백만 명이고 도시 내에 위치하는 공원의 총면적이 8,500,000㎡로 1인당 공원면적이 8.5㎡라고 하자. 이 경우 법제도적 기준 가령, 도시공원 및 녹지 등에 관한 법률의 1인당 6㎡ 기준을 웃돌기 때문에 이 도시의 공원은 공급에 있어 문제가 없다고 결론지을 수 있다.

그러나 도시공원이 도시 내 특정 지역에 집중될 경우 공원이 집중된 지역은 필요 이상의 과잉공급이 발생할 가능성이 있는 반면, 그렇지 못한 지역은 공원이용이 제한될 수밖에 없는 상황이 발생할 수 있다. 실제로 오규식·정승현(2007년)은 서울시 도시공원의 접근성에 관한 연구에서 이러한 상황을 지적하여 대안적 분석방안을 제시한 바 있다. 이들의 연구에서 서울시에는 약 158㎢의 도시공원이 분포하여 뉴욕이나 파리, 도쿄와 같은 세계의 타 도시에 비해서도 1인당 면적이 높은 것으로 나타나지만, 대부분의 공원이 서울 외곽경계지역에 분포하고 있어서 공간적으로 심각한 불균형을 보이기 때문에 상당수의 도시민이 실질적 공원이용에 있어서 불편을 겪을 수 있는 것으로 진단하였다.

이러한 의미에서 총량적 분석결과는 공공재로서의 공원의 역할과 기능을 충분히 반영하기 어려운 한계를 지니고 있다. 이 장에서는 이러한 한계에 대한 인식을 토대로 공원을 필요로 하는 수요인구와 공원의 입지를 공간적으로 비교하여 도시 전체의 총량적 결과뿐만 아니라 수요-공급 간 공간적 괴리를 도시를 구성하는 지역별로 진단할 수 있는 분석방법론을 논의해보고자 한다.


## 도시공원의 공급적정성(수요-공급 간 차이) 분석방법론

도시에는 다양한 유형과 규모를 가지는 도시공원이 여러 장소에 입지하는 것이 보통이다. 또한 각 공원 주변에 거주하는 인구규모 역시 천차만별이다. 일반적으로 도시공원으로부터 일정 거리 이내의 지역을 해당공원의 서비스 권역이라고 지칭한다. 서비스 권역은 도시공원의 규모 및 유형에 따라서 적용되는 제도적 기준이 있다. 예를 들어, 도시공원 및 녹지 등에 관한 법률 제 6조에서는 도시공원의 설치 및 규모의 기준을 제시하는데 가령 어린이 공원의 경우 250m로, 근린생활권 근린공원의 경우는 500m로 규정한다(국토해양부, 2011년). 이는 다소 인위적일 수 있지만 도시공원 설치에 관한 계획과정에서 반영할 필요가 있는 법적 기준으로서 의미가 있다.


### 1) 단순 버퍼링simple buffering을 통한 서비스 권역 설정

도시공원의 수요-공급 간 차이를 분석하기 위한 가장 기본적인 방법은 서비스 권역 기준을 영향권역으로 설정하여 권역 내 잠재적 수요인구의 분포와 규모를 분석하는 것이다. 이러한 분석은 일반적으로 지리정보시스템Geographic Information Systems, GIS이라는 분석도구를 사용하여 수행한다. 대부분의 GIS에서는 버퍼링이라는 기능을 제공한다.

버퍼링은 공원으로부터 일정 거리 떨어진 지역을 경계로 표시하는 방식이다. 가령 광역시와 같은 상대적으로 소축척 규모map scale에서 공원을 중심점으로 나타낼 경우 중심점으로부터 500m 반경의 원을 그리면 원 내에 입지하는 도시민은 해당 공원을 이용할 수 있는 것으로 볼 수 있다. 만일 상대적으로 대축척 규모라면 공원을 하나의 다각형polygon으로 놓을 수 있는데 이 경우 다각형을 구성하는 변edge으로부터 기하학적 이격범위를 서비스 이용권역으로 시각화할 수 있다.

수요인구가 공원 서비스 권역에 포함되는지를 판단하기 위한 기술적 분석과정은 일반적으로 다음과 같다. 우선 도시 전체를 일정 크기의 단위지역(예: 100m 크

녹색인프라의 이해와 구축 방안

기의 격자)으로 분할하고 격자별 인구수를 계산한다. 단위지역의 기하학적 중심점 centroid이 다각형의 서비스 권역 내에 위치한 경우 해당 격자의 인구는 서비스 권역에 포함된 것으로 간주한다. 물론 단위지역의 크기가 작을수록 기하학적 오차로 인한 서비스 인구규모의 과다(과소) 추정의 문제는 줄어들 것이다.

분석결과를 통하여 권역 내에 들어오지 않는 서비스 사각지역을 국지적으로 찾아냄으로써 공원녹지 계획수립과정에서 구체적 의사결정지원정보로 활용할 수 있다. 즉, 공급계획 수립 시 서비스 사각지역에 위치한 국지적 지역(격자)들에 우선순위를 부여할 수 있는데 이는 도시공원을 공급하는 과정에서 공공재의 기능과 역할을 실질적으로 반영하는 데 도움이 될 수 있다.

## 2) 네트워크 버퍼링network buffering을 통한 서비스 권역 설정

단순 버퍼링을 통하여 설정한 서비스 권역은 실제 이용행태를 반영하지 못하는 문제가 있다. 공원 서비스의 이용은 통상 도보 등을 통하여 공원을 방문함으로써 이루어지는데 이러한 이동은 도로망을 전제로 한다. 앞서 단순 버퍼링 분석 기법은 이해가 쉽고 간단하지만 어느 지점 어느 방향이든 이동이 가능하다는 비현실적 전제를 필요로 한다. 실제 도보 및 차량 이동이 이루어지는 도로망 자료가 있을 경우 네트워크 분석을 통하여 실질적 이동행태를 반영한 서비스 권역을 생성할 수 있는데 동일한 범위의 영향권역이라도 도로망의 형태에 따라 분석결과는 확연히 달라질 수 있다. 즉, 분석 대상지의 도로망 특성에 따라 단순 버퍼링을 통한 결과와는 기하학적 형태가 확연이 다른 것이 일반적이다.

## 3) 버퍼링 서비스 권역 설정 실증 사례분석

〈그림 1〉은 단순 버퍼링 서비스 권역 설정 실증 사례분석을 위한 대상지를 나타낸다. 분석 대상지는 충북 충주시 도심지역이다. 그림의 지형도에서 볼 수 있듯이 충주시 도심지역은 동쪽과 남동쪽 일대가 산지(계명산 및 월악산)로 둘러싸인 분지에 입지해 있고, 다양한 규모를 가진 43개의 도시공원이 입지해 있다. 도심지역의 경우 100m 크기로 분할한 단위지역별 인구규모가 단계구분도choropleth map로 나타냈다. 도심 북부 및 남동부 지역이 인구 밀집지역인데 택지개발 등을 통하여 고층 아파트가 밀집한 신도심에 해당한다. 성내충인동, 문화동, 교현동 일대는 구도심에 해당하며 저층 주거지로 인구밀도가 상대적으로 낮다.

〈그림 2〉의 왼쪽 그림은 〈그림 1〉의 충주시 도심지역의 대상을 단순 버퍼링으

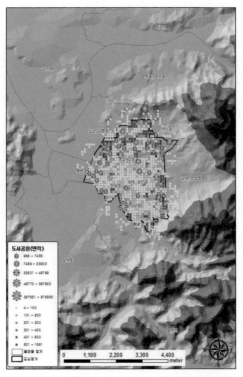

그림 1. 단순 · 네트워크 버퍼링 서비스 권역 설정: 분석 대상지

로 수행한 결과를 나타낸다. 이 결과에 의하면 인구밀도는 높은데 공원의 서비스 권역(250m, 500m) 외부에 위치한 격자들이 도심 북부와 남부를 중심으로 상당수 존재하는 것을 시각적으로 확인할 수 있다. 서비스 권역을 250m에 한정할 경우 특히 구도심 일대를 중심으로 이러한 서비스 사각 지역이 다수 분포하는 것을 볼 수 있다.[1]

〈그림 2〉의 오른쪽 그림은 동일한 지역을 네트워크 버퍼링으로 수행한 결과를 나타낸다. 왼쪽의 단순 버퍼링 결과와는 달리 권역별(250m, 500m) 공간범위

---

1. 100m 크기의 격자별 인구자료는 biz-gis 웹사이트(www.biz-gis.com)에서 다운로드 받아서 사용하였다. 도시공원 자료는 충주시 공원녹지대장의 주소정보를 지오코딩(geocoding)하여 GIS 자료(ESRI Shapefile)로 구축하였다. 지오코딩이란 필지단위 주소를 19자리 PNU(Parcel Number Unit) 코드를 생성하여 이를 KLIS(Korea Land Information System) DB 내에서 일치하는 필지를 찾아낸 뒤 해당 필지의 기하학적 중심점의 x-y 좌표를 추출하는 분석기법에 해당한다.

녹색인프라의 이해와 구축 방안

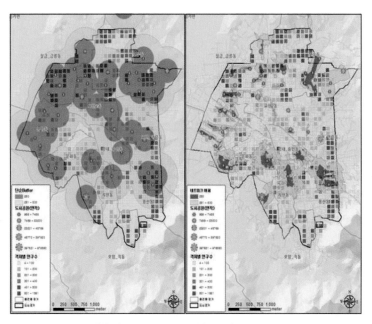

그림 2. 단순 버퍼링(왼쪽)과 네트워크 버퍼링(오른쪽) 서비스 권역 설정: 실증사례

가 상당히 축소된 것을 알 수 있다. 이는 도로망을 통한 이동을 전제할 경우 직선거리와는 달리 권역의 공간범위가 상대적으로 한정된 결과로 볼 수 있다. 네트워크 버퍼링 결과는 단순 버퍼링 결과에 비하여 이동상의 현실적 제약을 반영하기 때문에 실제 이용권역에 가깝다고 볼 수 있다. 따라서 〈그림 2〉의 두 그림의 시각적 비교로 알 수 있듯이 도시공원 서비스 사각지대에 위치하는 격자들이 상당히 증가한 패턴을 보이고 있다.

### 4) 중력모형을 이용한 공급적정성 추정

앞서 예시한 단순 및 네트워크 버퍼링을 통한 공원 서비스 권역 분석은 총량적 접근이 가지는 한계를 보완하고 특히 도시 내 국지적 분석을 통하여 권역 내에 들어오지 못하는 서비스 사각지역을 시각적으로 진단하는데 있어서 매우 유용한 수단으로 활용되어오고 있다. 그러나 단순한 시각정보만으로는 어느 지역에 어느 정도 규모로 공원 서비스가 부족한 지 등에 대한 구체적 정보를 도출하기 어려운 한계가 있다. 예를 들어, 서비스 권역 내에 위치하는 수요인구(격자)의 공간분포를 시각적으로 확인할 수 는 있지만 권역 내 공원 공급수준 대비 수요규모 간 직접적 비교는 이러한 정보만으로는 쉽지 않다. 도시공원의 기능과 역할에 있어서 공공재라는 특성을 감안할 경우 수요 대비 공급의 규모를 구체적 수치로 도출함으로써 어느 지역이 인구규모에 비하여 얼마만큼 공급이 부족한지 여부를 정량적으로 제시할 수 있는 분석수단이 필요하다.

이러한 필요성에 대한 대안적 분석방법론으로 이경주·임은선(2009년)은 중력모형을 이용하여 〈식 1〉과 같이 격자별 공원 서비스 공급량을 추정하기 위한 방법론을 제시하였다. 〈식 1〉은 실제로 허프Huff, (1964년)가 상권분석 분야에서 제시한 확률적 중력모형probabilistic gravity model인 허프모형Huff model의 방법론적 전제를 재구성하여 정의한 것이다. 허프모형의 방법론적 전제란 규모가 큰 공원이 격자로부터 가까이 있으면 해당 공원이 해당 격자에 제공하는 서비스 공급량은 증가한다는 점이다.[2]

$$ s_{ij} = p_{ij} \times A_j, \; p_{ij} = \frac{d_{ij}^{\beta}}{d_{1j}^{\beta} + \cdots + d_{ij}^{\beta} + \cdots + d_{nj}^{\beta}} \; , \beta < 0, \; 0 \le p_{ij} \le 1 \quad \langle 식\ 1 \rangle $$

〈식 1〉에서 $s_{ij}$는 공원 $j$가 단위지역 $i$에 제공하는 공원 서비스 규모를 의미하고, $A_j$는 공원 $j$의 면적(㎡)을 나타낸다.[3] 〈식 1〉에서 $n$은 대상지 전체를 구성하는 단위지역(격자)들의 수를 나타낸다. 〈식 1〉은 공원 $j$의 면적$A_j$를 대상지 내 $n$개의 단위지역으로 배분하는 방식을 정의한다. 즉, $p_{ij}$는 단위지역 $i$와 공원 $j$간 거리 $(d_{ij})$를 매개로 $A_j$중에서 단위지역 $i$에 배분 혹은 할당되는 비율을 의미한다. 공원 $j$의 면적 $A_j$는 대상지를 구성하는 총 $n$개의 단위지역으로 모두 배분된다. 이러한 의미에서 $p_{ij}$는 단위지역으로 배분되는 공원의 면적을 결정하기 위한 일종의 공간가중치spatial weight인 셈이다. 결국 $p_{ij}$는 두 지점들 간 거리를 매개로 상호작용의 정도를 정량적으로 정의하는 허프모형의 기본전제에 해당한다.

---

2. 중력모형의 개념적 핵심은 행성으로 대변되는 두 질점(mass point) 간 거리가 가깝고, 행성들의 질량이 클수록 끌어당기는 힘 즉, 인력이 크다는 것이다. 허프모형은 질점의 크기를 점포의 매력도로, 거리를 점포와 소비자 간 거리로 대체하여 매력도가 큰 점포가 소비자로부터 가까이 입지할수록 해당 소비자가 해당 점포를 이용할 가능성이 증가하도록 정의하였다. 점포의 매력도는 자료의 취득여부 등을 고려하여 매장면적으로 나타내는 것이 보통이다. 이경주·임은선(2009)의 연구에서는 점포와 소비자를 공원과 도시민으로 대체한 뒤 공원의 면적을 모든 단위지역(격자)들까지의 거리에 비례하여 분할·배분함으로써 공원의 규모와 거리에 따른 실제 서비스 공급량을 추정하였다.

3. 단위지역은 읍, 면, 동과 같은 단위 행정구역일 수도 있고, 대상지 전체를 일정한 크기로 분할한 격자를 의미할 수도 있다. 만일 행정정보시스템 자료와 같은 필지 단위의 인구정보를 지오코딩하여 도면자료로 나타낼 수 있을 경우 예를 들어 100m 단위의 격자로 단위지역을 설정하면 지리적으로 세부적이고 정교한 분석결과 도출이 가능하다.

요약하면 〈식 1〉은 공원 $j$의 면적이 지역 $i$에 배분되는 정도를 나타내는데 그 규모는 공원과 지역 간 거리를 매개로 이루진다. 즉, 공원으로부터 먼 거리에 있는 지역일수록 해당 공원으로부터 제공받는 면적 단위의 서비스 규모는 감소하는 것이다. 달리 말하면 지역 $i$에 거주하는 도시민들이 공원 $j$를 이용할 수 있는 기회 혹은 접근성이 줄어듦을 의미한다. 그런데 지역 $i$의 입장에서는 〈식 1〉에서 $k=j$인 공원뿐만 아니라 다른 공원들로부터도 동일한 논리를 적용하여 공원 서비스를 제공받는 것으로 볼 수 있다. 즉, 다수의 공원으로부터 지역 $i$로 면적 단위의 공원 서비스 규모가 누적되는 것이다. 〈식 2〉는 〈식 1〉의 논리를 다수의 공원에 적용하여 지역 $i$에 누적되는 공원 서비스 규모 혹은 서비스 공급량을 나타낸다.

$$S_i = \sum_{j=1}^{m} s_{ij} \quad \langle \text{식 2} \rangle$$

이들의 연구에서는 행정구역(예: 동)과 같은 공간적 집계단위별로 서비스 공급량을 추정하는데 공급량은 면적단위(예: ㎡)로 환산이 가능하다. 도시공원법 등에 명시된 1인당 공원면적(예: 6㎡) 기준을 적용할 경우 공급량을 수요단위(人)로 변환할 수 있기 때문에 수요와 공급 간 직접적인 비교가 가능하다. 예를 들어, 특정 동 지역 내 서비스 공급량이 600㎡이고 인구가 120명일 경우 1인당 공원면적을 6㎡라고 하면 이 지역은 수요규모를 감안했을 때 120㎡만큼의 공급이 더 필요한 것으로 볼 수 있다. 달리 말하면, 이 지역의 경우 20명 정도의 초과수요가 발생한 셈이다. 이러한 방식으로 수요가 공급을 초과할 경우 공급이 부족한 것으로 판단한다. 공급적정성은 이러한 관점에서의 수요와 공급 간 차이를 의미하며 〈식 3〉은 단위지역별 수요와 공급 간 차이를 공급적정성Supply Assessment Index: $SAI_i$으로 정의한 식이다.

$$SAI_i = f(D_i, S_i) \quad \langle \text{식 3} \rangle$$

$D_i$는 단위 지역 $i$의 수요인구수를 나타내고 $S_i$는 1인당 면적기준을 적용하여 수요단위(人)로 환산한 누적 서비스 공급량을 나타낸다. 따라서 $D_i$가 $S_i$보다 클 경우 공급대비 수요가 커서 공급이 적정하지 못한 것으로 의미하게 된다.
〈식 3〉에서 $f$는 $D_i$와 $S_i$간 차이를 결정하기 위한 함수를 의미하는데 이경주・임은선(2009년)은 면적단위로 환산한 수요규모($D_i$)와 공급규모($S_i$) 간 차이를 공급규모($S_i$)로 나눈 뒤 이를 백분율(%)로 정의하였다.[4] 즉, 이들의 연구에서 공급적정성은 아래의 〈식 4〉와 같이 정의한다.

$$SAI_i = \left( \frac{D_i - S_i}{S_i} \right) \times 100(\%) \quad \langle식\ 4\rangle$$

〈식 4〉의 $SAI_i$가 큰 격자일수록 공급량에 비하여 수요인구가 많아서 공급이 부족한 지역으로 판단하는데, 지도상에서 $SAI_i$가 큰 격자들이 공간적으로 군집한 지역일수록 공급 우선순위지역으로 해석한다.

이와 유사한 개념적 출발점에서 Lee · Hong(2013년)은 〈식 3〉의 수요와 공급 간 차이인 $f$를 다른 방식으로 정의하였는데, 이는 〈식 5〉와 같다.[5]

$$SAI_i = D_i - \frac{S_i}{pcpa}(명) \quad \langle식\ 5\rangle$$

$$S_i = \sum_{j=1}^{k} S_{ij},\ S_{ij} = a_j \times sw_{ij}, sw_{ij} = d_{ij}^{-\beta}, \beta > 0 \quad \langle식\ 6\rangle$$

〈식5〉에서 $pcpa$는 1인당 공원면적per capita park area를 의미한다. $S_{ij}$는 공원 $j$가 격자 $i$에 제공하는 면적 단위의 서비스 규모인데 이는 공원 $j$의 면적에 두 지점 간 거리를 매개로 한 공간가중치spatial weight: $sw_{ij}$에 반비례한다. 즉, 가까운 곳에 큰 공원이 있을수록($sw_{ij}$와 $a_j$가 큰 경우) 격자 $i$로 공급되는 공원 $j$의 면적은 증가한다. 대상지에는 여러 공원이 있기 때문에 이러한 방식으로 격자 $i$에는 모든 공원으로부터 정도의 차이를 가지고 면적이 서비스 공급량으로 누적되는 것이다. $\beta$는 거리조락계수distance-decay parameter를 의미한다. 같은 거리일 경우 이 계수가 클수록 공간가중치는 작아진다. 즉, 공원의 서비스 권역이 공간적으로 좁아지는 것이다.

〈식 4〉와는 달리 〈식 5〉는 격자 $i$에 누적적으로 제공되는 공원 서비스 실제 공급량을 수요단위(명)로 환산한 뒤 이를 실제수요와 비교함으로써 각 격자별로 몇 명의 초과수요가 발생하는지를 알 수 있다. 〈식 4〉와 〈식 5〉를 적용하여 분석한 결과는 격자별 수요와 공급간 차이를 의미하는데 이는 단순 버퍼링이나 네

---

4. 수요와 공급 간 정량적 비교를 위해서 수요규모를 공원의 공급량 단위인 면적으로 환산하였는데, 이는 격자별 인구수에 1인당 공원면적을 곱하는 방식을 적용하였다.

5. Lee · Hong(2013)에서 직접 인용하였다.

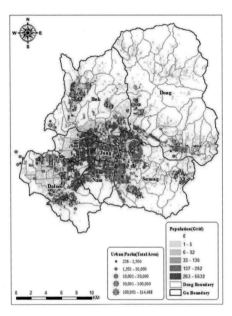

그림 3. 대구광역시 도시지역의 인구와 공원분포

트워크 버퍼링을 적용한 시각적 분석결과만으로는 설명하기 어려운 정보이다.
〈그림 3〉은 중력모형을 이용하여 공급적정성을 추정하기 위한 실증분석 대상지
인 대구광역시 도시지역(동지역)의 인구 및 공원의 공간분포를 나타낸다.6) 대상지
는 구도심인 중구이며, 주변의 달서구, 남구, 수성구, 서구, 북구, 동구와 인접
하는 지역을 중심으로 인구가 밀집하고 있다. 이 그림은 전반적인 인구분포 및
공원의 입지현황 등을 시각적으로 확인할 수 있는 기본적인 정보를 제공하고 있
으나, 수요인구의 규모 대비 공원 서비스의 공급이 적정한지 여부는 판단하기
어렵다. 〈식 4〉 혹은 〈식 5〉와 같은 면적단위 혹은 인구수 단위로 수요−공급
간 차이를 명확히 보여줄 수 있는 분석결과가 실제 계획과정에서 공원 서비스가
부족한 지역을 진단하고 향후 추가적 공원입지계획을 수립할 때 의사결정 지원
정보로서 유용할 것이다.
〈그림 4〉는 〈식 5〉를 적용하여 Lee · Hong(2013년)이 대상지 내 격자별 공급적정
성 분석을 수행한 결과를 나타낸다. 〈그림 4〉의 왼쪽 그림은 격자별로 〈식 5〉를

---

6. 〈그림 3〉과 〈그림 4〉의 분석결과는 Lee · Hong(2013)의 논문에서 직접 인용하였다.

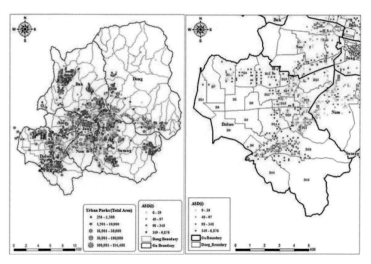

그림 4. 〈식 5〉를 적용한 격자별 공급적정성 평가결과

적용한 결과 실제 수요인구가 중력모형을 적용하여 추정한 실제 공급규모(人)보다 큰 격자들만을 추출한 뒤 이들의 사분위 경계를 적용하여 단계구분도로 나타낸 것이다. 상위 25%에 해당하는 격자들을 가장 진한 빨간색으로 나타내었다. 〈그림 4〉의 오른쪽 그림은 왼쪽 그림의 달서구 지역을 확대하여 나타낸 결과이다. 이 결과에서 빨간색 격자를 동 단위로 취합할 경우 해당 동에서 공원 서비스 실제 공급규모를 초과하여 서비스 이용에 잠재적 어려움을 겪을 것으로 예상되는 인구규모를 추정할 수 있다. 따라서 동 단위 혹은 구 단위 공원녹지 관련예산 등을 배분하는 과정에서 우선순위를 결정하는데 참고할 수 있는 객관적인 정보로 활용이 가능하다.

## 결론 및 향후과제

도시공원 서비스는 누구나 편리하게 이용할 수 있어야 하는 공공재이다. 기존의 총량적 기준의 한계를 보완하고 서비스 사각 지역을 최소화할 수 있도록 하기 위한 체계적인 입지분석기법이 필요하며 이 결과를 공원녹지계획 수립과정에서 객관적 의사결정지원정보로 활용할 필요가 있다.

이 장에서는 도시공간에서 그 역할과 기능의 중요성이 점점 강조되고 있는 도시공원의 서비스 권역 설정 및 공급적정성 분석방법을 설명하고 실증분석 사례를

녹색인프라의 이해와 구축 방안

통하여 활용성을 논의하였다. 단순 버퍼링 및 네트워크 버퍼링은 서비스 권역의 지역적(혹은 국지적) 편차를 서비스 사각 지역의 형태로 시각화함으로써 총량적 분석기준이 지니는 한계를 보완하고 공원녹지계획 수립과정에서의 활용성을 증진하는 방법론으로써 활용성이 있다. 이에 더하여 공원까지의 이동성을 전제로 중력모형을 적용한 공급적정성 평가방법을 도입하여 공원 서비스를 수요와 공급의 관점에서 바라보고 두 변수 간 차이를 수요 혹은 공급 중 하나의 단위로 변화함으로써 직관적이면서도 명확한 계획지원정보를 도출할 수 있었다.

이 장에서 소개하고 논의한 분석기법들은 향후 공원녹지계획 수립과정과 녹색인프라 구축의 방향 진단에서 현황을 분석하고 필요할 경우 추가입지의 효과를 모의실험simulation까지 할 수 있는 잠재적 활용성이 있다. 예를 들어, 현재 이슈가 되고 있는 장기 미집행 시설부지 중 공원으로 지정된 부지의 해제·집행 여부를 결정하는 과정에서 해당 부지 주변으로 향후 공원수요가 클 것으로 분석될 경우 보상을 통한 집행 우선순위 등을 결정하는 과정에 활용성을 검토해볼 수 있다.

이 연구에서 소개한 공급적정성 분석방법론은 공원 서비스 공급의 적정성을 단순한 면적배분의 개념으로 접근한 면에서 한계가 있다. 공원 이용자는 공원의 크기뿐만 아니라 다른 다양한 매력요인을 종합적으로 고려할 것이다. 또한 도시민의 인구·사회적 특성 역시 공원 이용 수요에 영향을 주는 요인이다. 이에 더하여 향후 도시공원의 역할을 대체할 수 있는 녹지, 운동장, 광장 등 녹색인프라 기능을 수반하는 도시 공간들을 고려한 실질적 이용성 역시 면밀하게 검토할 필요가 있다.

### 참고문헌

1. 국토해양부, 도시공원 및 녹지 등에 관한 법령집, 2011.
2. 이경주·임은선, "근린공원 입지계획지원을 위한 공급적정성 평가방법에 관한 연구", 『국토연구』 63, 2009, pp.107-122.
3. Huff, D.L, "Defining and estimating a trade area", *Journal of Marketing* 28, 1964, pp.34-38.
4. Lee, G, & Hong, I, "Measuring spatial accessibility in the context of spatial disparity between demand and supply of urban park service", *Landscape and Urban Planning* 119, 2013, pp.85-90.
5. Oh, K, & Jeong, S, "Assessing the spatial distribution of urban parks using GIS", *Landscape and Urban Planning* 82(1-2), 2007, pp.25-32.

# 녹색네트워크
# 형성 방법

**서 주 환**

도시 내 녹색네트워크를 구성하는 공원녹지시설은 현행 법체계에 따라 도시공원, 녹지, 도시자연공원구역 및 기타 도시공원녹지 등으로 분류된다.

도시공원은 지방정부가 시민들의 휴식공간 제공 및 환경보전을 목적으로 설치하는 공공시설로서 '도시공원 및 녹지 등에 관한 법률'에서 생활권 공원과 주제공원으로 분류하고 있다. 생활권공원은 근린생활의 거점인 근린공원과 이 보다 낮은 위계의 어린이공원과 소공원이 있으며, 주제공원은 도시민의 이용권과는 별도로 다양한 위락적 욕구에 적합하게 특수한 주제를 모티브로 조성되는 공원으로서 역사공원 · 문화공원 · 수변공원 · 묘지공원 · 체육공원 · 조례로 정하는 공원 등이 있다.

녹지는 공해 · 재해 · 사고의 방지와 완화를 위하여 설치하는 완충녹지와 자연경관의 보전과 훼손된 자연을 복원 · 개선하여 도시경관을 향상시키기 위하여 설치하는 경관녹지, 공원 · 하천 · 산지 등을 유기적으로 연결하는 선형의 연결녹지가 있다.

도시자연공원구역은 '국토의 계획 및 이용에 관한 법률'에 근거한 용도구역으로써 도시계획 구역 내에서 '도시의 자연환경 및 경관을 보호하고, 도시민에게 건전한 여가 · 휴식공간을 제공하기 위하여 도시지역 안의 식생이 양호한 수림의 훼손을 유발하는 개발을 제한 할 필요가 있는 지역'을 도시자연공원구역으로 지정 · 관리할 수 있다.

기타 도시공원녹지는 '도시공원 및 녹지 등에 관한 법률'에 의한 공원녹지의 범위에 유원지 · 공공공지 · 저수지, 나무 · 잔디 · 꽃 · 지피식물 등의 식생이 자라는 공간, 광장 · 보행자전용도로 · 하천 등의 유사녹지공간, 옥상녹화 · 벽면녹화 · 테라스녹화 등의 특수녹화공간 등 도시 내에서 오픈스페이스로서의 역할을 하고 있는 공간을 포함하고 있다. 이러한 공간들은 도시 내에서 공원녹지와 같은 기능을 수행하고 있으며, 인공환경 속에서의 존재에 대한 중요성이 강조되고 있다.

도시의 공원 · 녹지가 단순한 녹음공간이 아니라 그 속에서 자연의 풍성함과 생명력을 느낄 수 있는 공간이 되도록 하려면 녹도나 보행자 전용도로 등에 의해 서로 연결되어 네트워크를 형성해야 한다. 그러나 실제로는 도로개설 등으로 단절되어 동 · 식물의 이동이 차단됨으로써 생태적으로 고립된 공원 · 녹지가 많이 나타나게 된다. 따라서 도시의 생태환경을 보전하고, 도시의 녹지네트워크를 형성하기 위해서는 거점녹지 및 점적 녹지의 존재와 더불어 선형 녹지공간을 통한 녹지의 연계성 확보가 중요하다. 이러한 선형 녹지공간 및 연계를 위한 녹지로서 생태교량, 보행자전용도로 및 연결녹지 등이 녹지체계의 연계성을 형성하는 데 중요한 역할을 담당하고 있다.

## 생태통로

### 1) 생태통로 개념

생태통로의 법적(자연환경보전법 제2조)정의로는 도로 · 댐 · 수중보 · 하구언 등으로 인하여 야생 동 · 식물의 서식지가 단절되거나 훼손 또는 파괴되는 것을 방지하고, 야생 동 · 식물의 이동을 돕기 위하여 설치되는 인공구조물 · 식생 등의 생태적 공간을 말하는 것으로 산업화, 도시화 등에 따른 개발행위 및 교통시설의 증가로 생물의 원래 서식지가 작고 고립된 서식지로 나누어짐으로써 서식지의 전체면적이 축소되고, 개체군의 고립을 초래하는 생태계의 단편화fragmentation현상을 개선하기 위하여 설치하는 인공시설이다.

생태통로는 국내·외적으로 다양한 용어로 혼용되어 사용되고 있으며, 야생동물이 번식 장소, 월동 장소, 휴식 장소, 먹이 장소 등 각각 다른 목적으로 이용하는 서식지들에 대해 정기적이고 규칙적인 이동을 가능하게 하고, 서로 단절되고 고립된 지역에 서식하는 야생동물들의 자유롭고, 지속적인 이동을 보장하여 그들의 유전적 다양성을 유지하고 생존력을 높일 수 있다.

- 국내: 동물 이동통로, 야생동물 이동통로, 생태통로, 생태 이동통로, 자연통로(이동로)
- 국외: conservation corridor, fauna passage, ecological corridor, greenway, natural corridor, wildlife corridor, wildlife crossing

## 2) 생태통로의 기능

생태통로는 서로 단절된 서식지 사이의 야생동물을 이동할 수 있게 하여 넓은 행동권이 필요하거나 주기적인 이동을 하는 동물의 생존에 큰 도움이 되고 있으며, 야생동물들의 단순한 이동통로 기능 이외에도 그 자체가 야생동물의 서식지와 피난처의 기능도 가지고 있다.

- 야생동물의 이동을 통해 종의 다양성을 높이고 서식 개체 수를 증가시켜 장기적으로 종의 생존 확률을 높인다.
- 이동을 통해 국지적으로 사라졌던 야생동물의 새로운 정착을 가능하게 하며, 유전적인 다양성을 높일 수 있다.
- 행동권, 세력권이 넓은 야생동물을 서식할 수 있게 한다.
- 이동을 통해 서식지의 위험 요소와 천적, 재난, 질병 등 교란으로부터 도피할 수 있게 한다.
- 야생동물이 다양한 환경의 서식지를 활용할 수 있는 접근성을 증가시킨다.
- 단편화된 생태계의 연결을 통해 생태계의 연속성을 유지한다.
- 과도한 개발의 억제 효과가 있으며, 야생동물과 생태계에 대한 교육적, 심미적인 가치를 제공한다.

그러나 생태통로는 단편화된 서식지를 연결하여 야생동물 서식지의 질을 높이는 중요한 수단이지만, 이것이 생태계 단편화의 완전한 해결방안이 될 수는 없다. 그러므로 생태통로의 부정적인 역할과 한계점을 파악하는 것은 생태통로 설치의 시행착오를 줄이고 개선 방향을 제공할 수 있다는 점에서 매우 중요하다.

즉, 생태통로 설치로 인한 야생동물의 증가는 질병이나 산불과 같은 위험 및 재난요소의 전파를 가능하게 하며, 생태통로에서의 밀렵과 포식자에 대한 위협 증가와 외래종 확산을 용이하게 한다. 또한 서로 다른 개체군 간의 교잡을 통해 잡종을 형성시켜 유전적 다양성을 훼손시킬 수 있다. 특별 관리가 필요한 보호대상종의 경우, 보호지역 외부로 이동할 수 있어 개체 수가 감소하여 개체군의 생존 가능성에도 부정적인 영향을 줄 수 있으며, 생태통로가 목표로 하는 대상동물 이외의 생물상 변화가 발생할 수 있어, 그 영향을 예측하기 어려워 효과에 비해 비용이 많이 들 수 있다.

## 3) 생태통로의 유형

생태통로는 그 규모에 따라 크게 소규모fencerow scale, 국지적landscape scale, 지역적regional scale, 대규모global scale 통로 등 4가지로 구분할 수 있다.

표 1. 규모에 따른 생태통로의 구분

| 구 분 | 내 용 | 설치 대상지역 |
|---|---|---|
| 대규모 통로<br>Global scale corridor | 국제적 혹은 국가적인 차원에서 만들어진 대규모 통로 | 이탈리아와 스위스의 야생동물보호 구역을 연결한 통로처럼 국가 간 또는 대단위 지역 간의 생태계 연결 |
| 지역적 통로<br>Regional<br>(National) scale corridor | 핵심지역(Core area)사이 등을 연결하는 지역적 이동통로 | 그린네트워크화 사업과 같이 전국을 대상으로 하는 사업. 혹은 각 지역의 생물서식공간 연결 |
| 국지적 통로<br>Landscape scale corridor | 국지적인 규모의 이동통로 | 한 지역에서 이루어지는 사업의 결과로 만들어지는 통로 |
| 소규모 통로<br>Fencerow scale corridor | 특정지역에 설치된 소규모 이동통로 | 생울타리, 돌담 등과 같이 인접지역에 위치한 특징적인 환경을 서로 연결하는 작은 통로 |

출처: 환경부(2003), 자연생태계 복원을 위한 생태통로 설치 및 관리지침

또한, 생태통로는 그 형태에 따라 크게 터널형, 육교형, 선형 등 3가지로 구분할 수 있다.

표 2. 형태에 따른 생태통로의 구분

| 종류 | 내용 | 비고 |
|---|---|---|
| 터널형<br>(하부통로형) | 인간의 영향이 빈번한 지역이며, 육상 통로를 설치하기 위한 연결지역이 지상에 없는 경우, 또는 지하에 중소 하천이 있는 경우에 만들어지는 통로. 도로 하부를 관통하는 터널 형태로 설치 | culvert<br>box<br>pipe |
| 육교형<br>(상부통로형) | 횡단부위가 넓은 곳, 절토지역, 장애물 등에 의해 동물을 위한 통로 설치가 어려운 곳에 만들어지는 통로. 도로 위를 횡단하는 육교 형태로 설치 | ecoduct<br>overbridge |
| 선형 | 도로, 철도 혹은 하천 변 등을 따라 길게 설치된 통로. 식생이나 돌담 등을 이용하여 설치 | hedgerow<br>fencerow<br>shelterbelt |

출처: 환경부(2003), 자연생태계 복원을 위한 생태통로 설치 및 관리지침

### (1) 육교형-도로 상부형 생태통로

도로 위를 연결하는 생태통로는 일반적으로 Ecobridge, Ecoduct, Overbridge 로 국내에서 불려지고 있으나, 외국에서는 wildlife bridge, green bridge, bio bridge, 또는 wildlife overpass라고도 한다. 설치형태는 도로 위에 교량을 설치하거나 도로에 Box를 설치하고, 상단부를 생태통로로 만드는 유형으로 주로 대형 동물을 대상으로 하는 가장 적극적이고 대형인 구조물이다. 도로 상부형 생태통로가 설치되는 지역은 횡단부위가 넓은 장소이거나 절토지역 또는 장애물 등에 의해 동물을 위한 통로를 설치하기 어려운 장소이다. 횡단거리가 길고 차량의 불빛과 소음에 의한 영향을 줄이기 위해 이동통로 내에 식생지를 조성하는 것이 일반적이다.

### (2) 터널형-도로 하부형 생태통로

일반적으로 '암거'라고 부르는데, 야생동물이 암거를 이용하여 도로 아래를 횡단하여 이동하도록 하는 구조물로 주변 전체가 제방으로 둘러싸인 도관으로써 수로의 유무와는 상관없으며, 때로는 양서류를 위한 작은 도관을 터널tunnels이라고 부른다. 형태에 따른 암거의 종류로는 박스형 암거Box Culvert, 관거Continuous Culvert 그리고 자연바닥형 암거Bottomless Culvert 등이 있다.

• 박스형 암거

박스형 암거는 바닥을 포함한 사면이 둘러싸인 통로를 말하며, 미리 성형된 콘

Square or Rectangular

Multiple Chamber

그림 1. 박스형 암거 출처: www.wildlifecrossings.info

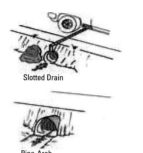

Slotted Drain

Circular

Pipe-Arch

Elliptical(Squash Pipe)

그림 2. 관거 출처: www.wildlifecrossings.info

크리트나, 현장에서 주조된 콘크리트 또는 나무를 이용하여 조성한다.

• 관거

관거는 원형으로 연결된 암거로 아래 부분이 묻혀있을 수도 있고, 그렇지 않을 수도 있다. 모든 종류의 암거가 원통형의 연결된 통로나, 배수용 암거는 위쪽 부분에 갈라진 틈이 있다. 주름진 금속파이프나 금속판금 또는 박스형 암거와 같이 미리 성형된 콘크리트나 현장에서 주조한 콘크리트 그리고 나무를 재료로 이용하고 있다.

• 자연바닥형 암거

자연바닥형 암거는 앞에서 언급한 두 가지 형태의 암거와는 달리 둥근 원형 전체가 완전하지 않으며, 통로의 바닥이 자연 상태를 유지하고 있어 바닥개방형 암거Open-bottom Culvert라고 부르기도 한다.

Square or Rectangular

Arch(low profile)

Arch(high profile)

그림 3. 자연바닥형 암거
출처: www.wildlifecrossings.info

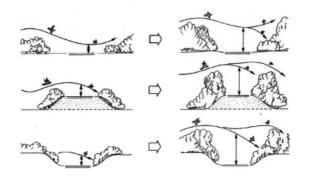

그림 4. 교목을 이용한 조류 및 곤충 횡단유도 출처: www.wildlifecrossings.info

## (3) 선형

선형 통로는 서로 떨어진 서식지들을 직선으로 연결하거나 자투리 서식지들을 연결하는 역할을 하는 것으로 폭이 넓지 않기 때문에 인간의 간섭에 어느 정도 적응이 된 종만이 이용할 수 있는 한계가 있다.

선형 통로는 도로변에 교목을 식재하여 조류가 교목의 높이보다 높게 날도록 함으로써 조류를 보호하기 위한 식재 방법으로도 이용할 수 있다. 선형 통로에는 횡단 유도식재, 횡단 유도로 설치 등이 있으며, 생울타리나 방풍림 등이 이에 해당한다.

## 4) 생태통로 시설 설치기준

육교형 생태통로는 산등성이나 평지에서 야생동물이 이용하는 길을 연결하기 위해 조성하는 것으로 터널형 통로보다 대규모로 조성되어 대형·중형·소형 포유류, 조류, 양서류, 파충류 등 다양한 동물이 이용할 수 있다. 또, 보호해야 할 특정 중·대형 동물의 이동을 보장해야 할 경우에 가장 적절하다. 생태통로 내의 수목은 이동하는 동물에게 먹이, 은신처, 시각적인 유도를 제공하고, 일부 종에게는 서식 및 산란처 제공 등의 기능을 제공한다. 따라서 생태통로 입구와 출구에는 유도 및 은폐가 가능한 식생을 조성하고, 통로 내부에는 다양한 수직적 구조를 가진 아교목, 관목, 초목 위주의 식생을 식재하여야 한다.

## (1) 설치위치

• 도로 건설을 위해 양쪽 모두가 절토된 지역에 설치하며, 절단된 절개지가 깊거나 혹은 산등성이나 고산지대가 단절되어 동물이 이동하기가 어려운 곳에

표 3. 형태에 따른 생태통로의 구분

| 종류 | 고려사항 | 비고 |
|---|---|---|
| 생울타리 | · 현재 울타리가 있거나 과거에 울타리가 있었던 곳에 설치<br>· 단일 식물종의 초본이나 관목을 주로 이용하지만 넓은 곳은 교목도 이용<br>· 자투리 산림 간의 연결, 혹은 별도의 선형 식재에 의한 연결 | · 조류와 곤충류 등 소형동물 번식지 혹은 조류의 둥지로 활용<br>· 미국과 캐나다 남부에서는 경작지와 자투리 서식지 연결에 활용<br>· 영국, 프랑스 등 유럽지역에서는 경작지의 경계용으로 많이 활용 |
| 방풍림 | · 자연식생을 모방하여 주로 교목성 식물을 여러 줄로 식재하는 것이 일반적이나 때로는 관목도 사용하여 설치<br>· 농촌에서 바람, 눈보라 등으로부터 집과 가축, 야생동물의 서식지를 보호하기 위하여 설치하거나, 경관적, 심미적 가치 향상용으로 설치 | · 방풍, 방설 등의 역할을 통해 소형 포유류에게 서식지 제공<br>· 곤충류 서식지로 이용 |
| 조류를 위한 횡단 유도 식재 | · 도로를 횡단하여 비행하는 조류가 차량에 충돌하지 않을 정도의 고도를 유지하도록 키가 큰 교목을 식재<br>· 조류가 주로 횡단하는 지역, 수풀이 우거진 지역 또는 차량과의 충돌이 자주 일어나는 지역을 파악하여 설치 | · 현지에 자생하는 식물종을 이용<br>· 식재 밀도를 높게 유지하는 것이 유리 |

출처: 환경부(2003), 자연생태계 복원을 위한 생태통로 설치 및 관리지침

설치하여야 한다.

- 도로 양쪽의 높이가 도로보다 높아 하부 통로의 설치가 불가능한 지점에 설치하여야 한다.
- 도로 양쪽의 고도차가 심하게 나거나 경사도가 급한 경우에 설치하여야 한다.
- 공사비가 고가이기 때문에 보호구역이 단절된 넓은 지역이나 생태적 가치가 우수하여 설치의 필요성이 높은 지역에 주로 설치하여야 한다.

### (2) 규모 및 재질

- 콘크리트와 철근 등을 이용한 구조물로 설치하며, 상부에 식생을 조성할 수 있도록 해야 한다.
- 생태통로 설치 시 중앙부의 최소 폭은 7m 이상이어야 하며, 주요 생태축을 통과하는 경우에는 최소 폭을 30m 이상으로 해야 한다.
- 보행자가 생태통로를 이용할 수 있도록 조성하는 경우에는 보행자 동선을 폭

3m 이내의 흙길로 조성하고 생태통로의 중앙부 폭은 30m 이상의 대형으로 조성한다.

- 생태통로의 길이는 도로의 폭에 따라 설계하며, 길이가 길어질수록 폭이 넓은 것이 유리하다.
- 상세한 규모는 도로의 폭과 횡단 거리, 이용 대상종, 주변 환경 등에 따라 결정하며, 대상 동물의 크기와 경계심 등 행동적 특징을 고려해야 한다.

### (3) 공간배치 및 시설

- 보행자가 생태통로를 이용할 경우 야생동물과 보행자의 동선을 성토와 식재 등의 기법을 통해 공간적으로 분리하고, 통로의 입·출구부는 통로의 내부보다 넓게 하여 야생동물의 이동을 자연스럽게 유도한다.
- 진입부는 인접한 지형과 자연스럽게 연결되며, 경사가 급하지 않도록 한다.
- 생태통로는 주변이 트이고 전망이 좋은 지역을 선택하여 동물이 불안감을 느끼지 않고 건널 수 있도록 조성한다.
- 바닥은 흙이나 자갈, 낙엽 등을 이용하여 자연 상태와 유사하게 유지한다.
- 진입부와 내부의 식생은 주변과 유사하게 식재하되 과밀하지 않아 야생동물의 물리적·시각적 이동이 자유로워야 한다.
- 식재지에서의 토심은 식생의 안정적인 성장을 고려하여 70cm 이상을 확보한다.
- 식생은 원칙적으로 현지에 자생하는 종을 이용하며, 토양 역시 가능한 공사 중 발생한 절토를 사용한다.
- 통로 내부에는 물웅덩이나 배수로 등을 설치하여 습지를 선호하는 동물이나 양서류의 이동을 가능하도록 유도하며, 돌무더기나 고사목, 나무 그루터기, 장작더미 등의 다양한 서식환경과 피난처를 조성하여 소형 동물이 쉽게 숨거나 그 내부에서 이동하기 유리하도록 한다.
- 생태통로 내부로 물이 흐르는 것을 예방하기 위해 입구부에 배수로를 설치할 때는 배수로 탈출시설을 설치하고, 일부는 덮개를 덮어 소형동물이나 양서·파충류의 이동에 지장이 없도록 한다.
- 부엽토를 포함한 다양한 토층의 복토를 실시하여 식재된 식생의 안정적인 생육보장과 배수의 용이성을 확보한다.
- 통로 양쪽에는 펜스나 방음벽 등을 설치하여 동물의 추락을 방지하고 차량의 소음과 불빛을 차단한다.

녹색인프라의 이해와 구축 방안

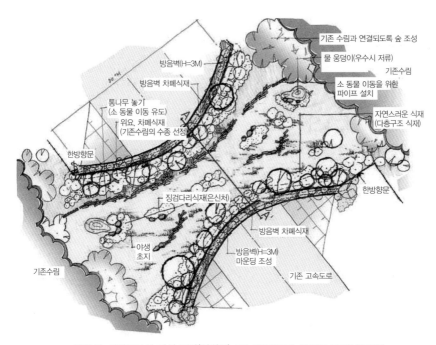

그림 5. 생태통로의 예시 도면(평면도) 출처: 환경부(2001), 생태통로 설치 및 관리지침

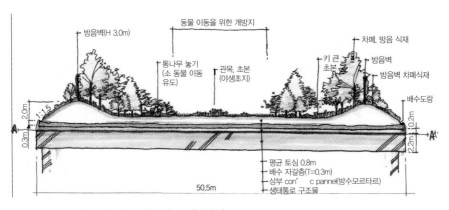

그림 6. 생태통로의 예시 도면(단면도) 출처: 환경부(2001), 생태통로 설치 및 관리지침

- 야생동물의 이용을 유도하고 도로침입을 방지하기 위한 유도 펜스를 설치한다.
- 생태통로 양쪽의 펜스나 방음벽의 높이는 최소 2m 정도로 조성하며, 목재와 같이 불빛의 반사가 적고 주변 환경에 친환경적인 소재를 사용한다.

표 4. 생태통로의 주요 수종

| 구분 | 수종 |
|---|---|
| 생울<br>타리 | 소나무, 잣나무, 참나무류, 스트로브잣나무, 보리수나무, 자귀나무, 홍단풍, 단풍나무, 은행나무, 왕벚나무, 노간주나무, 느티나무 |
| 관목 | 철쭉, 개나리, 회양목, 산철쭉, 진달래, 무궁화, 싸리, 박태기나무, 눈주목, 참싸리 |
| 지피식물 | 잔디, 구절초, 망초, 클로버, 억새, 붓꽃, 양잔디 |

출처: 김명수(2005), 생태통로 식재수종의 현황 및 문제점 고찰, 한국환경복원녹화기술학회

- 육교형 통로가 설치되는 지역에는 절개면이 발생하는 경우가 많이 있으므로 친환경적인 사면녹화 및 안정화 방안과 절개지를 복구하는 방안을 동시에 연구·시행할 필요가 있다.

## 5) 관련법규

생태통로와 관련하여 자연환경보전법, 야생동식물보호법, 도로법 등에서 생태통로 조성에 관한 내용을 규정하고 있으며, 서울시에서는 서울특별시 자연환경보전조례 제 20조에서 생태도시의 조성을 위하여 각종 도로, 주택단지 등의 개발계획 수립 또는 사업시행 시 생태통로 조성을 충분히 검토하도록 하고 있다.

표 5. 생태통로 관련법규

| 법령 | 주요내용 |
|---|---|
| 자연환경보전법 | · 생태통로 정의(제2조)<br>· 생태통로 조성 사항을 자연환경보전기본방침에 포함(제6조)<br>· 자연환경보전기본계획의 내용에 생태통로 등 생태계 복원을 위한 주요사업 포함(제9조)<br>· 생태통로 설치(제45조) |
| 자연환경보전법 시행령 | · 자연환경보전사업의 범위에 생태통로 조성사업 포함(제46조) |
| 자연환경보전법 시행규칙 | · 생태통로의 설치대상지역 및 설치기준(제28조)<br>· 생태통로의 설치기준(별표2) |
| 야생동식물보호법 시행령 | · 야생동물보호 관련 사업으로 야생동물의 이동통로 설치 포함 (제34조) |
| 도로법 | · 환경친화적 도로 건설방안(제23조의2) |
| 도로법 시행령 | · 심의회는 환경친화적 도로의 건설에 관한 사항을 심의(제10조의4) |
| 서울시 자연환경보전조례 | · 생태도시 조성 위해 생태통로 조성을 검토(제20조) |

## 보행자전용도로

보행자전용도로는 보행자의 통행만을 목적으로 하고, 자동차 교통을 완전히 배제한 도로를 총칭하는 것으로 도로교통법 제2조에서는 '보행자만이 다닐 수 있도록 안전표지나 그와 비슷한 공작물로써 표시한 도로'로 정의하고 있으며, 도시계획시설의 결정 · 구조 및 설치기준에 관한 규칙 제9조에서는 '보행자전용도로를 폭 1.5m 이상의 도로로서 보행자의 안전하고 편리한 통행을 위하여 설치하는 도로'로 정의하고 있다.

### 1) 목적 및 적용범위

보행자전용도로의 설치 목적은 보행자와 차량의 분리를 통한 보행자의 안전성 및 접근성을 제고하고 대기오염으로부터 쾌적한 보행환경을 조성하는 것으로 제1종지구단위계획구역 · 제2종지구단위계획구역 및 제1종지구단위계획구역 · 제2종지구단위계획구역 지정대상 사업지구 또는, 신도시 건설 및 신시가지 개발지역 등을 적용범위로 하고 있다.

### 2) 공간조성 기준

보행자전용도로는 주변 여건에 적합한 유형으로 특화하여 도심형, 주거형, 녹도형으로 구분하고 있으며, 필요하면 보행자전용도로 내에 자전거도로를 설치하여 보행과 자전거 통행을 병행할 수 있도록 하고 있다.

- 보행자전용도로의 내부구조, 폭원, 구배 등은 보행에 의존하는 공간이므로 인간척도를 고려하고, 양호한 시계의 확보, 적정 보행밀도의 유지 등을 고려하여 기능적이고 안전한 보행공간이 되도록 한다.
- 보행자전용도로 노선 주변의 개발상태 및 잠재력(위치, 주변 토지이용, 보행목적, 밀도 등)에 따라 이용형태, 공간의 형태(폭과 선형) 등을 고려하여 구간별, 노선별로 특성 있는 보행공간이 되도록 한다.
- 보행자들의 다양한 욕구를 반영할 수 있는 공간에 설치하되, 보행자전용도로와 연접하여 있는 소규모 광장, 공연장, 휴식 공간, 건축물의 전면간격 등 주변 공간과 연계시켜 일체화된 보행자 공간이 되도록 한다.
- 보행자전용도로와 간선도로가 교차하는 곳은 입체교차시설을 설치하여 보행자의 안전성, 보행 동선의 연속성이 확보되도록 하여야 한다.
- 일반도로의 평면교차 횟수를 최소한으로 줄이고 보행밀도 및 속도에 따라 적

절한 폭원을 확보하여야 한다.

- 보행자전용도로가 서로 교차하는 결절점 주변에는 소광장 등의 오픈스페이스를 설치하여야 한다.
- 장애인, 노약자 등의 이용에 불편이 없고 보행자의 안전이 유지될 수 있는 구조여야 한다.
- 공중화장실, 공중전화, 우체통, 벤치, 차양시설 등 보행자 편의시설과 녹지 등은 사람들이 많이 모이는 보행자전용도로의 교차점이나 보행 결집지, 그 밖의 적정한 위치에 설치하여야 한다.
- 차도와 접하거나 해변 또는 절벽 등 위험성이 있는 지역에 설치된 보행자전용도로의 경우에는 안전시설을 설치하여야 한다.
- 긴급 차량이나 기반시설의 검사, 유지, 보수 등을 위해 사람이 쉽게 통행할 수 있도록 시설물이나 식재로부터 방해받지 않게 충분한 폭원(4m이상)을 확보하여야 한다.

### 3) 녹도형 보행자전용도로의 조성방법

- 폭원은 될 수 있으면 3m 이상으로 하되, 자전거 이용을 고려할 때에는 최소한 전체 폭원을 6m 이상으로 하고 개방공간을 확보하고자 할 때에는 넓게 한다.
- 넓은 폭원의 녹도에서 자전거도로를 분리하여 설치할 경우에는 곡선형의 중앙분리대나 식수대 등을 이용하여 변화 있는 공간으로 조성할 수도 있다.
- 선형은 부정형의 자연스러운 곡선으로 하고 폭원의 넓고 좁음을 이용하여 다양한 분위기를 조성할 수 있도록 한다.
- 녹지대, 자연녹지, 고수부지, 제방, 공원 등의 주변 오픈스페이스와 서로 유기적으로 연결하여 일체화되도록 공간을 구성한다.
- 자연녹지, 근린공원 등 주변 오픈스페이스와 연접되는 부분에는 녹음식재, 경관식재, 조화식재 등으로 식재한다.
- 부정형의 보행로로 인하여 생기는 소공간에는 벤치, 퍼골라 등이 설치된 휴게공간이나 어린이들의 놀이 공간 등 다양한 공간으로 활용할 수 있다.
- 지형의 특성에 따라 계단을 설치할 경우에는 경사로를 병행 설치하여 노약자나 장애인의 보행에 지장이 없도록 한다.
- 수종은 관상가치가 큰 관목류를 주로 식재하고 화목류, 상록수, 활엽수 등을 선정하여 적정 배치 · 식재 한다.

- 교목과 관목에 의한 식재대를 설치하고, 주택지와 면한 곳에는 상록교목이나 관목으로 차폐식재를 하며, 소광장 및 방향전환지점, 결절점에는 고립식재 등을 식재한다.

## 연결녹지

도시계획상의 녹지는 도시지역 안에서 자연환경을 보전하거나 개선하고, 공해나 재해를 방지함으로써 도시경관의 향상을 도모하기 위하여 도시관리 계획으로 결정된 것으로 완충녹지, 경관녹지, 연결녹지로 구분된다.

완충녹지는 대기오염, 소음, 진동, 악취 그밖에 이에 준하는 공해와 각종 사고나 자연재해 등의 방지를 위하여 설치하는 녹지이다.

경관녹지는 도시의 자연적 환경을 보전하거나 이를 개선하고, 이미 자연이 훼손된 지역을 복원·개선함으로써 도시경관을 향상하기 위하여 설치하는 녹지이다.

연결녹지는 도시 안의 공원·하천·산지 등의 일상생활 동선이 유기적으로 연결되도록 하여 녹지네트워크를 형성하거나 주요 공공시설을 연결하고, 도시민에게 산책공간의 역할을 하는 등 여가·휴식을 제공하는 선형의 녹지이다.

연결녹지는 생태통로의 기능을 하는 연결녹지와 녹지의 연결 및 쾌적한 보행을 동시에 추구하는 녹도로 구분할 수 있다.

생태통로를 목적으로 하는 연결녹지는 소생물의 이동통로 및 서식지 제공의 역할을 하며, 주변 녹지와의 연결성을 중요로 하고 있다.

녹도를 목적으로 하는 연결녹지는 도시지역 내 녹지공간을 확보하고 보행자의 안전 및 쾌적성 확보 등의 역할을 수행한다.

### 1) 연결녹지 설치기준

연결녹지는 공원, 녹지, 광장 등을 녹도 및 녹지 등으로 연결하는 것으로써 거점의 역할을 하는 공원과 유기적인 관계를 갖도록 하여야 하고, 가로망체계와 함께 지역 내 공간구조의 형태를 결정하는 골격이 되도록 하여야 한다.

연결녹지의 설치지점을 선정하는 경우에는 우선 생태통로로서의 가치가 있는 지역을 우선 선정하는 것이 중요하며, 동물이 서식하는 지역이나 서식 잠재성이 있는 지역을 선정하도록 한다.

## 2) 생태통로 기능의 연결녹지조성 세부기준

- 폭은 최소 10m 이상으로 하고, 녹지율은 70% 이상으로 한다.
- 연결녹지 지역을 주로 이용하게 되는 목표종의 이동특성 및 서식특성 등을 충분히 고려하여야 하며, 필요한 요소들을 배치할 수 있는 충분한 폭을 설정한다.
- 폭원을 확보하기 위하여 실개천 등과 같은 자연적인 요소를 함께 이용한다. 특히, 생태이동통로로써의 연결녹지는 하천 등의 수계를 고려한다.
- 동물의 이동에 지장이 없도록 경사 등의 지형적인 조건을 고려한다.
- 공원, 주변 산림, 완충녹지대 등과 같이 면적인 녹지공간과의 연결을 통하여 연결녹지가 유기적으로 연결이 되도록 한다.
- 교목, 아교목, 관목, 초본류 등을 다층으로 식재하여 녹지대의 질을 향상시키도록 하며, 수종은 주변지역 산림에 식재되어 있는 수종으로 선정한다.
- 다층식재설계 시 생태학적 지위, 천이 등과 같은 생태학적인 고려가 된 식재계획이 되도록 한다.

## 3) 녹도 기능의 연결녹지조성 세부기준

- 폭은 최소 10m 이상으로 하고, 녹지율은 70% 이상으로 한다.
- 녹지의 연결 및 쾌적한 보행공간을 위한 연결녹지의 폭은 녹지의 확보, 사람의 통행, 자전거의 통행 등을 고려하여 폭을 결정한다.
- 아파트 단지 등 방음, 차폐 등을 목적으로 한 완충녹지대와 연계하여 연결녹지의 폭을 확보한다.
- 공원, 주변 산림, 완충녹지대 등과 같이 녹지공간과의 연결을 통하여 연결녹지가 유기적으로 연결되도록 한다.
- 사람의 통행이 가능한 연결녹지의 경우 포장재는 자연순환기능을 높일 수 있도록 투수성 포장재 또는 친환경 소재 등을 이용하도록 하며, 통행이 잦은 지역에는 답압에 강한 식물 소재를 사용하도록 한다.
- 보행 및 자전거 도로의 이용에 있어 불편함이 없도록 경사 등의 지형적인 조건을 고려한다.
- 보행 및 자전거 통행 시 안전시거 확보를 위하여 간판, 현수막 등 광고물에 대한 제한을 두는 것이 필요하다. 가로수와 같이 연결녹지대 안에 식재된 가지 등이 보행 및 자전거 통행을 위한 시야를 가려서는 안 된다. 부득이한 경우 전정 등과 관련한 관리계획을 수립하여야 하며, 염화칼슘, 모래보관함 등 보도

표 6. 보행자전용도로 및 연결녹지 관련법규

| 법령 | 주요내용 |
|---|---|
| 도로교통법 | · 보행자전용도로 정의(제2조)<br>· 보행자전용도로의 설치(제28조) |
| 도시계획시설의 결정 · 구조 및 설치기준에 관한 규칙 | · 보행자전용도로의 결정기준 정의(제18조)<br>· 보행자전용도로의 구조 및 설치기준(제19조) |
| 도시관리계획 수립지침 | · 보행자전용도로계획 및 시설기준에 관한 지침(별첨5) |
| 도시공원 및 녹지 등에 관한법률 | · 연결녹지의 정의(제35조) |
| 도시공원 및 녹지 등에 관한 법률 시행규칙 | · 연결녹지의 설치기준(제18조) |

내 적치된 시설이 통행에 방해되어서는 안 된다.
• 교목, 아교목, 관목, 초본류 등을 이용한 다층적 식재를 통하여 녹지공간의 효과를 극대화하고 녹지대의 질을 향상하도록 하여야 한다. 이 경우 수종은 주변 지역의 수종 등을 고려하여 선정한다.


## 신도시의 생태교량(녹교)

### 1) 신도시의 녹지

현대의 도시는 다양한 직 · 간접적 경로를 통하여 얻게 되는 도시의 모든 정보를 바탕으로 인간의 기억 속에 남는 도시이미지를 중요시하고 있다. 이는 도시이미지가 가지고 있는 차별성과 신뢰성, 친근감 등의 인지도가 주민과 투자자, 기업, 방문객을 흡입하는데 긍정적 영향을 미침과 동시에 도시환경의 개선에 따라 거주민의 자긍심을 고양해 도시정책과 행정의 지지기반을 확보하는데 영향을 미치게 되는 등 다양한 효과를 유발하기 때문이다.

이러한 도시이미지를 상승시키기 위해서 도시의 부정적 이미지를 탈피하고 새로운 이미지 구축을 통해 각 도시는 도시마케팅을 수행하고 있으며, 이는 도시경제를 활성화시키는 도시경영의 중요한 전략이다.

신도시는 특정의 지역 범위에 대하여 수용하고자 하는 다양한 사회적 · 경제적 활동 및 물리적 요소에 관한 계획을 수립하고, 계획에 의하여 예정된 기간 안에 건설한 도시로 우리나라 대다수의 신도시는 도시이미지를 특화하는 마케팅 방법으로 친환경 부문을 강조하고 있다. 이 때문에 신도시에서는 친환경의 대표적 요소인 녹지를 매우 중요하게 여기며, 이를 강화하기 위하여 양호한 산림을 보전하고, 1인당 공원면적률을 높이는 한편 녹도, 생태교량 등을 조성하여 녹지네트워크의 형성을 꾀하고 있다.

## 2) 신도시와 보행공간

보행공간은 사람들이 보행을 통해 출입하거나 활동할 수 있는 공적 공간을 의미하며 다양한 이동목적을 지니는 곳으로 이동목적 이외에도 휴식공간, 놀이공간, 만남의 장소 등 사회적 활동의 장으로서 중요한 역할을 수행하고 있다. 따라서 보행공간은 각종 시설물, 지역경관, 생활환경 등의 요소들이 보행환경의 형성과 불가분의 관계를 맺고 있으며, 각각의 요소들과 분야들의 적절한 조합에 의해서만이 바람직하고 쾌적한 보행환경을 형성하게 된다. 즉, 단순히 걸어가는 보행만 존재하는 공간이 아닌 "걸을 수 있는 도시, 걷고 싶은 도시"로 새롭게 조성되어 많은 사람에게 보행공간의 또 다른 즐거움을 제공할 수 있도록 조성하기 위한 노력이 필요하다.

또한, 최근 운동에 대한 관심이 높아지면서 보행은 "건강한 도시 만들기"의 중요한 요소로 인식되고 있다. 주로 걷기와 달리기를 하는 도시민의 건강증진을 위해 쾌적한 보행공간의 필요성이 증가하고 있으며 이에 따라 다양한 여가활동 지원과 녹색교통의 역할을 높이려는 방안이 제시되고 있다. 신도시를 중심으로 도시 내에 생태통로, 녹지축, 생태 네트워크, 비오톱 네트워크, 녹도 등과 같은 친환경적 자연자원을 적극적으로 조성하려는 취지의 녹색길을 도입하고자 "그린웨이"라고 명명되는 사업들이 활발하게 추진되고 있다. 녹색길은 도시환경개선, 도시환경 커뮤니티 활성화, 도시지역 장소성 제고 및 활성화에 높은 효과가 있는 것으로 나타나고 있으며, 산지, 공원 등 녹지체계의 연결망 구축, 자연환경의 조화와 더불어 녹지축 연결을 통해 녹지의 물리적 연결 또는 생물의 생태적 거점을 연결하는 역할을 담당할 수 있다. 과거 우리나라에서 건설된 녹색길은 야생 동식물의 서식지가 단절되거나 파괴되는 것을 막고 이들이 다른 지역으로 이동하는 것을 돕도록 인공 구조물이나 식생을 통해 만든 생태적 공간 즉, 생태통로로 건설되는 것이 주를 이루고 있었으나, 최근에는 사람의 보행이동이 많은 도시 등을 중심으로 사람과 야생 동식물의 보행이동을 동시에 만족하게 하는 개념으로 녹색길이 조성되고 있다.

| Network | | Path | | Landscape |
| :---: | :---: | :---: | :---: | :---: |
| 녹지축의 연결 | ＋ | 이동통로 확보 | ＋ | 도시이미지 향상 |
| 주변에 위치한 녹지들 간의 물리적 연결 | | 야생동물 및 보행자의 이동 연계성 확보 | | 도시의 경관 및 삶의 질 향상 |

그림 7. 녹교 기본방향

표 7. 녹교와 유사시설의 비교

| 구분 | 생태통로 | 보행자전용도로 | 녹교 |
| --- | --- | --- | --- |
| 주이용 대상 | 야생동물 | 보행자 | 야생동물과 보행자 |
| 중점공간 | 야생동물 서식 및 이동공간 | 보행 및 휴식공간 | 야생동물과 보행자의 이동공간 |
| 식재환경 | 야생동물서식환경을 고려한 주변수종식재 | 경관식재 | 주변수종 및 경관식재 |
| 주요시설 | 야생동물서식처(고사목, 그루터기, 돌무더기) | 보행로, 휴식시설(벤치 등), 편의시설(가로등 등) | 야생동물서식처, 보행로 |

## 3) 녹교

녹교란 산지·공원 등으로 이어지는 녹지축을 연결하고, 사람과 야생동물의 이동이 원활하게 이루어질 수 있도록 구조적으로 단절된 공간을 연결하는 교량으로써, 건설되는 도시의 이미지와 경관을 향상시키는 도시의 생태연결공간이라 할 수 있다.

### (1) 녹교의 일반적 입지형태

녹교는 각종 개발사업 및 도로건설 때문에 단절된 녹지를 교량을 통해 연결해줌으로써 녹지축의 연계와 더불어 동물 및 인간의 이동공간으로 활용되어, 연결이 필요한 녹지공간을 위주로 조성이 결정된다.

과거 녹교는 생태적 기능이 강조되어 동물이동을 위한 시설물로 산림지역에 많이 조성되었으나 현재는 신도시 및 택지개발지구의 녹지축 연계 및 보행공간의

| 산림지역 녹교 | 도시 내 녹교 |
|---|---|

그림 8. 녹교의 일반적 입지형태

연계성확보를 위해 공원 및 주거단지 내 녹지와 연결하는 등 도시 속 녹지공간에서 조성되는 사례가 증가하고 있다.

- 연결대상 녹지공간 유형

녹교를 통해 연결하고자 하는 녹지공간의 유형은 규모, 상태, 생태환경, 조성방법 등에 따라 크게 천연 녹지공간과 조성형 녹지공간으로 구분할 수 있다. 천연녹지공간은 생태적 가치가 높으며, 인공적으로 조성되지 않은 녹지공간으로 일정규모 이상의 면적을 보유한 천연산림 및 보존형 공원 등이 해당된다. 조성형 녹지공간은 도시 내 녹지공간 확보를 위해 인공적으로 조성한 공간으로 조성형 공원, 주거단지 내 녹지, 인공녹지 등이 있다.

연결대상이 되는 녹지공간의 유형에 따라 녹교의 입지유형이 달라질 수 있다.

표 8. 녹지공간 유형

| 구분 | 대상녹지 | 사례 | |
|---|---|---|---|
| 천연녹지<br>공간 | 천연산림<br>보존형 공원 | | |
| 조성형<br>녹지공간 | 조성형 공원<br>주거단지<br>내 녹지<br>인공녹지 | | |

녹색인프라의 이해와 구축 방안

표 9. 입지유형별 녹교 조성 방향

| 입지유형 | 계획방향 | 사례 |
|---|---|---|
| 천연녹지공간–<br>천연녹지공간 | · 생태적 기능 높음<br>· 동물이동통로 위주로 계획<br>· 최소한의 보행동선 계획<br>· 모니터링시설 배치<br>· 주변자생수종을 도입한 식재계획 | |
| 천연녹지공간–<br>조성형녹지공간 | · 생태적 기능 중간<br>· 동물 및 보행자 이동을 동시에 고려한 계획<br>· 동물이동을 방해하지 않는 범위 내 동선계획<br>· 주변수종 및 관상가치가 높은 식재계획 | |
| 조성형녹지공간–<br>조성형녹지공간 | · 생태적 기능 낮음<br>· 보행자연결교량으로 계획<br>· 보행자를 위한 편의시설 배치<br>· 최소한의 동물이동로기능 유지<br>· 녹음 및 경관식재 등을 도입한 식재계획 | |

입지유형은 녹교의 시 · 종점과 연결되는 공간유형에 따라 천연녹지공간–천연녹지공간, 천연녹지공간–조성형녹지공간, 조성형녹지공간–조성형녹지공간 등으로 구분할 수 있고, 입지유형에 따라 녹교의 기능 및 성격이 결정된다.

## 참고문헌

1. 경기개발연구원, 녹지네트워크 형성에 관한 연구, 1996.
2. 김명수, "생태통로 식재수종의 현황 및 문제점 고찰", 『한국환경복원녹화기술학회』, 2005.
3. 송영배, 바람통로 계획과 설계방법(건강도시를 위한 기후환경계획), 2001.
4. 환경부, 자연생태계 복원을 위한 야생동물 이동통로 설치지침, 2001.
5. 환경부, 생태통로 설치 및 관리지침, 2001.
6. 환경부, 자연생태계 복원을 위한 생태통로 설치 및 관리지침, 2003.
7. 환경부, 도시녹지네트워크를 위한 녹색길 조성사업 가이드라인 작성 연구, 2009.
8. 건설성 도시환경문제연구소편, 환경공생 도시만들기-에코시티가이드, 1995.
9. 기계진흥협회 신기계 시스템센터, 도시녹화시스템에 관한 보고서, 1973.
10. 토지녹화추진회편, 공해와 녹화, 1972.
11. T건설(주), 옥상녹화에 관한 위탁조사, 1988.
12. http://www.wildlifecrossings.info

한국의 녹색인프라 구축 방안

# 도시 커뮤니티와
# 환경복지 정책 방안

장 병 관

## 도시 커뮤니티와 환경복지

커뮤니티는 공간적 차원에서 일정한 영역을 함께 하는 지역성locality, 사회문화적 차원에서 사회적 상호작용에 기초하는 집단적 정체성, 그리고 독자적 실체로서 스스로 존속하려는 유기체적 속성을 지닌 것으로 생각된다. 또한 커뮤니티는 여러 분야에서 일상적으로 쓰이는 용어이지만, 첫째, 일정한 지역 위에 분포하는 개인, 가족, 집단 및 제도, 둘째, 일정 지역 위에서 행해지는 공동생활, 셋째, 특정지역에 함께 거주하는 구성원들이 사회적 상호작용을 통해 서로에 대한 유대감과 소속감을 공유하면서 자신의 존속과 조화로운 공생을 추구하는 사회집단 등 다양하게 정의를 하고 있다. 현대적 의미의 커뮤니티는 특정지역 단위로 다소 느슨한 형태의 지역적 정체성과 사회적 연대의식을 가진 주민들과 이에 관련된 다양한 사회세력들이 결합해서 지역사회의 권익을 형성해 가는 개방적이면서도 공익적인 지역사회조직이라 볼 수 있다.

현대도시에서 커뮤니티 개발은 단순히 지역사회의 생활환경을 개선하는 것이 아니며 또 자본주의적 산업사회의 틀을 완전히 벗어난 새로운 유토피아를 건설하려 하거나 전근대 사회의 폐쇄적인 공동체를 원형 그대로 복구하려는 것도 아

녹색인프라의 이해와 구축 방안

니다. 그보다는 산업화되고 도시화된 현대사회의 기본 골격을 유지하면서 그 틀 안에서 인간다운 삶을 지속적으로 누릴 수 있는 물리적 환경과 사회적 환경을 조성하려는 시도라 볼 수 있다.

지속가능한 도시개발은 토지이용, 교통, 주거지 개발, 공원녹지, 조경 등 각 분야에서 추구되는 도시계획의 새로운 패러다임으로 자리 잡아 가고 있다. 커뮤니티 위주의 개발 역시, 사회적 지속가능성을 강조하는 '지속가능한 도시개발'의 한 범주로 파악되며 이는 미국의 지방정부위원회의 뉴어바니즘 원칙에서도 잘 나타나 있다. 모든 지방자치단체에 적용할 수 있는 지속가능한 도시개발의 원칙은 크게 지역사회에 관한 원칙, 도시지역에 관한 원칙 그리고 실행에 관한 원칙 등으로 구성된다.

특히, 도시의 미래 비전을 제시하는 데 있어서, 친환경과 경제성장에 초점이 맞추어져 있는 녹색성장 전략에 '복지'의 문제를 연계하여 성장과 환경 그리고 복지의 삼각 축이 조화롭게 선순환하는 통합적 발전 모델을 구축하였다. 이러한 선순환구조의 창출을 통해 현세대 내 사회구성원들이 인간다운 삶을 영위하고, 자연과 인간이 조화롭게 공존하며, 현세대의 미래 세대의 세대 간 정의가 실현될 수 있는 지속발전 가능한 차세대 사회를 구현할 수 있을 것이다.

## 환경복지의 개념

환경복지는 대체로 두 가지 개념으로 통용되고 있다. 하나는 환경적 복지 Environmental Welfare이고 다른 하나는 생태복지Eco-welfare 또는 녹지복지Green Welfare이다. 전자는 돕슨Andrew Dobson이 정의했고, 후자는 호게트Hogget 또는 험프리Humphrey 등이 언급했다. 시간적으로 보면 환경적 복지는 1970년대에 나온 용어이고, 생태복지 또는 녹색복지는 2000년대를 전후하여 나온 것으로 보아 환경복지의 개념은 20세기의 '환경적 복지'에서 한 걸음 더 나아가 21세기에는 '생태복지' 또는 '녹지복지'로 변화된 것으로 판단된다.

환경적 복지의 개념은 자연환경과 사회환경을 구분하여 자연환경의 정화가 인간의 복지에 필요하다는 뜻으로 썼다. 최근까지 돕슨은 빈곤, 고용, 질병 등으로 고통 받는 개인이나 집단과 관련한 환경적 복지에 많은 관심을 가졌다. 그러나 환경의 중요성이 인식되면서부터 공기나 바다, 강, 토지의 오염 등 전체 공동체를 위협하는 것에 관심을 갖게 되었다. 환경의 파괴는 모든 계층의 사회구성원에 영향을 미친다는 것을 인식했기 때문일 것이다.

도시의 물리적 구조는 환경적 복지에 뚜렷한 영향을 끼친다. 도시의 건물이나 공원, 산책로 등이 아름답고 쾌적하게 구성되면 주민의 복지에 긍정적 영향을 주지만, 더러운 거리와 슬럼가, 누추한 상점, 복잡한 건물 등은 비복지diswelfare를 가중시킨다Robson(1976년). 돕슨의 환경적 복지는 물리적 인공환경 내지는 사회환경 개선을 의미하는 것임을 알 수 있다.

한편, 생태복지 또는 녹지복지의 개념에는 자연환경과 사회환경을 구분하지 않는 '하나로서의 생태'라는 두 환경의 긴밀성과 동시적 정화의 중요성을 강조하는 의미로 쓰이고 있다. 호게트는 생태복지란 사람과 사람, 사람과 자연 사이의 관계의 질을 높이는 것에 진정한 복지가 있다고 강조하고 있다Hoggett(2002년). 또한 생태복지는 사회적, 환경적 관계의 질에 초점을 맞춰 개인적, 사회적으로 양적 설정이 아니라 질적 발전을 우선시하며 사회의 일차적 목적이 사회적 관계를 강화하여 인간 능력의 발현을 도모하는 데 있다고 이야기 한다. 이것은 인간적 관계의 질이 중시되는 생태복지 사회를 지향하는 것으로서 환경문제 등 일상생활에의 참여 민주주의가 이루어짐으로써 가능한 사회라는 것이다. 결국 호게트에게 있어서 생태복지란 인간과 인간 그리고 인간과 자연간의 관계의 질을 향상시키는 것이다.

21세기에 이르러 환경의 개념은 자연환경과 사회환경 둘 다 포함하는 생태주의적 함의를 지닌 용어로 변화된 것이다. 즉 환경의 개념을 '개인 또는 집단에게 영향을 끼치는 모든 상황을 포함한다'는 포괄적 의미로 사용함으로써 사회·문화·경제적인 상황까지를 포함하고 있다. 이제 환경복지는 환경적 복지와 생태복지 둘 다를 포함하는 의미로 사용하는 것이 바람직할 것이다. 필자는 돕슨의 '환경적 복지'와 호게트의 '생태복지' 둘 다를 포괄하는 의미에서 '환경복지'라는 개념을 쓰고자 한다. 환경복지란 결국 물리적, 사회적 환경의 개선뿐만 아니라 인간과 인간, 인간과 자연의 질적 관계를 향상시키고자 하는 과정이자, 그 결과라고 하겠다. 돕슨은 환경주의는 인간을 위한 환경의 관리와 보존만을 의미하고, 생태주의는 인간뿐만 아니라 자연까지를 하나의 전체로 보는 것으로 구분하기도 하지만(정용화 역. 1993년) 필자는 환경복지라는 용어를 통해 양자의 의미를 통합하여 쓰고자 한다. 환경적 복지와 생태복지를 대립적 개념으로 보기 보다는 환경복지라는 용어 속에 포괄하여 자연환경과 사회환경의 연속성을 지닌 개념으로 보자는 것이다.

## 환경정책과 환경복지정책

정책이란 일반적으로 인간을 의도하는 일정한 방향으로 이끌고 가는 기본방침을 의미하며, 환경정책은 자연계나 생태계에 대한 위험을 방지하고 이미 발생한 해악을 제거하려는 의지와 그 의지를 실현하기 위한 기술적, 법적, 조직상의 권한을 전제로 한다. 또한 환경정책은 환경문제를 해결하기 위한 정부의 공공정책을 의미하는 것으로 다시 말해 환경에 나쁜 영향을 미치는 생산 · 소비 활동이나 열악한 환경현상을 대상으로 하는 정부의 공공정책을 말한다. 이미 발생한 기존 환경오염의 제거 및 감소, 현재의 환경상태의 유지 · 개선, 환경오염에 의한 인간 및 환경 그 자체에 대한 폐해의 제거, 인간 · 동식물 · 자연환경 · 환경매체 및 재화에 대한 위험의 감소, 미래세대와 다양한 생명체의 발전을 위한 여유 공간의 유지 및 확장 등을 위한 세부적인 활동을 포괄하는 개념으로 파악하여야 한다.

환경복지정책은 국민의 행복을 증진하고 실현하는데 있으므로 국민의 사회권과 생존권을 유지하고 사회적 평등과 형평의 증진 및 광범위한 국민 참여에 의한 국민 복지향상을 추구하며, 더할 나위 없이 만족스런 삶, 즉 복지를 사회구성원이 보편적으로 공유할 수 있도록 한다. 나아가 전체 국민의 복지수준을 증진하기 위한 일환으로 이루어지는 제반의 정책을 인간의 생명과 건강이 현재와 미래에 손상되지 않도록 보장하는데 있다. 자연자원인 토양, 공기, 물의 보호, 재산의 보호, 경제적 비용절감, 문화유산의 유지와 이미 발생한 기존 환경오염의 제거 및 감소, 현재의 환경상태 유지 · 개선, 환경오염에 의한 인간 및 환경 그 자체에 대한 폐해의 제거, 인간 · 동식물 · 자연환경 · 환경매체 및 재화에 대한 위험의 감소, 미래세대와 다양한 생명체의 발전을 위한 여유 공간의 유지 및 확장 등을 위한 세부적인 활동을 포함한다.

환경정책의 이념은 지속가능한 개발 즉, 미래의 우리 후손들이 그들 스스로의 필요를 충족시킬 수 있는 역량을 손상시키지 않으면서, 현재 우리 세대의 필요를 충족시키는 개발을 의미한다. 그러므로 환경복지정책의 이념은 지속가능한 개발을 달성하기 위해 삶의 질 향상, 최저생활의 보장, 사회적 형평을 들 수 있다.

환경정책은 정부의 포괄적인 노력을 통하여 국가행위의 최상목표인 인간의 생명과 건강을 보호 · 유지하여 인간의 다양한 필요를 위한 자연자원으로서 공기 · 물 · 땅 · 기후를 보호 · 유지하며, 개인 혹은 사회공동체의 경제적 · 문화적인 가치로서 재화를 보호 · 유지하는 것을 목적으로 하고 있다. 그러므로 환경복지정책의 목적은 인간의 인간다운 생활, 인간의 존엄성 유지, 건강한 성장과 발달의 보장, 사회적인 통합을 통해 인간의 생명과 건강을 보호하는 것이라 할 수 있다.

환경정책의 최우선적인 목표는 인간의 생명과 건강이 현재와 미래에 손상되지 않도록 보장하는데 있으며 이를 위해 생태계의 보호, 동식물의 보호와 종족유지, 자연자원인 토양, 공기, 물의 보호, 재산의 보호, 경제적 비용절감, 문화유산의 유지 등이 요구된다.

환경정책의 대상은 크게 사회적 환경, 공간적 환경, 생물학적 환경 세 부분으로 나눌 수 있다. 사회적 환경은 인간, 집단, 가족, 사회의 제반관계를 말하고, 공간적 환경은 지리학적인 주변 상황, 건물, 공동체, 지역을 말한다. 생물학적 환경은 생태학적인 환경개념 다양한 생명체의 생존과 관련 있는 주변 상황 및 이들의 공생을 위한 조건들이 대상이 된다.


## 환경복지와 주요 이론

환경관리 프레임워크에 공통적으로 이용된 세 가지 이론은 생태적으로 지속가능한 개발ESD, 자연단계Natural Step 프레임워크 그리고 지속가능성에 대한 내포방법Nested Approach이다. 이들 세 가지 이론들은 지속가능한 요인의 개발을 뒷받침한다.

### 1) 생태적으로 지속가능한 개발

생태적으로 지속가능한 개발은 현대 환경관리의 지도 원리로서 많은 나라들이 수용하고 있으며 네 가지 중요 원칙들이 생태적으로 지속가능한 개발의 증대를 위해 이용되고 있다. 그 첫 번째가 예방원칙으로 심각한 위협 또는 돌이킬 수 없는 환경훼손이 있는 장소에 적용하는 것이다. 확실성에 대한 통찰력 부족으로 인한 환경저하를 방지하기 위하여 예방적 차원에서 측정을 실시하는 것이다. 두 번째 세대 간 평등이다. 현세대는 건강, 다양성 그리고 생산성이 미래 세대의 이익을 위해 유지되거나 개선된다는 것을 확신하면서 환경에 대한 중요성을 인식하여야 한다는 것이다. 세 번째는 생물다양성과 생태적 보전으로 이것에 대한 근본적인 사고를 가져야 한다. 마지막으로 개선된 평가, 가격화 그리고 인센티브 메커니즘의 원칙으로 의사결정을 할 때, 환경비용과 편익에 대한 평가를 수행하는 방법 그리고 정보를 이용하는 방법을 개선해야 한다. 이들 네 가지 원칙은 생태적 체계에 대한 경제와 사회행위의 역영향 등을 방지하는데 그 목적이 있다.

## 2) 자연단계 프레임워크

자연단계는 순환체계의 관점이다. 자연의 모든 것은 체계를 이루며, 버릴 것이 없다 즉 쓰레기가 없다고 인식할 수 있을 것이다. 인간행위에 의해 발생된 어떤 '쓰레기'도 실제로는 그 밖의 다른 것의 '식량자원'이 될 수 있다는 것이다. 현재 우리 사회는 재료나 자원을 유해하거나 그렇지 않은 쓰레기로 구분하여, 자연에서 형성된 대부분이 다른 것의 식량으로 이용될 수 없는 선형체계로 이루어져 있다. 자연환경의 재료를 지속가능하게 이용하기 위해서는 현재의 선형방법을 순환방법으로 전환하여야 한다. 즉 모든 쓰레기는 '식량자원'으로 재사용되어야 한다.

자연으로부터 추출된 많은 양의 물질은 지속적으로 증가하지 않을 수 있다. 이의 대비책으로 화석연료, 금속, 기타 광물질이 지구의 지각 속으로 재저장과 재통합되기 전에는 자연의 물질을 추출하지 않아야 한다. 우리는 자연이 물리적 이동과 과도한 수확 또는 생태계 조작에 의해 체계적으로 약해지게 내버려둬서는 안 된다. 즉 생산적인 능력과 다양성을 저하하면서 생태계를 수확하거나 조작하지 않아야 한다는 것이다.

자원은 기본적인 인간욕구에 대응해 정당하고 효율적으로 이용되어야 한다. 그리고 우리는 자원의 할당과 이용에 평등원칙을 적용해서 사회적 안정성과 협동을 창조할 수 있어야 한다. 안정성과 협동 없이 지역사회가 발전적으로 지속가능성을 성취할 수 없기 때문이다.

그림 1. 순환체계 관점 출처: Environmental Wellbeing Working Paper

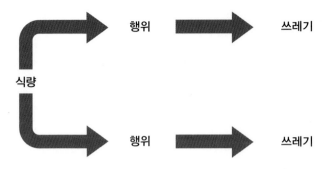

식량

행위 ➡ 쓰레기

행위 ➡ 쓰레기

그림 2. 선형체계 관점 출처: Environmental Wellbeing Working Paper

### 3) 지속가능성에 대한 내포방법

내포체계 모형에 의하면, 우리의 환경은 사회를 지지하며, 차례로 경제를 부양한다고 한다. 환경, 사회, 경제, 이들 3가지 영역은 상호 연결되어 있어, 모든 사회와 경제적 결정은 환경에 영향을 미칠 것이다. 환경의 상태는 우리 사회와 경제에 직접적으로 영향을 미친다. 따라서 환경에 대한 적절한 관리나 보호 또는 규제 없이는 지속가능한 사회·경제를 달성할 수 없다는 의미이다.

지속가능성에 대한 내포방법에서 강조하는 것은 인간은 생태적 한계 내에서 살아야 한다는 것이다. 균형은 생태적 생명부양체계의 점진적 잠식의 결과와 관련이 있다. 이런 점에서 생태적 환경체계와 일치된 경제적 체계 수립이 중요함을 제안하고 있다.

그림 3. 내포체계 모형 출처: Environmental Wellbeing Working Paper

녹색인프라의 이해와 구축 방안

## 4) 환경원칙과 사회적, 경제적 복지 관계

현재의 인간 활동과 행태 그리고 심각한 환경의 질 저하 사이에는 직접적인 관계가 있다. 토지에서 자원들의 이용, 일상의 행위들 그리고 이들 행위로부터의 부산물인 쓰레기와 오염의 발생은 토지, 물 그리고 대기 질을 저하시키고 동식물의 위협과 멸종 그리고 기후의 변화를 일으킨다. 그리고 환경질의 감소는 연이어 사회적 그리고 경제적 쇠퇴를 초래한다.

**생태적으로 지속가능한 개발**
- 예방원리
- 세대 간 평등
- 생물다양성의 보전과 생태계 보전
- 개선된 평가, 가치와 그리고 인센티브 메커니즘

**자연단계 프레임워크**
- 토지에서부터 자연자원의 감소된 이용
- 감소된 쓰레기와 오염
- 생태계 하락 방지
- 평등하고 효율적인 자원이용

**지속가능성에 대한 내포방법**
- 사회적, 경제적 요인들은 환경에 영향을 끼친다.
- 우리는 생태적 한계 내에서 살아야 한다.

그림 4. 환경원칙과 사회적, 경제적 복지 관계 출처: Environmental Wellbeing Working Paper

## 5) 환경복지전략

지방자치단체 행동강령에서의 환경복지는 지역사회가 성취하기를 원하는 환경
성과 그들을 달성하기 위한 행동강령에서의 우선권 선정 방법 등을 중요시 한
다. 지방자치단체는 자문위원회가 지역사회 주민을 위해 환경복지를 성취할 수
있도록 도와주고, 환경복지와 관련된 성과, 그들을 달성하기 위한 방법 및 측정
기법 등을 중요시 한다.

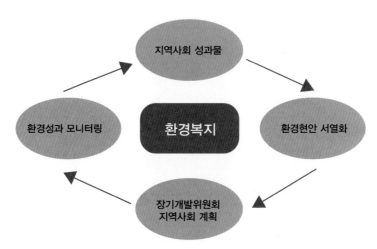

그림 5. 환경복지에 관한 지방자치단체의 주요 활동 출처: Environmental Wellbeing Working Paper

지역사회 복지는 환경, 사회, 경제 그리고 문화 네 가지 차원을 포함한다. 환경
복지는 지역사회가 성취하기를 원하고 그들이 성취하기 위해서 행동들을 우선
화하는 방법에 의해 정의된다. 환경부는 지방정부와 지역사회에 환경성과물을
달성할 수 있도록 도울 수 있는 여러 가지 프로젝트와 연구를 수행하고 있다. 또
한 환경정보와 방법을 위해 환경부와 함께 지역사회 성과를 연결하기 위하여 중
장기 지역사회 계획개발을 수립하고자 한다. 표본 성과물은 지역사회 조사에 의
해 우선적으로 식별될 것이다.

지방자치단체는 주민과 토지이해 당사자 등으로 환경복지 위원회를 구성하여,
위원회로 하여금 전략적 계획을 수립하게 한 결과 다음과 같은 부분을 우선 전
략으로 수립한다.

녹색인프라의 이해와 구축 방안

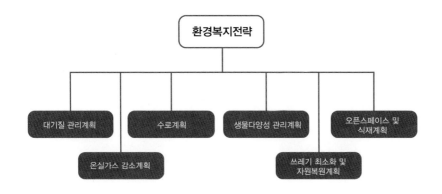

## 환경복지와 조경

환경이라는 큰 범주에 속하는 조경은 국민들이 환경에 대해 많은 관심을 보일 때 환경과 더불어 각광을 받을 수 있었다. 하지만 복지가 국민적 관심사가 되는 지금, 조경이 복지와는 전혀 관련 없는 분야로 인식되어 조경이 설 자리가 없는 상황이 벌어질 수 있음을 인식해야 한다. 변화해 가는 사회 속에 조경이 시대적 흐름을 따라가지 못한다면 조경분야는 낙후된 분야로 낙인찍혀 도태될 가능성도 배제할 수 없을 것이다.

다행스럽게 조경이 복지와 연관을 맺으면서 시민들의 복지를 위해서 많은 기여를 할 수 있다는 가능성을 보여준 사례들이 나타나고 있다. 가장 큰 예로 조경이 우리사회의 소외계층을 위해서 큰 기여를 하고 있는 서울그린트러스트의 동네 숲 사업을 들 수 있다. 지난 몇 년 동안 서울그린트러스트에서는 서울시내의 버려진 자투리땅을 찾아내 소공원으로 조성하는 동네 숲 조성사업을 진행해왔다. 동네 숲을 조성하는 사업을 진행하면서 우연히 소외계층이 사는 동네에 동네 숲을 조성하게 되었고, 그 과정에서 동네 숲의 조성과 관리과정에 소외계층이 참여함으로서 그들이 진정으로 동네 숲 사업에 의해 조성된 공원을 사랑하고 만족을 얻게 됨을 발견하게 되었다.

동네 숲을 손수 가꾸기 위해 참여했던 주민들이 서로 모여 공동체를 형성해 매일 모이고 즐거워하며 인생의 재미를 찾았다는 고백을 하고 있음을 볼 때 시민들의 복지를 위해서 조경이 큰 기여를 할 수 있다는 확신을 갖게 되었다. 고아원이나 양로원 같은 복지시설에서도 동네 숲 사업을 통해 그곳에 거주하는 청소년들과 노인어르신들이 나무를 심고 꽃을 가꾸며 채소도 재배하면서 즐거워하는 모습을 볼 때 우리가 우리사회의 소외된 계층에게 기쁨을 선물할 수 있다는 자신감을 갖게 되었다.

이제는 조경이 단순히 녹지공간을 만듦으로써 시민들의 휴식공간을 제공하고 환경오염을 정화하는 데 기여한다는 차원에 머물러서는 안 될 것이다. 이보다 더 나아가 조경이 소외계층을 행복하게 만드는 복지를 제공하고 무너져버린 동네 공동체를 다시 회복시키는 데 큰 기여를 해야 할 것이다.

우리사회가 요구하는 복지문제가 타 분야의 이야기가 아니라 우리 조경분야의 일이라는 점을 명심해야 할 것이다. 조경이 시민의 복지문제를 해결하는 데 큰 기여를 하고 있다는 사실이 시민에게 인식될 때 조경은 비로소 사회의 흐름에 발맞추어 각광을 받는 분야로 부각될 것이다. 그래야만 환경복지가 조경분야의 새로운 블루오션Blue Ocean으로 인식될 것이다.


## 결론

환경복지는 지속가능한 개발의 개념에서 비전을 받았으며, 과학적인 측정으로 파악할 수 있는 환경복지의 수혜 정도는 건강복지를 위해 행동으로 요구할 수 있는 지표가 되었다. 환경복지는 인간의 건강을 지속하기 위하여 생태계 건강을 유지하기 위한 모든 것으로 모든 사람이 깨끗한 환경을 누리면서 삶의 질을 보장 받는 것을 의미한다. 자연자원과 생태계 서비스는 건강과 삶의 질을 지탱하는 보편적 복지의 필수적인 요소이다. WHO에 의하면 질환으로 인한 건강손실의 24%, 전체 사망률의 23%가 환경적 요인에 의한 것으로 추정되고 있다.

환경복지의 불평등은 환경 질과 환경서비스의 지역 간 격차에서 나타난다. 농촌과 저소득층 주거지역은 가격이 비싼 등유를 난방에너지로 사용하는 비중이 높다. 도시 내에서도 구시가지가 신시가지에 비해 도시공원 면적이나 접근성이 부족해 불균형이 발생하고 있다.

환경지표는 물, 대기, 토양, 생물다양성 측정의 기본적 지표와 쓰레기 처리에 대한 인간의 행동, 오픈스페이스 등의 부수적 지표로 나뉜다. 지방자치단체는 커뮤니티 환경복지 지표를 측정할 의무가 있다.

커뮤니티 복지 속에서 주민은 깨끗한 환경을 누리면서 삶의 질을 보장받을 권리가 있다. 자연자원과 생태계 서비스는 건강과 삶의 질을 지속하는 보편적인 복지의 필수적인 요소이다. 커뮤니티 복지는 주민들의 역량강화 및 주거생활의 질을 향상시켜야 한다. 집에서 15분 내에 복지관, 도서관, 쌈지공원, 생활체육센터, 보건소 등 생활복지 서비스 시설에 접근할 수 있도록 커뮤니티 복지수준을 정해 추진한다면 주민생활만족도를 크게 향상시킬 수 있을 것이다.

### 참고문헌

1. 양홍모, 도시공원 일몰제 대처 방안, 전국 시·도 공원녹지 협의회 워크숍, 서울특별시, 2011.
2. 전국순회심포지엄, 국가공원 조성 및 녹색인프라 구축 전략 수립, 6개 권역, 2011.
3. 전국순회종합, 국가도시공원 조성 국회 심포지엄, 2011.
4. 김승환, 국가도시공원 도입을 위한 실천적 전략과 과제, 미래세대를 위한 도시공원 정책의 발전 방향, 국토해양부, 2011.
5. 홍개영, 환경복지정책에 있어서 환경복지정책 원리에 관한 연구, 2005.
6. 경기개발연구원, 미래의 복지는 환경복지, 2012.
7. Australia, Environmental Wellbeing Working Paper, 2004.
8. Sylvia Allan, The Place of Planning in Achieving Environmental Wellbeing – Focus on Growth, 2005.
9. North Show City, Environmental Wellbeing, 2008.
10. Guy Salmon, Environmental Wellbeing – Key Issues, 2005.
11. Thomas Dietz, "What is a Good Decision?", *Human Ecology Review* 10(1), 2003, pp.33–39.
12. State of City Report, Environmental Wellbeing, 2010.
13. O Heinz Welsch, "Environmental Welfare Analysis: A Life Satisfaction Approach", *Ecological Economics* 62, 2007, pp.544–551.

# 국가도시공원 체계의
# 구축 방안

## 장 병 관

## 국가도시공원의 개념

국가도시공원의 필요성은 다섯 가지로 요약할 수 있다. 첫째는 중앙정부의 공원 계획 및 조성의 의무 약화로 인한 필요성으로 지방자치단체가 도입되어 중앙에서 관리하던 공원 조성 업무가 지자체로 이관되었고, 이에 따라 도시공원 또는 녹지의 확보, 공원 조성 계획 입안의 의무 및 권한에서 중앙정부가 제외되어 그 역할이 거의 없다는 사실이다. 둘째, 공원 관련 업무를 집행하는 지방자치단체의 재정 악화가 심각하여 주민의 요구에 부응하는 공원을 조성할 수 없다. 현재 기초자치단체의 평균 재정자립도는 18%에 불과하므로, 공원 조성을 위한 계획, 토지매입 등의 어려움이 많다. 특히 넓은 토지, 높은 지가에 비해 지자체의 재정 여건이 취약하여 양질의 공원을 조성할 수 없는 형편이다. 국가 주도의 수준 높은 공원 조성 및 관리 모델이 절실히 요구된다. 셋째 저탄소 녹색성장과 지방 균형발전의 측면에서 지방에 국가도시공원을 조성하는 것이 필요하다. 지방의 거점적인 공원녹지가 조성되어 지역 활성화에 기여하기를 원한다. 넷째 광역권 대규모 공원조성에 대한 국민 요구가 증대되고 있다. 현대 도시민은 삶의 질 향상을 원하며, 여가의 확대 등으로 공원 이용을 원하는 국민 수가 매년 증가하고 있다. 또한 하루 종일 가족과 함께 즐길 수 있는 대규모이면서 친환경적인 공원 조성을 요구하고 있다. 다섯째 생태적으로 건강한 환경 만들기를 위한 기반으로서 국가도시공원의 필요성을 제시하고자 한다. 특히 도시 사회 문제에 대한 종합적 해법으로 건강한 생태거점 공원을 제안한다.

국가도시공원은 대규모 녹색인프라라는 글로벌 시대의 미래국토전략에 중요한 상징적 거점공간으로, 지역발전과 경제적 효과를 도모할 것으로 믿어 의심치 않는다(센트럴파크의 경우, 매년 5억 달러 이상 경제적 효과 추정). 이를 위해 부산지역을 중심으로 100만 평 문화공원 범시민협의회가 발족하여 활동 중이며, (사)한국조경학회는 국가도시공원을 만들기 위한 제도적 토대인 법률개정안을 국회에 제출하였다.


## 국가도시공원의 정의와 제안 이유

국가도시공원은 국가적 기념사업의 추진, 자연경관 및 역사 · 문화유산의 보전, 도시공원의 광역적 이용을 위하여 국가가 특별히 조성 필요하다고 판단하여, 국토교통부 장관이 국무회의의 심의를 거쳐 지정하는 공원으로 정의한다.

국가도시공원은 아직 우리에게 생소한 개념이지만, 국민의 삶의 질 향상, 지역 균형 발전, 저탄소 녹색 성장을 위해 국가가 지방에 만드는 대규모 도시공원이다. 또한 국가의 책임하에 공원 계획을 수립하고 부지 조성 및 시설 건설을 추진하며, 조성 이후에는 국가에서 관리하거나 지자체에 관리권을 위임하는 공원이다.

일반적으로 법률 개정 추진에는 새로운 법률에 대한 현실적 시의성과 법체계의 정합성 그리고 신개념 용어에 대한 검토가 이뤄져야 하고, 이에 대한 제안 이유를 구체적으로 명시하여야 한다. 국가도시공원 제안 이유는 크게 3가지로 요약할 수 있는데, 도시환경, 문화 그리고 삶의 질을 통한 복지이며 구체적인 이유는 다음과 같다.

첫째, 도시공원은 쾌적한 도시환경 조성, 시민의 건강과 여가 생활 향상, 역사 · 문화자원의 보전, 환경 생태 보전 및 종다양성 증진에 기여하는 동시에 기후변화에 따른 산사태 및 홍수 등의 재해와 대기 · 수질 오염과 같은 도시환경 문제 해결에 핵심적 기능을 수행하며, 저탄소 녹색성장의 중추적 역할을 하는 도시기반시설이다.

둘째, 공원 시설의 확충 및 질 높은 공원 서비스 제공 등 도시공원에 대한 시민

수요는 증가하고 있으나, 「지방자치법」 시행 이후 도시공원 조성이 지방자치단체의 고유 업무로 이관됨에 따라, 재정이 열악한 지방자치단체는 시민들 요구에 부응하는 도시공원을 충분히 공급하지 못하고 있다. 이에 따라 시민들은 삶의 질 향상 및 환경 복지 등의 기본적 권리를 누리지 못하고 있어, 국가가 조성·관리하는 국가도시공원의 도입이 필요하다.

셋째, 미래의 지속가능한 도시 성장을 위해서는 녹색인프라 구축이 필수적이며, 이를 구현하는 데 대규모 도시공원이 중추적인 역할을 할 것이다. 또 대규모 도시공원은 문화 및 환경 복지 혜택 제공, 기후변화에 따른 각종 재해 예방, 지역 경제 활성화를 위한 일자리 창출에 기여할 것이다.

지방자치단체가 고시한 전국의 도시공원 면적(2010년도 기준)은 1,102㎢이며, 이중 미집행 면적이 65%로 716㎢에 달한다. 도시계획시설의 실효 기산일에 관한 경과조치(국토의 계획 및 이용에 관한 법률)에 따라 장기미집행 도시계획시설인 이들 공원은 2020년 해제될 위기에 처해 있다. 미집행공원 면적 전부를 매입하기 위해서는 56조 원이 소요될 것으로 추정되며, 지방자치단체가 10년 이내에 매입하는 것은 재정 여건상 불가능한 상황이므로 국가가 해당 토지의 일부를 매입하여 국가도시공원으로 조성할 필요가 있다.

이미 조성된 도시공원, 장기미집행 도시공원, 그 밖의 새로운 대상지 등 국가의 필요로 지정할 수 있는 대규모 도시공원인 국가도시공원은 환경, 문화, 복지 등의 활성화에 기여할 것이며, 녹색 일자리 창출은 물론 대한민국의 위상을 높이는 데 기여할 것이다.

이에 따라, 국가도시공원 도입을 위한 「도시공원 및 녹지 등에 관한 법률」의 일부 개정을 통하여, 국가도시공원 조성에 필요한 재정 지원의 근거를 확립하고, 조성 계획의 입안 절차, 유지 및 관리 등에 관한 사항, 관련 기관의 근거 등을 명시함으로써 국가도시공원을 위한 법률적 근거를 마련하고자 한다.


## 국가도시공원 체계 구성

국가도시공원의 대상은 다음의 여건을 고려하고자 한다. 첫째 기존 도시공원 중 국가공원의 성격에 적합하다고 인정되는 공원, 둘째 지자체의 장기미집행 도시공원 중 시급하고 적합한 곳, 셋째 국가도시공원의 성격에 적합한 새로운 대상지, 넷째 한 가지 방식으로 확정하는 것이 아니라 세 가지 대상에 대해 모두 적용이 가능한 곳, 다섯째 단일 지자체 경계 내에 조성될 수도 있으며, 몇 개의 지자체가 공동으로 활용할 수 있는 지역공원Regional Park의 성격으로도 조성이 가능한 곳 등을 대상으로 한다.

국가도시공원의 규모는 전국 미집행 공원 현황을 감안하고 외국의 대규모 도시공원 사례 그리고 국가도시공원으로서 위상을 고려할 때, 평균 약 2,000,000㎡(약 60만 평) 이상으로 예상된다. 배치는 지역 균형 발전을 고려하여 전국 15개 시·도 각 1곳을 선정하고자 한다. 현재 지자체별로 제안하고 있는 후보지에 대한 자료는 〈표 1〉과 같다.

표 1. 지자체별 국가도시공원 추천 근린공원(100만㎡ 이상, 총 80개소)

| 주체 | 공원 이름 | 면적 | 관리 주체 | 공원 이름 | 면적 | 관리 주체 |
|---|---|---|---|---|---|---|
| 서울시 5개소 | 봉화산〈시공원〉 | 1,031,683 | 중랑구청 | 월드컵 (생활권-근린) | 1,547,220 | 서부푸른 도시사업소 |
| | 현충〈시공원〉 | 1,093,388 | 동작구청 | 서울대공원 (생활권-근린) | 6,670,000 | 서울대공원 |
| | 오동〈시공원〉 | 1,349,556 | 강북구청 | | | |
| 인천시 4개소 | 영종하늘도시 (506호) | 1,118,617 | 인천시 경제청 | 소래습지 생태공원 | 1,561,248 | 동부 공원사업소 |
| | 솔찬공원 (송도24호) | 1,309,408 | 인천시 경제청 | 달빛공원 (송도23호) | 2,927,607 | 인천시 경제청 |
| 대전시 4개소 | 사정 | 1,288,000 | 시청 푸른도시과 | 행평 | 1,881,800 | 시청 푸른도시과 |
| | 가양비래 | 1,400,824 | 시청 푸른도시과 | 월평 | 3,994,734 | 서구청 |
| 광주시 5개소 | 일곡 | 1,066,166 | 북구청 | 중외 | 2,439,131 | 북구청 |
| | 영산강 대상 | 1,155,389 | 서구, 북구, 광산구청 | (중앙) | 2,656,922 | 서구청 |
| | 우치 | 1,183,460 | 북구청 | | | |
| 대구시 3개소 | 대암공원 | 1,123,272 | 달성군 | 두류공원 | 1,653,965 | 달성군 |
| | 범어공원 | 1,132,458 | 달성군 | | | |
| 부산시 7개소 | 동백공원 | 1,496,781 | 해운대구청 | 중앙공원 | 5,018,297 | 중구청 |
| | 봉대산공원 | 2,984,094 | 기장군청 | 달음산공원 | 6,094,140 | 기장군청 |
| | 금강공원 | 3,089,682 | 동래구청 | 불광산공원 | 7,404,000 | 기장군청 |
| | 어린이대공원 | 5,000,067 | 부산진구청 | | | |

표 계속

| 주체 | 공원 이름 | 면적 | 관리 주체 | 공원 이름 | 면적 | 관리 주체 |
|---|---|---|---|---|---|---|
| 울산시 6개소 | 함월공원 | 1,013,009 | 중구 | 우가산공원 | 1,706,280 | 북구 |
| | 봉화공원 | 1,040,165 | 울주군 | 화장산공원 | 1,951,600 | 울주군 |
| | 두현공원 | 1,115,800 | 울주군 | 울산대공원 | 3,694,058 | 시설관리 공단 |
| 경기도 8개소 | 대원 | 1,131,714 | 성남시청 | 설봉공원 | 1,644,940 | 이천시 |
| | 판교제4호(판교) | 1,204,532 | 성남시청 | 원미공원 | 1,756,525 | 부천시 |
| | 2호 추동 | 1,238,018 | 의정부 | | 4,546,115 | 수원시청 |
| | 갯골생태근린공원 | 1,506,500 | 시흥시 | 서울대공원 | 6,670,000 | 서울시 |
| 충남 1개소 | 남산근린공원 | 2,369,190 | 아산시청 공원녹지과 | | | |
| 충북 2개소 | 기업제1호 | 1,009,386 | 충주시청 | 구룡공원 | 1,299,180 | 청주시청 |
| 전남 6개소 | 갓바위공원 | 1,233,141 | 목포시 | 근린공원1 | 1,806,000 | 광양시 |
| | 유달공원 | 1,233,791 | 목포시 | 근린공원3 | 3,088,404 | 광양시 |
| | 보은산 | 1,769,560 | 강진군 | 금성공원 | 5,117,150 | 나주시 |
| 전북 3개소 | 충무공원 | 1,368,740 | 정읍시 | 덕진공원2 | 3,572,667 | 전주시 |
| | 군봉공원 | 1,837,580 | 군산시 | | | |
| 경남 21개소 | 망일공원 | 1,000,799 | 통영시 | 창원-근린공원-6(사화) | 1,435,192 | 창원시 |
| | 망경공원 | 1,063,100 | 진주시 | 작약공원 | 1,629,700 | 창녕군 |
| | 북정9공원 | 1,086,194 | 양산시 | 수석공원 | 1,646,000 | 사천시 |
| | 남산공원 | 1,110,460 | 의령군 | 아양공원 | 1,742,596 | 거제시 |
| | 창원-근린공원-8(대상) | 1,115,551 | 창원시 | 대청공원 | 1,849,840 | 김해시 |
| | 창원-근린공원-7(팔룡) | 1,125,298 | 창원시 | 팔용공원 | 2,029,481 | 마산시 |
| | 창원-근린공원-2(남지) | 1,134,813 | 창원시 | 비봉공원 | 2,084,000 | 진주시 |
| | 선학공원 | 1,140,000 | 진주시 | 분산성공원 | 2,370,400 | 김해시 |

녹색인프라의 이해와 구축 방안

| 주체 | 공원 이름 | 면적 | 관리 주체 | 공원 이름 | 면적 | 관리 주체 |
|---|---|---|---|---|---|---|
| 경남<br>21개소 | 두모공원 | 1,152,572 | 거제시 | 삼계공원 | 2,772,432 | 김해시 |
| | 상곡공원 | 1,192,100 | 마산시 | 지세포공원 | 2,978,660 | 거제시 |
| | 인평공원 | 1,323,146 | 통영시 | | | |
| 경북<br>3개소 | 인동1공원 | 1,766,448 | 구미시 | 천생산공원 | 5,745,000 | 구미시 |
| | 오태공원 | 1,802,817 | 구미시 | | | |
| 제주<br>2개소 | 사라봉공원 | 1,006,520 | 제주시청 | 남조봉공원 | 1,675,230 | 제주시청 |

# 국가도시공원 도입 방안

## (1) 도시공원 및 녹지 등에 관한 법률 개정

국가도시공원의 계획, 조성 그리고 관리 주체는 국가이므로 모든 이행 과정에는 국토교통부 관할임을 주요 내용으로, 기존 지방자치단체가 관할하고 있는 생활권 공원이나 주제 공원과는 분리하여 운영함을 명시하고, 이것에 대해 「도시공원 및 녹지 등에 관한 법률」을 개정 · 보완하였다. 개정된 내용 중 주요 내용은 다음과 같다.

국가도시공원은 국가적 기념사업의 추진, 자연경관 및 역사 · 문화유산 등의 보전, 도시공원의 광역적 이용 등을 위하여, 국가가 특별히 조성 필요하다고 판단하여 국토교통부 장관이 국무회의의 심의를 거쳐 지정하는 공원으로서, 지자체가 조성 · 관리하는 기존의 도시공원인 생활권 공원과 주제 공원에 더하여 국가도시공원을 추가하고 이의 조성 주체를 규정한다.

국가도시공원 조성 계획은 국토교통부 장관이 입안하고, 결정은 중앙도시계획위원회의 심의를 거쳐 추진하도록 규정한다. 국가도시공원의 설치 및 유지 · 관리에 드는 비용은 국가가 부담하는 것을 원칙으로 하되, 필요하면 해당 특별시 · 광역시 · 특별자치도 · 시 · 군의 장과 협의하여 그 일부를 부담하게 할 수 있다. 다만, 국가도시공원에서 징수하는 입장료, 사용료 및 점용료의 액수와 그 징수 방법에 관하여 필요한 사항은 자치단체의 조례가 아닌, 국토교통부령으로

정한다. 아울러 국가도시공원을 종합적이고 효율적으로 유지·관리할 수 있도록 국가도시공원관리재단의 설립 근거와 역할, 재정 지원 및 규정에 대하여 명시한다.

## (2) 국토의 계획 및 이용에 관한 법률 일부 개정

앞에서 언급한 바와 같이 국가도시공원 신설에 따른 여러 다른 법안을 검토한 바, 다음과 같이 국토의 계획 및 이용에 관한 법률 일부를 개정하여야 법의 상충을 피할 수 있다. 국가도시공원은 이미 조성된 도시공원, 장기미집행 도시공원, 기타 새로운 대상지 등 국가의 필요에 의해 조성되는 대규모 도시공원으로서, 기존의 「도시공원 및 녹지 등에 관한 법률」의 부분적인 개정과 함께 관련 법률인 「국토의 계획 및 이용에 관한 법률」의 2개 조항에 대한 개정이 필요하다. 주요 내용은 다음과 같다.

도시 관리 계획의 입안권자로서 국토교통부 장관이 시·도지사 및 시장·군수의 의견을 청취하여야 하는 사업 중 국가도시공원 조성 사업을 추가한다. 국토교통부 장관이 국가도시공원 조성을 위한 도시 관리 계획을 결정하여야 하는 경우, 국무회의의 심의를 거쳐야 한다.

## 국내외 사례

### (1) 일본의 국영공원

일본의 도시공원법 제2조 제1항 제2호는 일본의 국영공원의 정의와 종류를 제시하고 있으며, 다음과 같은 국가가 설치하는 공원 또는 녹지를 말한다.

첫째 하나의 도도부현都道府県 구역을 넘어서는 광역적 견지에서 설치하는 도시 계획 시설인 공원 또는 녹지(나(ㅁ)에 해당하는 것 제외), 둘째 국가적인 기념사업 또는 일본 고유의 탁월한 문화적 자산 보존 및 활용을 꾀하기 위하여, 내각의 결정을 얻어 인정하는 도시 계획 시설인 공원 또는 녹지로 규정하고 있으며, 이 요건을 충족하고 있는 도시공원을 국영공원이라 칭한다. 셋째 국영공원의 기술적 기준은 일본 도시공원법 시행령 제3조에서 「재해 시 광역적인 재해 구원 활동의 거점이 되는 것으로 국가가 설치하는 도시공원」 및 「국가가 설치하는 그 밖의 도시공원」으로 나눠서 정하고 있으며, 광역 방재 거점으로서 정비되는 국영공원에는

표 2. 일본의 국영공원 현황(2010년 7월 1일 기준, 총 17개 국영공원, 가(イ)형 공원 12개, 나(ロ)형 공원 5개)

| No. | 종별 | 도도부현(都道府県) | 명칭 | 개원시기 |
|---|---|---|---|---|
| 1 | 나(ロ) | 사이타마현(埼玉県) | 국영 무사시구릉 산림공원<br>国営武蔵丘陵森林公園 | 1974년 07월 |
| 2 | 나(ロ) | 나라현(奈良県) | 국영 아스카 역사공원<br>国営飛鳥歴史公園 | 1974년 07월 |
| 3 | 나(ロ) | 오키나와현(沖縄県) | 국영 오키나와 기념공원<br>国営沖縄記念公園 | 1976년 08월 |
| 4 | 가(イ) | 교토부 · 오사카부<br>(京都府 · 大阪府) | 요도카와 하천공원<br>淀川河川公園 | 1977년 03월 |
| 5 | 가(イ) | 후쿠오카현(福岡県) | 국영 바다 속도 해변공원<br>国営海の中道海浜公園 | 1981년 10월 |
| 6 | 가(イ) | 홋카이도(北海道) | 국영 다키노 스즈란 구릉공원<br>国営滝野すずらん丘陵公園 | 1983년 07월 |
| 7 | 나(ロ) | 도쿄도(東京都) | 국영 쇼와 기념공원<br>国営昭和記念公園 | 1983년 10월 |
| 8 | 가(イ) | 기후현 · 아이치현 · 미에현<br>(岐阜県 · 愛知県 · 三重県) | 국영 키소산센 하천공원<br>国営木曽三川公園 | 1987년 10월 |
| 9 | 가(イ) | 미야기현(宮城県) | 국영 미치노쿠 호반공원<br>国営みちのく杜の湖畔公園 | 1989년 08월 |
| 10 | 가(イ) | 이바라키현(茨城県) | 국영 히타치 해변공원<br>国営ひたち海浜公園 | 1991년 10월 |
| 11 | 가(イ) | 히로시마현(広島県) | 국영 비호쿠 구릉공원<br>国営備北丘陵公園 | 1995년 04월 |
| 12 | 가(イ) | 카가와현(香川県) | 국영 사누키 만노공원<br>国営讃岐まんのう公園 | 1998년 04월 |
| 13 | 가(イ) | 니가타현(新潟県) | 국영 에치고 구릉공원<br>国営越後丘陵公園 | 1998년 07월 |
| 14 | 나(ロ) | 사가현(佐賀県) | 국영 요시노가리 역사공원<br>国営吉野ヶ里歴史公園 | 2001년 04월 |
| 15 | 가(イ) | 효고현(兵庫県) | 국영 아카시 해협공원<br>国営明石海峡公園 | 2002년 03월 |
| 16 | 가(イ) | 나가노현(長野県) | 국영 알프스 아즈미노 공원<br>国営アルプスあづみの公園 | 2004년 07월 |
| 17 | 가(イ) | 도쿄도(東京都) | 국영 도쿄 임해 광역 방재공원<br>国営東京臨海広域防災公園 | 2010년 07월 |

\* 가(イ)형 : 일본의 도시공원법 제2조 제1항 제2호 가(イ)에 의거한 것
\* 나(ロ)형 : 일본의 도시공원법 제2조 제1항 제2호 나(ロ)에 의거한 것

전자의 기준이 적용된다.

일본에서 일반적으로 '공원'으로 일컬어지는 것은 도시공원으로 대표되는 영조
물(국가나 공공단체가 공공의 이익을 위하여 만든 시설)공원과 국립공원 등 자연공원으로 대표되

국営滝野すずらん丘陵公園
(昭和58年7月)

国営みちのく杜の湖畔公園
(平成元年8月)

国営越後丘陵公園
(平成10年7月)

国営アルプスあづみの公園
(平成16年7月)

国営ひたち海浜公園
(平成3年10月)

淀川河川公園
(昭和52年3月)

国営明石海峡公園
(平成14年3月)

国営武蔵丘陵森林公園
(昭和49年7月)

全国の
国営公園
位置図

国営備北丘陵公園
(平成7年4月)

国営東京臨海広域防災公園
(平成22年7月)

国営海の中道海浜公園
(昭和56年10月)

国営昭和記念公園
(昭和58年10月)

国営木曽三川公園
(昭和62年10月)

国営飛鳥・平城宮跡歴史公園
(飛鳥区域:昭和49年7月)
(平城宮跡区域:未供用)

国営讃岐まんのう公園
(平成10年4月)

国営吉野ヶ里歴史公園
(平成13年4月)

国営沖縄記念公園
(海洋博覧会地区:昭和51年8月)
(首里城地区:平成4年11月)

※公園の下の( )内は開園年月です。
(平成22年7月現在)

그림 1. 일본의 국영공원 현황

는 지역제공원으로 나뉜다. 국영공원은 도시공원법에 따라 국토교통성이 담당하는 영조물공원으로서, 국토교통대신이 설치하고 국가가 유지·관리하는 도시공원이다. 국립공원은 자연공원법에 따라 환경성 소관 자연공원으로 다음과 같

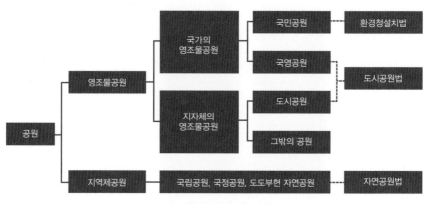

그림 2. 일본 국영공원의 위상

은 역할을 한다.

첫째 생활의 풍요로움을 창출하기 위해 매력 있는 공간을 조성함으로써 광역 레크리에이션 거점지역으로 다양한 요구 수용에 적극적으로 대처 가능한 공원으로 역할을 한다. 둘째 환경 보전 및 창출을 위해 도시권의 '자연의 핵'을 지키고 소중히 키워나가는 생태 공간으로서, 대규모 녹지의 보전, 시민참여에 의한 환경 조성, 종합적인 환경 보전, 다양한 생물의 생육·생식환경 창출 그리고 환경 학습의 거점 공간으로 역할을 한다. 셋째 일본의 역사적 풍토나 문화재를 보존·활용하여, 미래에 계승하는 역사·문화공간으로서 역사적 문화재의 보존과 복원, 역사적 토의 보존, 지역문화의 계승, 전통적 정원 기술의 계승에 기여한다. 넷째 활기 넘치는 지역 만들기와 새로운 발전의 거점 공간을 조성함으로

표 3. 일본의 국가가 설치하는 도시공원(일본 「도시공원법」 시행령 제3조)

| 구분 | 방재중심 국가도시공원 | 일반 국가도시공원 |
|---|---|---|
| 기준 | 재해 시에 광역적인 재난 구호 활동의 거점이 되는 것으로서 국가가 설치하는 도시공원 | 국가가 설치하는 다른 도시공원 |
| 배치 | 대규모 재해로 인해 국민 경제에 심각한 피해를 일으킬 우려가 있는 구역으로 국토교통성령이 정하는 도도부현의 구역마다 한 곳에 배치할 것 | 일반 교통 기관의 도달 거리가 200㎞를 넘지 않는 토지의 구역을 유치권으로 하고, 또한, 주변의 인구, 교통 조건 등을 감안하여 배치할 것 |
| 규모 | 재해 시에 물자의 조달, 배분 및 수송 등 기타 광역적인 재해 구원 활동을 행하는데 필요한 규모 이상으로 할 것 | 대체적으로 300㏊ 이상으로 할 것 |
| 위치 및 구역의 선정 | 재해 시에 물자의 조달, 배분 및 수송 등 기타 광역적인 재해 구호 활동의 거점으로서 기능을 발휘하는 데 적절한 토지의 구역으로 할 것 | 될수록 양호한 자연적 조건을 지닌 토지 또는 역사적 의의를 지니는 토지를 포함한 토지의 구역으로 할 것 |
| 공원 시설의 정비 | 광역적 재해 구호 활동의 거점으로서 기능을 적절히 발휘하기 위해 광장, 비축창고, 기타 필요한 공원 시설을 대규모 지진에 대한 내진성을 갖도록 정비할 것 | 양호한 자연 조건 또는 역사적 의의를 지닌 토지가 유용하게 이용되도록 배려하여 해당 도시공원의 유치구역 내에 있는 다른 도시공원의 공원 시설 정비 상황을 감안하여 다양한 레크리에이션 수요에 부응할 수 있도록 공원 시설을 정비할 것 |

써 지역 활성화의 거점, 방재거점 그리고 지역 정비 계획과의 연계를 도모하는 데 기여한다. 다섯째 선도적인 기술 개발을 위해 시대의 요청에 따라 새로운 시도를 하는 공간으로서, 녹지의 보전·복원·육성기술, 누구나 이용하기 쉬운 공원 조성 그리고 자원의 재이용 등을 실천하는 공원이다.

이호 국영공원의 전체 조성비 중 국비가 2/3이며, 유지관리의 경우 여건에 따라 55%에서 전액까지 지원받고, 로호 국영공원은 조성비와 관리비 전액을 국가가 부담한다. 국영공원의 경우, 규모가 크고 높은 수준의 공원으로 유지하여야 하므로 대부분 유료이며 별도의 재단을 설립하여 운영하고 있다.

재단은 일본 전 국토에 고르게 분포되어 있으며(17개소, 2,816ha) 공원녹지 관리매뉴얼 등의 기술서적 출판과 기술연구회를 통해 기술을 전파한다. 이호 국영공원은 지방의 공원녹지 거점 시설로서 기능하고 지역 활성화에 크게 기여하며, 국비지원뿐만 아니라 지역 균형 발전의 조정자 역할을 한다. 국영공원은 지자체가 조성하는 도시공원과 기본적인 성격이 크게 다르지는 않지만, 국가가 운영하는 국가급의 규모나 관리 수준을 갖춘 공원으로서 도시공원법안에서 체계화했다. 다수의 지자체가 지역 내에 국영공원을 조성하기를 희망하며, 형평성을 갖춘 배분을 중요하게 생각한다.

일본의 대규모 공원인 국영공원은 300ha를 기준으로 보고 있으며, 약 30여 년 간에 걸쳐 17개소가 조성되었고 광역권도시의 중심으로서의 역할을 하고 있다.

### (2) 유럽의 국가도시공원National Urban Park, NUP

스웨덴의 국가도시공원은 1991~1994년 사이 NGO, 시민, 전문가(조경, 건축 연합)들이 의회를 설득시키고 언론의 관심을 유도하여 1994년 12월 국가도시공원에 관한 관련법을 의회에서 통과시켰다.

핀란드는 스웨덴의 NUP 영향을 받아 국가도시공원에 대한 관련법을 2000년 의회에서 통과시켰고 2001년 첫 번째 국가도시공원이 출현했다The First NUP in Hameenlinna / Tavastehus.

### (3) 용산공원

2016년경 반환 예정인 용산 미군 기지를 특별법에 의해 최초로 국가공원으로 조성하고, 주변 지역 등을 계획·체계적으로 정비하기 위해 용산공원 정비 구역이 지정·고시되었다. 용산공원 특별법은 용산공원 추진단에 의해 공사를 추진하고 조성비 전액을 국가 부담하며, 관리를 위해 용산공원관리센터(국비 부담)를 설립하여 운영하도록 한다.

면적은 2.4㎢로 여의도 크기(2.9㎢, 윤중로 제방 안쪽 신시가지 면적 기준)와 비슷하다. 동 지구는 120여 년간 외국 군대의 주둔지라는 용산 기지의 역사적 상징성을 고려하여 민족성·역사성·문화성을 가진 국민의 여가·휴식과 자연생태 공간으로 조성하게 된다.

용산공원 정비 구역의 주요 조성 지구는 세 구역으로 이루어져 있는데, 지구별 주요 내용은 다음과 같다. 첫째 용산공원 조성 지구(약 243만㎡, 73.5만 평)는 역사적 상징성을 고려하여 국가공원으로 조성하고, 둘째 복합 시설 조성 지구(약 18만㎡, 5.4만 평)는 토지의 효율적 활용을 위하여 복합 시설 조성 지구로 지정하며, 셋째 공원 주변 지역(약 895만㎡, 271만 평)은 조성 지구에 접한 지역으로 난개발 방지를 위해 지정한다.


## 결론

기존의 도시공원은 도시관리계획 수립 절차에 따라 결정된 지방자치단체에서 설치하는 도시공원만을 대상으로 한다. 또, 국가도시공원은 국가적 기념사업 또는

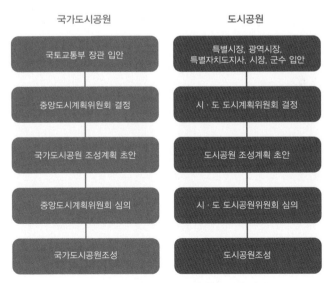

그림 3. 국가도시공원 및 도시공원의 결정 과정

뛰어난 자연경관 및 문화유산 등을 보전하고, 도시공원의 광역적 이용 수요에 대응하기 위하여 국가가 국회의 결정을 통하여 도시계획으로 결정된 공원으로 정의한다(「도시공원 및 녹지 등에 관한 법률」 제2조 3호 다 목). 즉 기존의 도시공원과는 달리 「국토의 계획 및 이용에 관한 법률」에 의한 도시관리계획 결정 과정(시·도 도시계획위원회의 도시계획시설 결정)을 생략하도록 한다.

국가도시공원은 국가가 직접 설치·관리하고, 공원 조성 계획을 입안할 수 있도록 한다. 또한, 국토교통부 장관이 입안하는 국가도시공원의 경우는 현재 중앙도시공원위원회가 구성되어 있지 않으므로 중앙도시계획위원회의 심의를 받도록 한다.

국가가 설치하는 도시공원의 설치·관리 기준은 대통령령으로 정하여, 기존의 특별시장·광역시장·시장·군수가 설치하는 도시공원과 구별하여 마련하여야 한다. 또한 기존의 도시공원은 공원 유형별로 면적과 배치 기준을 가지고 있다. 국가도시공원의 면적 및 배치 기준에 대하여 별도의 설치 기준을 가져야하며, 구체적인 기준은 시행령에서 하도록 한다.

국가도시공원으로 조성되는 공원의 통일적 기준을 정하는 것이 현실적으로 불가능하므로, 국회의 결의 없이 설치하는 국가도시공원은 배치, 규모, 구역 설정 기준, 설치 가능한 공원 시설 등에 관한 상세한 기준을 적용할 필요가 있다.

우리나라는 지방 재정이 열악하므로 국가도시공원의 설치 및 유지·관리에 소요되는 비용은 국가가 부담하는 것을 원칙으로 하되, 필요시 해당 특별시·광역시·특별자치도·시 또는 군의 장과 협의하여 그 일부를 부담하게 할 수 있다. 다만 국가도시공원은 지방자치단체가 조성하는 도시공원에 비해 운영·관리에 많은 비용이 투입될 것으로 예상되므로 이용자·수익자부담의 원칙에 의해 입장료 등을 징수할 수 있도록 한다.

국가도시공원 관리에 대한 방안은 두 가지 안을 놓고 검토 중이다.

첫 번째 안은 국가도시공원 관리의 위임은 지방국토관리청에 관리 위임하여 국가도시공원의 조성 사업 및 관리는 도로처럼 산하 기관 지방국토관리청(5개소)에서 하도록 하는 것이다. 두 번째 안은 법인 설립을 통한 업무 위탁으로 국가가 국가도시공원을 조성 및 관리를 실시할 경우 국가도시공원의 설립 취지에 맞는 효율적·체계적인 관리를 위하여 전담하는 조직으로서 법인을 설립하는 방안이다.

효율적인 유지관리를 위하여 국토교통부 장관은 국가도시공원을 점용하는 자에 대하여 점용료를 부과·징수할 수 있도록 한다.

## 참고문헌

1. 양홍모, 도시공원 일몰제 대처 방안, 전국 시·도 공원녹지 협의회 워크숍, 서울특별시, 2011.
2. 전국순회심포지엄, 국가공원 조성 및 녹색인프라 구축 전략 수립, 6개 권역, 2011.
3. 전국순회종합, 국가도시공원 조성 국회 심포지엄, 2011.
4. 김승환, 국가도시공원 도입을 위한 실천적 전략과 과제, 미래세대를 위한 도시공원 정책의 발전 방향, 국토해양부, 2011.
5. 홍개영, 환경복지정책에 있어서 환경복지정책 원리에 관한 연구, 2005.
6. 경기개발연구원, 미래의 복지는 환경복지, 2012.
7. Australia, Environmental Wellbeing Working Paper, 2004.
8. Sylvia Allan, The Place of Planning in Achieving Environmental Wellbeing — Focus on Growth, 2005.
9. North Show City, Environmental Wellbeing, 2008.
10. Guy Salmon, Environmental Wellbeing — Key Issues, 2005.
11. Thomas Dietz, "What is a Good Decision?", *Human Ecology Review* 10(1), 2003, pp.33–39.
12. State of City Report, Environmental Wellbeing, 2010.
13. O Heinz Welsch, "Environmental Welfare Analysis: A Life Satisfaction Approach", *Ecological Economics* 62, 2007, pp.544–551.

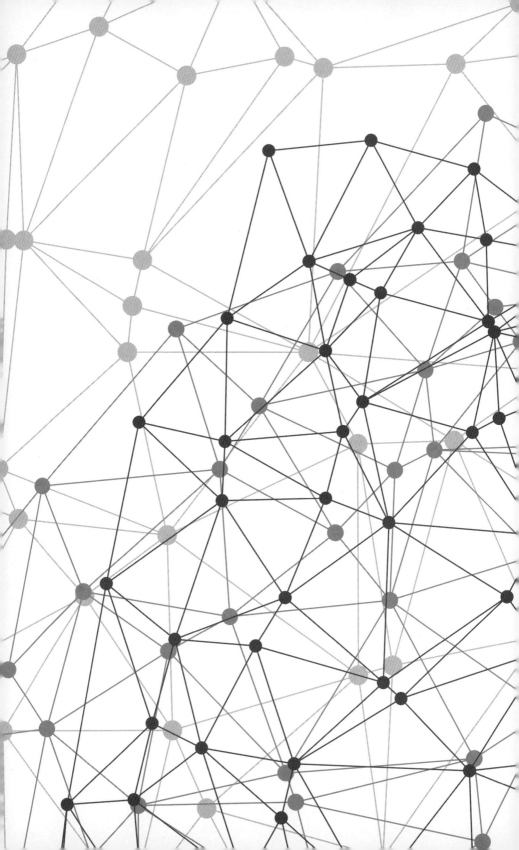

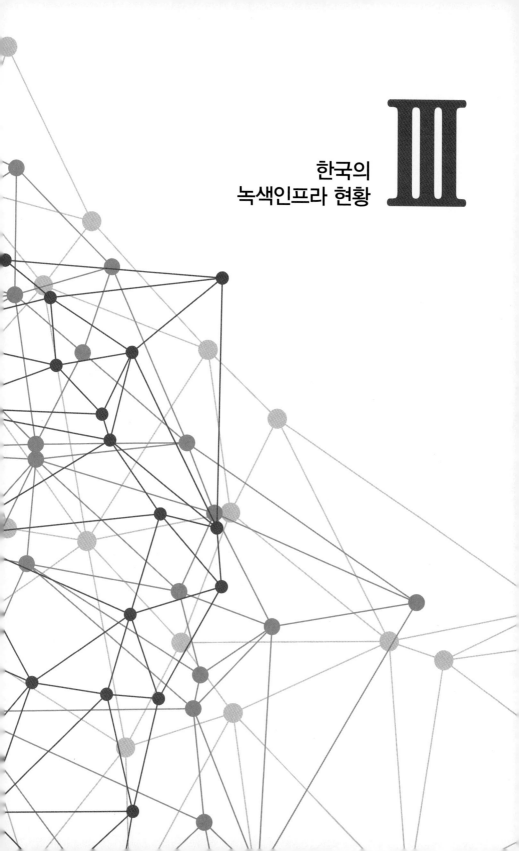

III

한국의
녹색인프라 현황

# 녹색인프라로서의 공원 현황과 개선 방안

박 재 철

## 왜 도시공원이 중요한가?[1]

- 공원과 오픈스페이스를 상호 연결된 시스템으로 만드는 것이 고립해서 만드는 것보다 확실히 이득이 많다.
- 도시는 공원을 본질적인 생태적 기능을 보존하고 생물다양성을 보호하기 위하여 활용할 수 있다.
- 공원이 녹색인프라의 시스템의 일부로 연계될 때 도시 형태를 유도하고 양립할 수 없는 용도 공간에 완충 역할을 할 수 있다.
- 도시는 공원을 빗물관리, 홍수 통제, 교통, 인조 인프라의 다른 형태들을 위한 공적 비용을 줄이는데 사용할 수 있다.

http://www.planning.org/cityparks/briefingpapers/pdf/greeninfrastructure.pdf

### 1) 도시공원의 경제적인 가치

미국의 도시 중 대도시 85개 시(인구 약 5천7백2십만 명)는 도시공원으로부터 30억 8천

---

| 1. http://www.cityparksalliance.org/why-urban-parks-matter

달러에 해당하는 건강 증진 혜택을 받고 있다. 나무와 식생은 빗물 처리와 대기 오염 처리를 위한 자연적인 해결책으로서 처리 비용을 줄여주고 있다. 주요 도시 중 하나인 필라델피아는 2008년 우수 도시공원을 위한 공적 토지 트러스트에 의해 만들어진 보고서에서 빗물관리와 대기 오염 저감에 의해서 매년 1,600만 달러의 공적 비용 절감을 경험하였다고 밝혔다.

필라델피아에서 공원은 매년 1억 1,500만 달러의 관광 소비를 창출하고, 2,300만 달러의 추가 세수입을 가져오며, 상업지와 주거지의 재산 가치의 향상을 통해 6억 8,900만 달러의 사적인 재산 가치 증대를 가져온다고 2008년 만들어진 보고서『필라델피아 시는 공원과 레크리에이션 체계로부터 얼마나 많은 가치를 얻는가』에서 '공원 체계에 대한 공적인 투자는 이러한 모든 이익과 투자 회수가 높기 때문에 필요하다'고 밝히고 있다.

## 2) 환경적 가치

### (1) 건강한 서식처

미국 인구의 80%가 대부분 도시에 살고 있다. 여러 가지 규모의 도시공원은 건강한 환경을 보전하고 지탱하는 데 중요한 역할을 한다. 자연보호지, 생태적인 보전지, 습지, 그 외의 녹지 공간을 포함하는 공원과 오픈스페이스의 네트워크는 밀도가 높은 인조 장소에 인간과 야생동물, 식물을 위한 건강한 서식지를 제공하는데 매우 중요하며, 자연경관은 성장하는 도시 중간에 지역적인 생태계를 보전하는 데 효과적이다.

### (2) 탄소 줄이기

공원은 지구 온난화를 늦추는 가장 좋은 방책으로, 인간적이고 에너지 효율적인 도시를 창조한다. 선적인 공원과 오픈스페이스는 압축적인 삶을 이끌고 가능하게 한다. 개별공원을 연결하는 트레일 네트워크는 자전거와 보행을 더 용이하게 해준다. 오래된 오솔길은 녹도로 변환할 수 있고, 옥상에 식재된 정원은 제한된 공간을 최대로 이용하게 해주고 온실가스를 줄여준다. 나무는 대기 중의 온실가스양을 줄여서 지구온난화에 도움을 준다. 공원과 녹색인프라는 기후 변화를 일으키는 이산화탄소와 오염물질을 흡수해서 도시가 뜨거워지는 현상을 줄여주고 더 시원하게 만들어 준다.

## (3) 측정 가능한 이익

공원의 가치는 공기와 물의 정화와 인프라 유지 비용의 저감을 통해 계산된다. 교목과 관목 식생은 호흡기 질환을 일으키고 건물을 부식시키며 해를 주는 대기의 가스와 오존, 오염물질을 정화한다. 공원 나무의 수관, 정원 식생, 초지와 녹지는 도로나 잔디로부터 흘러들어오는 빗물을 인근 수로로 여과하고 붙잡으며, 기름과 소금, 오염물질의 양을 줄인다. 또한 공원은 폭풍과 해일로부터 생명의 손실을 줄여주고 취약한 해안과 홍수 지대를 보전해 준다.

물의 이동과 저장을 고려한 도시 녹지 공간은 홍수피해와 환경오염을 저감할 수 있다. 이렇게 확산되고 있는 녹색인프라는 콘크리트파이프와 저장 탱크의 건설을 최소화함으로써 도시 빗물 관리 비용을 줄일 수 있다.

## (4) 지역사회 가치

### • 자부심의 고양

잘 관리된 공원은 지역사회의 참여와 시민의 자긍심을 높여준다. 근린공원은 주변 환경의 향상을 원하는 모든 사람을 이끌어주고 연결해준다. 방치된 공적 공간은 주민, 시민단체와 리더들이 함께하여 커뮤니티 가든으로 탈바꿈시키든, 미래공원을 위한 계획을 하든 아름답게 만들면 지역사회의 중요한 자산이 될 수 있다.

공원은 자기 지역사회에 대한 소속감을 느끼는 기회 제공과 삶의 질 향상, 도시 확산의 통제, 지역사회 구성원들이 자주 모이는 장소가 되어 구성원 간 연결의 강화와 범죄가 줄어드는 안전한 지역사회를 만들어 준다.

### • 도시 재생

슬럼화된 지역의 녹색 재활성화는 전체 지역사회의 변화의 횃불이 될 수 있다. 도심 지역이나 재개발 지역에서 새로운 혹은 다시 만드는 신호로서의 공원은 사회적 건강을 증진시키고 일자리를 창출하여 경제적인 성장을 일으킬 수 있다.

뉴멕시코 산타페이의 레일야드 공원(12에이커)은 도시의 버려진 공간을 재활성화하고, 경제적인 발전에 불을 붙이고, 주요한 교통 중심을 활성화하고, 삶의 질 향상을 위한 자연적인 어메니티를 제공한다[2].

---

2. The Role of Great City Parks in Great Outdoors America, The Trust for Public Land and City Parks Alliance

녹색인프라의 이해와 구축 방안

도시공원이 재개발 수단으로 사용되는 지역은 빈 땅의 비율이 40% 정도로 급격히 줄어든다. 새로운, 그리고 재활성화된 공원은 그 규모와 관계없이 인력 개발을 자극해 건설과 유지관리 일자리를 창출한다. 또한 환경과 지역사회에 해를 주지 않는 스마트 성장의 강조와 함께 숲과 유역의 복원에 대한 녹색 경로의 문을 지속적으로 열게 해준다.

## (5) 교육적인 가치

### • 환경 교육

공원은 아이들에게 미래 성공과 건강한 성장에 바탕이 되는 중요한 학습 기회를 제공해 준다. 오늘의 청소년 대부분은 부모 세대보다 자연과 연결이 덜되어 있다. 야외에서 노는 시간과 주변 자연을 탐구하는 시간이 디지털 매체와 더 많은 상호작용으로 대체되었기 때문이다. 많은 지역사회에서 아이들이 깨끗하고 안전한 자연에 접근하는 것이 어렵다. 아이들의 창의성 발달과 배움의 장으로써 공원은 매우 중요하다.

학생들에게 전통적인 교실은 학습을 위한 효과적인 환경이 아니다. 공원은 아이들이 친구들과 상호소통하고 협동하는 방법과 학구적이고 전문적인 성취를 위한 중요한 생활 방법을 가르침으로써 교실의 경험을 제공한다. 야외 활동은 수학과 과학에서 분석적인 사고와 더 나은 문제 해결책을 찾는 능력을 높여준다. 이러한 기회는 주의 결핍 장애와 학습 장애를 가진 아이들의 교육적인 발전에는 특별히 유익하다.

### • 보호와 보전

공원과 연계된 프로그램을 통해서 부모와 아이들은 지역사회 개발과 시민의식, 민주적인 과정에 활발한 참여자가 된다. 그들은 공원의 가치를 알게 됨으로써 리더십 기술을 갖게 되고 시민 생활에 주도적으로 참여해 다른 문화에 대한 더 높은 이해와 지식을 얻을 수 있게 된다. 이러한 지역 녹지는 그들이 생애를 통한 환경 돌보미가 되게 한다.

공원은 역사적이고 문화적인 중요한 장소이자 생태계를 보호하고 보전한다. 공원은 문화와 역사가 비축된 곳으로 공원을 제대로 관리하지 않으면 역사와 문화의 소중한 조각은 상실되고 잊히게 된다. 공원은 우리 공동의 유산을 위한 박물관이다.

### (6) 공공 보건 가치

- 건강한 공원은 건강한 사람들을 만든다

마음이 건강한 삶을 유지하기 원한다면 첫번째로 고려해야 할 것이 동네 공원에서 자연과 이야기하는 것이다. 공원 가까이 사는 사람들은 뛰고, 걷고 혹은 산책을 하는 등 마음이 행복해지는 다양한 활동에 참여할 기회를 더 많이 얻게 된다. 공원은 청소년들의 육체적이고 정신적인 복지를 향상하기도 한다. 전 세계적으로 문제가 되고 있는 소아비만과 함께 아이들은 성인병과 같은 의학적인 문제에 직면하고 있다. 역동적인 활동을 할 수 있는 공원의 오픈스페이스는 이러한 문제를 해결하는 데 중요한 역할을 한다.

공원과 같은 오픈스페이스에서의 활동은 스트레스를 줄이고 육체적·정신적 건강을 증진하고 과민행동을 줄이고 즐거움을 주며 더 강한 면역체계를 만드는 데 도움을 준다. 또한 환경에 관심을 가진 시민이나 단체를 통해 도시공원 체계를 활성화하고 향상할 수 있다.

- 더 쉬운 호흡

도시공원은 우리가 숨 쉬는 공기를 정화해 준다. 도시에 만연해 있는 나뭇잎과 식물은 건강에 해로운 일산화탄소와 오존 같은 독성물질을 제거해 공기 질을 향상시켜준다. 이러한 유형의 오염물질은 어린이나 어른들의 호흡기질환과 천식으로 고통받고 있는 사람들과 연관되어 있다.

다양한 집단의 이익을 충족하기 위한 공원의 다양성은 지역사회 구성원 모두가 건강에 적합한 환경에 살고 있음을 확인하는 방법이다. 공원과 놀이터, 녹도와 보행로에 이르기까지 모든 오픈스페이스는 주민들을 근린주구 안에 결속시키고 더 강하고, 안전하고 건강한 지역사회를 만드는 데 중요한 역할을 한다.


## 도시공원 현황

### 1) 도시공원결정면적

2010년 말 현재 전국의 도시계획시설로 결정된 도시공원은 총 17,311개소, 면적 약 1,103 ㎢이다. 그 중 도시자연공원을 제외한 도시계획시설로 결정된 공원은 총 17,049개소, 716㎢(서울시 면적의 1.1배)로 도시기반시설 중 가장 큰 면적을 차지(윤은주. 2011년)하고 있다.

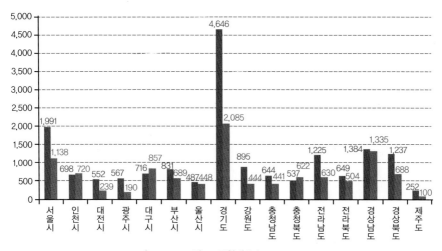

그림 1. 공원개소수

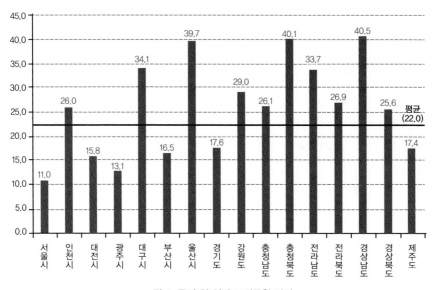

그림 2. 주민 일 인당 도시공원 면적

광역단체 중에는 서울시가 1,991개소(면적 113,753,908㎡), 경기도가 4,646개소(면적 208,546,638㎡)로 수도권에 가장 많은 공원이 분포하고 있다(개소수 대비 42,4%, 면적 대비 35,7%).

국민 1인당 도시공원 면적은 평균 22.0㎡이며 광역시 중에는 울산시(39.7㎡/인)가 가장 넓고 서울시(11.0㎡/인)가 가장 낮다. 광역자치단체 중에서는 경상남도(40.5㎡/인)가 가장 넓고 제주도(17.4㎡/인)가 가장 낮은 것으로 나타나 지역별로 도시공원 면적수준의 편차가 큰 것으로 나타났다.

## 2) 도시공원 유형별 현황

전국도시공원을 유형별로 보면 도시자연공원 264개소(면적 386,666,215㎡), 생활권공원 16,431개소(면적 637,075,664㎡), 주제공원 618개소(면적 79,178,834㎡)로 생활권공원이 주를 이루고 있다.

공원유형별 평균면적은 도시자연공원 1,475,825㎡, 생활권공원 38,773㎡, 주제공원 128,121㎡로 개소당 평균 면적이 비교적 넓다. 광역자치단체별로 보면 도시자연공원은 서울특별시, 대구광역시, 인천광역시, 경상남도에 비교적 많이 분포해 있다.

## 3) 도시공원의 소유현황

도시공원의 토지소유현황을 보면 국공유지의 면적이 421,370,715㎡로 전체 공원면적의 38.2%를 차지하고 있으며, 사유지의 면적은 574,524,104㎡로 52.1%를 차지하고 있다.

미집행 도시공원 중 일몰제 적용 시 공원해제 문제의 주요 대상이 되는 사유지 현황을 조사한 결과, 총 사유지 면적이 약 5,352㎢로서 전체 도시공원면적의 49.2%에 달한다(윤은주, 2011년).

광역시 중에는 대구시의 사유지 비율이 제일 높고(82.6%, 전국 사유지 면적 대비 12.3%), 서울시(42.9%, 전국 사유지 면적 대비 8.5%), 인천시(57.3%, 전국 사유지 면적 대비 7.2%)의 순으로 사유지의 비율이 높다.

광역자치단체 중에는 경기도의 사유지 비율이 제일 높고(52.8%, 전국사유지 면적 대비 19.2%), 경상북도(67.7%, 전국 사유지 면적 대비 8.1%), 전라남도(64.3%, 전국 사유지 면적 대비 7.1%)의 순으로 사유지의 비율이 높다.

도시공원 중 면적이 가장 크게 분포되고 있는 도시자연공원은 향후 도시자연공원구역으로 변경되는 등의 사유가 발생할 수 있으며 구역으로 변경 시 일몰제 대상에서 제외되므로 도시자연공원의 토지소유현황을 별도로 분석해야 한다.

도시자연공원 면적 중 사유지 면적은 222,471,731㎡(57.5%)이며 이는 전체 도시공원 내 사유지 면적의 38.7%에 해당한다.

## 4) 기간별 도시공원 현황

도시공원은 2020년 도시계획시설 실효제를 앞두고 있으므로, 이에 대응하기 위한 미집행규모 파악을 위하여 공원결정(지정)일자를 기준으로 구분하여 토지소유 현황을 파악했다.

지정기간별로 보면 비교적 최근 10년 이내에 결정된 도시공원은 6,475개소, 180,048,672㎡로 공원지정 10년 이하 공원은 전체 공원면적의 16.3%를 차지하며 그 중 사유지 면적은 102,311,258㎡(56.8%)이다.

지정기간 11~20년은 3,192개소 203,158,547㎡, 21~30년은 3,476개소 139,352,742㎡로 11~20년 지난 공원은 전체 공원면적의 18.4%를 차지하며 공원지정 20년 이상 지난 공원은 전체 공원면적의 59.9%이다.

결정된 후 21년 이상 지난 공원은 6,415개소 661,092,899㎡ 중 사유지 면적은 338,128,839㎡(51.1%)이다.

## 5) 미집행 도시공원의 이용현황

미집행 도시공원은 주로 규모가 작은 산으로 가벼운 산행이 가능하고 운동기구가 설치되어 있다는 공통적 특성을 나타내고 있다.

미조성공원은 공원시설이 갖추어져 있지 않지만, 등산객 등의 이용자가 있는 산

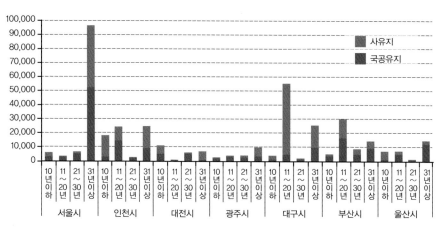

그림 3. 광역시도 미집행 공원부지 소유 현황 1

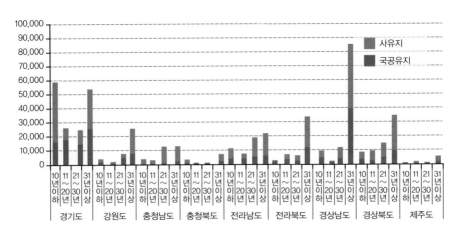

그림 4. 광역시도 미집행 공원부지 소유 현황 2

지형 공원으로 부분적으로 일부 체력단련시설이 설치되거나 공원 중 일부가 공원화하여 인근 주민들이 산책로, 운동시설이용 등으로 많이 이용되고 있다.

도시공원 일몰제와 관련해 도시공원 조성계획의 고시가 없는 경우 그 효력이 상실됨에 따라 사유지에는 엄청난 민원 발생이 예상되므로 사유지 토지 소유자에 대한 데이터베이스 구축이 필요하다.

## 공원녹지정책의 문제점

### 1) 전반적으로 기초연구가 이루어지지 못함

지난 30여 년간 국내에서는 크고 작은 공원녹지사업이 진행되었다. 그럼에도 불구하고, 실제 시행된 이들 사업에 대한 기초통계나 그 결과에 대한 체계적인 점검이나 평가시도라고 할 만한 연구가 없다. 또한 공원녹지정책의 기초로서 자연관련 정보가 부족하다. 최근 강조되고 있는 생태적 접근을 시도하는 과정에서 가장 중요한 정보는 생태정보를 포함한 지역의 자연형성과정에 대한 정보들이다. 그러나 아직 유감스럽게도 도시 대부분은 이러한 접근과정에 필요한 자연환경정보 또는 생태정보를 가지고 있지 못하다.

녹색인프라의 이해와 구축 방안

## 2) 합리적인 공원녹지 조성을 위한 실천적 기술 또는 기법개발 부족

과거의 공원녹지정책은 관련 분야 학문의 제한적인 연구결과와 범위 내에서 이를 종합하고 여기에 상상력을 동원한 규범적 접근을 통해 부여된 목적을 달성하는 것이 강조되었다고 할 수 있다. 지속가능한 발전이 사회적 화두로 대두되면서 공원녹지정책의 효과가 구체적인 성과 지표로 측정되고, 결과가 검증되어야 하는 현재와 미래의 상황에서 반드시 합리적인 공원녹지 조성을 위한 실천적 기술 또는 기법개발의 뒷받침이 필요하다. 따라서 앞으로는 공원녹지 정책 목표 달성을 위한 실천적 기술과 기법개발이 강조되어야 할 것이다.

## 3) 계획 및 설계의 문제점

첫째, 자연성보다는 계획, 설계가의 이미지의 표상화에 집착하는 경향이 있다.
둘째, 에너지 위주의 경관에 집착한다.
셋째, 공원녹지는 일반시민에게 매우 중요한 사회복지시설이다. 그러나 과거 공원녹지의 배치 관행을 들여다보면 공원녹지가 총량적인 관점에서 다루어지고, 그것도 개발 불가능지를 중심으로 집중적으로 배치되어 정작 수요가 많은 도심권에서는 접근이 어렵게 되어있다.
넷째, 난개발을 예방하고 지속가능한 발전을 유도할 수 있는 공원녹지기본계획이 제대로 수립되지 못하고 있고, 그 결과 공간개발계획에 제대로 반영되지 못하고 있다.
다섯째, 미래세대, 다층이용자에 대한 배려가 미흡하다. 또한 현시대를 살아가는 주요한 집단인 청소년에 대한 배려가 부족하다.
여섯째, 공급자 중심적이고, 시민참여의 폭이 제한적이다. 시민이 체감할 수 없는 성과는 시민의 지지를 잃음으로써 지속적인 정책 추진에 걸림돌이 될 수 있다.
일곱째, 지역 정체성 수용이 미흡하다. 지역의 향토성을 갖는 문화적 경관과 지역적 자연환경특성을 도외시하였다.

## 4) 관리운영 예산의 부족

다양한 공원시설의 확충 및 질 높은 공원서비스에 대한 주민들의 요구는 증가하고 있지만, 관리운영 예산의 한계로 이러한 수요에 공공의 대응이 어려워지고 있다.

대부분의 도시공원관리 및 운영예산이 공원시설물 유지관리 및 기초질서 계도 등에 사용되고 있으며 관리인원이 시설에 비해 상대적으로 부족한 실정이다.


## 녹색인프라로서의 공원 구축 방안

### 1) 녹색네트워크 구축

#### (1) 공원의 네트워킹

공원과 공원은 녹도와 하천 등을 통해 연결한다. 서로 연계된 공원, 녹도, 하천 등을 통해 제공되는 효과는 단일의 독립된 공원보다 인간, 자연 그리고 그 경제 효과 면에서 효과가 훨씬 크다.

단거리 통행이나 여가 활동의 기회를 제공할 수 있는 보행도로로 계획하고, 특정 교통수단(버스, 전철 등) 또는 시설과 연계할 수 있도록 계획하여 통행 전 과정에 걸쳐 이용이 힘들지 않도록 배려한다. 이동성보다는 접근성에 가중치를 두고, 안전성과 쾌적성의 증진에 중점을 두어 보도의 통행여건을 개선한다. 교통 약자인 보행자를 보호하고 쾌적하고 안전한 통행목적을 달성할 수 있도록 계획하며, 보도에 차량 통행 및 주정차를 차단하기 위해 볼라드 등을 설치하여 경계를 확실하게 두도록 한다.


#### (2) 보행 환경 개선

노인, 어린이, 장애인 등의 약자를 보호하기 위해 보도와 횡단보도가 만나는 곳에는 턱을 낮추도록 하고 모든 횡단시설에는 조명시설 표지, 노면 표시 등으로 횡단보도의 식별성을 높여 안전성을 확보한다.

녹도 조성 시 통행을 위해 수목의 지하고를 2.5m 이상 확보해야 하고, 보행로는 일반적으로 3m로 확보하되 부득이한 경우 최소 1.5m를 확보하도록 한다.

종단 기울기는 8% 이하, 횡단 기울기는 1~2%를 표준으로 한다.

녹도의 형태는 아름답고 자유로운 곡선으로 설계하여 자연적인 부드러움을 주도록 하는 것이 좋고, 약간의 굴곡과 광장 등의 시각적 변화나 초점을 통해 단조로움을 피하는 것이 좋으며, 지형과 일치시키는 것을 기본으로 한다.

녹도의 식재는 최대한 대상지에 서식하는 향토수종을 식재하되 교목, 관목, 낮은 관목, 지피 등 다층식재를 기본으로 한다.

그림 5. 공원 네트워크 구축 방안 사례: 서울시 동작구 공원 네트워크 마스터플랜 출처: 박은진(2009)

기존수목의 변형은 최소화하고 기존수목을 최대한 활용하고 대상지에 어울리는 자연형 수형과 크기를 가진 수종으로 친근감과 쾌적성을 확보한다.

### (3) 자전거 이용 확대

자전거도로의 구조는 유형별로 다른데 일반적으로 3m의 폭 이상을 확보하고 부득이한 경우 1.5m 이상을 확보한다. 또한 자전거 평균 주행속도인 17~18km/h를 결정하기 위해 도로의 구배, 도로면, 풍향, 풍속 등을 고려하여 계획한다.

공원 내 자전거 동선을 제공함과 동시에 도심에서 자전거 이용자들의 목적지로 조성하기 위한 기반시설들을 설치한다.

기반시들로는 자전거 거치대, 자전거 대여소(예: 일산 피프틴), 자전거 수리시설 등이 있다.

보행자와 자전거와의 충돌을 피하기 위해 자전거 동선의 구분을 명확히 하고, 디자인을 통해 가시성을 높이고 동시에 심미성을 높인다. 또한, 자전거 동선의 연속성 고려와 유턴 회전 등을 위한 구간을 마련한다.

## 2) 도시문제 해결 방안 도입

### (1) 공원 내 저류 기능도입

자연형 습지와 인공습지를 통해 빗물저류기능을 높이고, 불투수성 포장재에서 다공성 투수성 포장재로 교체한다. 암거형태의 우수로는 명거형태로 교체함과 동시에 각종 수생식물을 이용해 저류기능을 높인다. 또한 바닥면은 자갈 및 자연석으로 포설하여 수질정화는 물론 식물이 생육하고 경관적으로도 초점이 되도록 한다. 침투통, 침투측구, 침투트렌치를 조합하여 설치하고 쇄석 공극 저류조와 지하저류조도 활용한다.

### (2) 식물을 통한 비점오염원 제거

수질정화용 수생식물을 도입한다.
침투도랑, 식생여과대, 잔디수로, 수변완충대를 조성하여 비점오염물질저감 및 수질정화기능의 도입과 빗물저류형 화단을 통한 수질정화기능을 도입한다.

### (3) 기온 저감을 고려한 식생 조성

수림대 조성 시 활엽수 식재지, 혼효림, 침엽수 식재지의 순으로 조성하고, 수종 식재 시에는 엽면적이 큰 활엽수종을 선정하고 초본 관목으로 구성된 단층 식재보다는 교목, 아교목 위주로 구성된 다층림을 조성한다. 다층림을 조성할 때에는 교목, 아교목, 관목, 초본으로 식재한다.
초본 위주의 교목 및 아교목 식재는 지양하고, 투수콘크리트, 잔디와 같이 기온 상승에 안정적인 포장 재료를 사용한다.

### (4) 녹지용적을 고려한 녹지 조성

녹지용적 향상을 통한 기온 저감 효과를 높이기 위해서는 녹지용적이 큰 교목 위주로 식재하되 복층식재로 하고, 침엽수보다 수목의 엽면적이 큰 활엽수를 식재한다. 녹지용적에 의한 도시 열섬 저감 효과는 녹지가 시가지와 연접해 있을 때 효과가 크므로, 녹지와 시가지를 연접할 수 있도록 계획하는 것이 필요하며, 가능한 한 시가지 내에 녹지가 고르게 분포하는 것이 바람직하다.
녹지와 시가지가 50m 이내로 연접해 있을 때 녹지용적에 의한 도시 열섬 저감 효과가 크다. 일반적으로 1℃ 기온 저감에 필요한 녹지용적률은 교목, 아교목, 관목에서 각각 $0.32m^3/m^2$, $0.34m^3/m^2$, $0.38m^3/m^2$로 환산되어, 평균적으로 $0.35m^3/m^2$

의 녹지용적률이 요구된다.

## (5) 바람길을 고려한 녹지조성

도시 및 공원 내 바람길은 미기후작용에 의한 온도분포의 변화(찬 공기 생성지역과 더운 공기 생성지역의 차이)로 발생하는 것이 가장 일반적이므로 도시 내에 찬 공기를 생성할 수 있는 녹지 지역을 다수 조성해 주는 것이 필요하다.

바람길 생성을 위한 녹지를 조성할 경우에는 인접한 시가지 혹은 포장지역과 온도차이가 클수록 바람의 크기가 커질 수 있으므로 온도 저감 효과가 큰 수종 및 배식방법을 응용하는 것이 필요하다.

분수와 같은 수경시설은 온도 저감 효과가 크므로 열섬의 발생이 현격한 지역에 수경시설을 설치하여 온도를 저감해 주는 방안이 필요하다.

온도의 변화가 조밀한 지역을 중심으로 바람길이 형성되므로 기온 저감 재료, 수목, 정자 등은 최대한 무리 지어 배치하되 나지 면적이 넓어질 경우에는 일사지역에서도 온도 저감 효과를 나타내고 있는 잔디와 투수콘크리트를 배치한다.

주변의 건축물에서 발생하는 골바람과 주 풍향에서 불어오는 바람이 수목의 식재 등에 의해 저항이 발생하지 않도록 바람 통로를 확보한다.

## (6) 친수공간을 통한 온도 저감 효과

공원 내 친수공간을 조성하여 물의 순환과 증발을 통해 열섬효과를 완화한다.
친수공간 조성 시 물과의 경계부에 수목 등을 통한 그늘을 만들어 온도 저감 효과를 높인다.

## 3) 생태적 고려
### (1) 동식물 서식처

다공질 환경을 조성하여 각종 곤충과 미소생물 서식지를 제공한다.
공원 내 초지조성, 도시림의 조성, 친환경적 포장, 인공지반녹화, 옥상녹화, 벽면녹화, 울타리 녹화, 자연형 하천조성, 가로변 녹화 등 생물이 깃들어 살 수 있는 생물서식지 지반을 조성한다.

### (2) 수공간의 확보

공원 내 연못, 계류, 습지, 수반 등 생물이 이용할 수 있는 다양한 형태의 수공간을 제공한다.

## (3) 우수활용
공원 내 집수정을 설치하여 우수를 모아 관개시 혹은 다른 목적으로 재활용한다. 집수정에 모아지는 물은 가급적 습지와 개수로를 통과해서 저장한다.

## (4) 보조시설설치
생물이동통로, 새집, 고목, 동물 먹이 공급 장치 등 생물 서식을 도울 수 있는 다양한 보조시설 설치를 통해 생물다양성을 증진한다.

## (5) 친환경관리기법의 적용
부분적인 출입통제, 농약 및 살충제제어, 표토보존 및 토양개량 관수 등 다양한 관리기법을 적용한다.

## (6) 저관리 방안 계획
지역의 향토종을 조사해서 이를 적극적으로 활용한다. 새로 조성하는 식생의 경우 가급적 향토수종으로 교체한다. 무리한 전정, 전지 작업을 지양하고 수목 자체의 생태적 속성에 부합된 식생을 유지한다.
토목 건축분야의 장비가 발달함에 따라 식재공사 시 토양을 경화시키거나 불투수층화 시키는 현상이 늘고 있다. 이에 따른 소형장비의 개발과 이용이 시급하며 가능하면 인력을 통한 시공을 한다.
토양 개량 시 주변 토양에 모래, 깬돌, 자갈, 점토 등이 뒤섞여 뿌리가 제대로 뻗지 못하는 경우가 많으므로 될 수 있으면 주변 토양까지 객토와 경운이 필요하다.
리모델링 시 표토는 유지하거나 보관 후 재활용하고, 수목 하부에 떨어진 잡목이나 나뭇잎은 가급적 제거하지 않는다.

## (7) 부지 지역자원 활용
부지 내 보존가치가 있는 자원들을 분류하여 이를 적극 보전 혹은 보존한다 활용 대상으로는 수목, 토양, 시설물, 공간적인 자원 등이 있으며 이를 보전 · 보존함으로 시공비 절감과 탄소배출 저감 등을 달성한다.

지역의 자원을 활용해 지역성을 강조할 수 있을 뿐만 아니라 이동 경로 단축을 통한 경비 저감과 그에 따른 이동 차량의 탄소배출량을 감소시킬 수 있다. 아울러 지역 경제 활성화를 통해 공원 이용 활성화라는 부가적인 목표도 달성한다.

### (8) 야간조명

상향식 조명에서 하향식 조명으로의 교체, 공간적인 특성에 따른 선별적인 조명 사용으로 불필요한 야간조명을 줄여 공해를 최소화한다.

조명교체 시 LED 조명을 사용해 필요한 밝기만 계획하며, 특정 색에 반응하는 동물과 곤충들을 고려하여 유인색 조명사용을 지양한다.

## 4) 도시농업 활용

### (1) 텃밭

공원 일부에 학생들의 참여운영이 가능한 텃밭을 운영하여 공익성 수익을 발생시킨다.

텃밭의 관수시설은 우수를 재활용하는 방안을 적극적으로 활용한다. 공원 내 발생하는 잡목과 나뭇잎 등을 모아놓는 시설을 설치하여 텃밭의 퇴비로 사용한다. 텃밭과 연계하여 교육, 강좌, 판매 등의 다양한 목적을 위한 공간을 조성하여 이용률과 참여율을 높인다.

생산된 채소 등은 학교 급식 재료로 활용 유도해 올바른 식습관 교육과 관련시킨다.

### (2) 커뮤니티 화단 조성

커뮤니티 화단을 조성하여 주민참여를 유도하여 참여형 공원관리프로그램으로 확대한다.

마을별 나무 조성 프로그램과 연계하여 수목별 관리를 통한 관리비 저감과 주민참여 커뮤니티 활성화를 유도한다.

## 5) 생태환경 교육 도입

### (1) 체험형 교육

공원을 통한 탄소 저감 효과와 열섬효과 관련 정보를 교육할 수 있는 프로그램 혹은 이러한 내용이 가시화된 공원요소를 도입한다.

에너지 절약과 생활 속 작은 실천을 교육할 수 있는 프로그램을 운영하고, 생물 다양성과 생태적 공간조성을 통한 체험형 교육프로그램을 유도한다.

## (2) 자발적 주민참여
공원 리모델링 시 발생하는 각종 폐기물과 자원의 재활 및 재생방안 교육을 통해 주민참여형 공원 리모델링을 시행한다.

주민참여를 통해 각종 창의적인 아이디어를 얻어 기존자원의 활용방안을 모색하고 이를 공유하고 교육한다. 이를 위해 지역 주민의 인적자원을 활용하는 방안을 모색하고 자생적인 교육을 모색한다.

## 6) 도시 산림Urban Forestry 기능 보완
나무는 밀도가 높은 건물환경에 균형감을 창조한다. 나무와 식물은 이산화탄소 저감, 동물 서식처 제공, 빗물 유출수의 여과 및 침투에 도움을 준다. 그뿐만 아니라 도시 지역에서 환경과 인간의 건강에 유익하고 재산 가치 증대 등을 포함한 경제적인 이익을 가져다준다.

식물과 수목 전문가들과 옹호 단체들, 행정 당국은 건전한 식물 선정과 식재에 도움을 줄 수 있다. 지역의 자생식물 군집은 독특한 장소 특성을 주는 데 가장 강한 실마리를 제공해 주며, 일반적으로 유지관리와 관수를 적게 필요로 한다. 설계와 과학적인 접근 모두 건강한 생육환경을 창조하는 데 필요하다.

녹색인프라의 이해와 구축 방안

## 참고문헌

1. 국토해양부, 저탄소 녹색성장형 도시공원 조성 및 관리운영 전략 정책연구, 2011.
2. 권경호, "녹색인프라 구축 보고서 자료", 『한국조경학회』(미인쇄), 2012.
3. 김영 외 5인, "우리나라 생태통로의 현황 및 개선방안", 『공간환경디자인포럼 발표자료』, 2012.
4. 김진표의원 대표발의, '도시공원 및 녹지 등에 관한 법률' 일부개정법률안, 2012.
5. 김학용의원 대표발의, '도시공원 및 녹지 등에 관한 법률' 일부개정법률안, 2012.
6. 나정화, "녹색인프라 구축 보고서 자료", 『한국조경학회』(미인쇄), 2012.
7. 박길용, "지속가능한 도시공원 녹지정책 - 서울시를 중심으로", 『한 · 독사회과학논총』 13(2), 2003, pp.27-365.
8. 박은진, "녹지네트워크를 적용한 생태적 도시공원 조성계획에 관한 연구 -서울시 동작구를 대상으로", 『숙명여자대학교 대학원 석사학위논문』, 2009.
9. 서주환, "녹색인프라 구축 보고서 자료", 『한국조경학회』(미인쇄), 2012.
10. 성현찬 외 5인, "이용자 중심의 도시공원 조성방안", 『KYDI 위탁연구』 3-0, 2009.
11. 안명준, "녹색인프라 구축 보고서 자료", 『한국조경학회』(미인쇄), 2012.
12. 윤은주, "주민참여를 통한 공원조성 활성화 방안", 『한국조경학회 조경문화제 심포지움 발표자료』, 2011.
13. 이연숙, "사회통합과 녹색성장의 구심점으로서 한국 아파트혁신방안", 『사회통합 친환경 정책 심포지움 자료』, 2010.
14. 장병관, "녹색인프라 구축의 필요성과 구축 방법", 『한국조경학회 조경문화제 심포지움 발표자료』, 2011.
15. 장병관, "녹색인프라 구축 보고서 자료", 『한국조경학회』(미인쇄), 2012.
16. 최영국, "우리나라 도시공원의 실태와 당면과제", 『국토정보』 9(5), 1991, pp.2-84.
17. http://www.asla.org/ContentDetail.aspx?id=24076
18. http://www.asla.org/sustainablelandscapes/rooftophaven.html
19. http://blog.naver.com/ejh8307?Redirect=Log&logNo=80147704695
20. http://www.greeninfrastructure.net
21. http://nac.unl.edu/bufferguidelines/docs/GTR-SRS-109_Korean-minimized.pdf
22. http://nytelecom.vo.llnwd.net/o15/agencies/planyc2030/pdf/planyc_2011_planyc_full_report.pdf

녹색인프라의 실천적 이해

# 녹지네트워크의
# 개념과 형성 방안

서 주 환

## 녹지네트워크의 기본 개념

### 1) 도시녹지의 필요성

녹지는 도시에 없어서는 안 되는 생태하부구조Ecological Infrastructure다. 그러나 급격한 도시화의 흐름은 단일 요구에 대응하여 내부 경제성이 높은 기술과 시설들을 우선적으로 받아들이는 결과를 불러왔으며(경기개발연구원, 1996년), 이에 도시계획에서 도시의 토지용도별로 주거, 상업 및 공업지구 이외의 모든 지역을 일단 녹지지역으로 지정하는 경우가 많았다. 그래서 녹지지역이 미래의 도시개발을 위한 개발 유보지역으로 지정되는 형식적인 행위에 불과한 경우도 많았다. 실제로 1980년의 전국 녹지지역 구성비 74.6%가 1990년에 70.4%로, 감소한 수치로 나타났다. 그러나 도시의 인공 환경 속에서 부족해진 자연을 확보하고 생태적으로 건강한 환경을 조성하는 자연친화적인 공간 조성이 요구되고 있다.

한편, 인간의 다양한 활동에 의한 환경 변화는 지역 수준에서의 공해 발생이 지구 환경문제로서도 현재화되어가고 있는 것에 대한 심각성을 인식하고, 생태적인 거리 조성을 표방하는 것으로 나타났으며, 도시의 에코시스템을 충실히 유지하여 환경문제에 대처하면서도 내부 경제성을 높일 필요성이 요구되고 있다. 녹지는 도시를 구성하는 다양한 기술 · 시설과 통합하여 내부 경제성을 높임과 동시에 환경변화에 대응할 수 있는 커다란 도시 시설이다. 이러한 관점에서 녹지는 건축물, 지역, 나아가 도시 전체에 설계됨으로써 에너지 절약형 거리 조성에 기여하게 된다. 기능 통합 관점에서의 녹지는, 예를 들어 양질의 녹지가 존재함으로써 주변 상업 시설의 활성화 즉, 이용률 증가로 나타나는 공생관계의 활용, 건물 옥상면의 녹화 공간 활용 등 다목적 이용의 촉진에 의한 도시녹화를 생각할 수 있다.

이와 같은 기능의 통합이 토지이용계획 속에서 수평적으로 전개됨에 따라 도시에 녹지네트워크와 바람의 통로가 형성되는 등 더욱 많은 파급효과가 생겨난다. 또한, 녹지 체계를 지상과 지하로 수직 전개시키면 생산자로서의 식물, 소비자로서의 야생조류 등의 소 동물, 분해자로서의 토양, 나아가 녹지 면에서 땅속에 저장되는 수분에 의한 먹이연쇄가 충실해지면서 안정된 도시 생태계가 형성된다. 이와 더불어 도시형 홍수방지, 지하수 함양, 나아가서는 주변 녹지 질 향상 등의 파급효과를 얻을 수 있다. 즉, 도시의 녹지를 단일 요구에 대한 대응책으로서만이 아니라 체계적인 계획에 따라 다양하게 활용함으로써, 도시 에코시스템이 안정되고 충실해지는 것이다.

### (1) 생활환경의 질 향상

도시에서 공원 · 녹지의 존재는 존재하는 것만으로도 심리적 안정감을 주고, 콘크리트와 아스팔트로 덮인 무미건조한 도시에 정서를 부여해준다. 또한 도시에 역사를 담고, 독특한 도시경관을 만들어내는 공원 · 녹지는 도시민에게 심리적 안정과 긍지를 갖게 하므로 인간성 회복과 향토애를 고취시키기 위한 필수적인 도시 시설이라고 할 수 있다.

최근에는 도시의 공원 · 녹지가 커뮤니티의 레크리에이션 활동과 시각적 자산의 장소라는 전통적인 가치를 뛰어넘어 공공의 건강 향상, 지역공동체 형성 등과 같은 도시정책 목표를 달성하는 데 크게 기여할 수 있는 수단이 되고 있다. 아울러 주말농장을 비롯한 여러 가지 이용의 즐거움과 비오톱으로 대표되는 도시 생태계에의 충실, 나아가 소음과 바람, 홍수나 대기오염을 방지하는 것과 같은 여러 가지 스크린 효과를 주변의 '녹지'에서 기대할 수 있다.

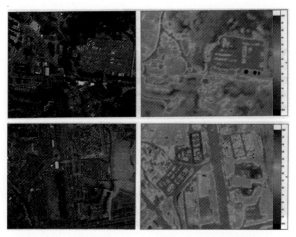

그림 1. 녹화지역 도심과 비 녹화지역 도심의 온도 비교
출처: 송영배, 바람통로 계획과 설계방법(건강도시를 위한 기후환경계획), 2007

## (2) 도시 열섬Heat Island에 대한 대책

도시화에 따른 '녹지'의 감소는 인공적인 열 배출의 증가와 함께 열섬현상의 커다란 원인이 되고 있다. 녹지는 일사량이 강하면 강할수록 수분을 증산시켜 기온을 내려주는 천연적인 냉각기다. 도시에 녹지를 늘리는 것은 쾌적한 외부환경을 만들고 다양한 커뮤니티를 충실하게 하는 기반이 됨과 동시에 에너지 절약의 효과가 있으며, 지구 환경 보전에 대한 도시 측면의 노력으로 그 중요성이 높아지고 있다.

그림 2. 쿨아일랜드의 형성과 냉기의 전파 개념도
출처: 국토해양부, 저탄소 녹색성장형 도시공원 조성 및 관리운영 정책연구, 2011

## (3) 녹지에 의한 도시기상의 완화

지구의 온도는 지난 100년 동안 약 0.74℃가 상승하고 1850년 이후 최고기온을 12번 갱신했다. 세기말에는 1.4~5.8℃ 정도의 온도 상승이 예상되며, 온

도에 따른 기후변화의 영향으로 전 세계 모든 지역에서 태풍, 홍수, 가뭄 등 각종 기상재해가 빈번해지고 대형화됨에 따라 생태계 위험 수위가 높아질 것으로 예측되고 있다. 도시는 지구 표면적의 1%에 불과하나 전 세계 인구의 절반 이상이 거주하고 있으며, 산업시설, 자동차, 건물 등이 집중되어 있어 에너지의 60~80%를 소비하고 있다. OECD는 2009년 지역개발보고서를 통해 도시를 탄소배출의 주범으로 지칭했다. 우리나라에서도 국토 면적의 16%에 불과한 도시에 인구의 90%가 집중되어 에너지 소비의 진원지가 되고 있는 실정으로, 탄소배출 증가에 따른 기후변화 및 환경문제의 주요 원인으로 나타나고 있다(국토해양부, 2011년). 이런 현상은 도시 내에 콘크리트 구조물이 늘고, 도시화에 의한 인위적 발열량이 증가한 것이 주요 원인이라 볼 수 있다. 도시화에 따른 문제점은 도시 기상 측면에서도 현재화되고 있다. 이들 현상을 근본적으로 해결하기 위해서는 도시 내부에서 수분 증산을 통해 여름 온도를 식혀주고, 겨울에는 수분을 제공해줄 수 있는 녹지를 조성·관리하는 것이 필요하다.

여름의 더위는 에어컨 사용을 부추기는데, 이는 도시 전체의 발열원이 되며 결과적으로는 도시 내·외부 기온의 절정을 한층 더 높이는 악순환을 반복시키게 된다. 나아가 에너지 과부하에 대응하는 용량을 준비해야 하는 에너지 공급 시설의 연간 가동률을 저하시키기 때문에, 도시 생활자뿐만 아니라 에너지 공급자 측면에서도 피크 전력 삭감은 커다란 과제이다. 도시가 녹지 자원을 가지면 일사가 강해지고 수분의 증산이 활발해지며 도시 기상 완화 효과가 높아짐으로써, 에너지 공급 시스템과의 상호 호환 관계를 형성한다. 현재의 도시구조에서는 강우가 지하로 침투하기 어렵기 때문에 도시형 홍수를 초래하는 등 여러 가지 문제점을 보여주고 있다. 도시형 홍수 방지 효과, 도시 생태계 충실 효과를 비롯한 다양한 효용을 가진 녹지는 도시 생활 환경의 향상과 현재 도시가 지닌 문제점의 해결 방안으로서 도시에 없어서는 안 되는 생태인프라인 것이다.

## 2) 비오톱Biotope

생태인프라로서의 도시 녹지에 대하여, 독일에서는 생물의 서식 장소를 '비오톱Biotop(생명의 장소)'이라고 정의하고, 이런 비오톱을 연결해 '야생동물과 공존하는 마을 만들기'를 추진하고 있다. 즉, 회색도시에서 녹색이 가득한 도시로 커다란 변모를 하고 있다. 그린 네트워크의 정의와 개념을 살펴보기 위해 독일의 '비오톱', '비오톱 네트워크'의 개념을 살펴보면 다음과 같다.

## (1) 독일의 새로운 자연주의의 대두

현재 도시부터 농촌까지 각각의 지역에서는 자연과 공존·공생하는 환경 조성이 새로운 라이프 스타일의 추구와 함께 세계적으로 커다란 조류를 이루고 있다. 그렇게 오래되지는 않았지만 국가 차원에서 이러한 노력을 시작한 것이 구서독이었으며, 새로운 자연보호의 사상과 함께 시작되었다. 70년대에 들어 공업화의 모순이 일거에 드러나게 되었고, 세계 어디에서나 환경문제가 제기되었다. 또한 석유파동 등 전 세계는 자원과 환경 문제로 커다란 충격을 받았다. 이와 같은 상황 속에서 1976년 구서독은 '녹색혁명'의 시초라고 부를만한 「서독연방 자연보호법」을 제정하였다. 이 법률에 따라, 다음 세대가 누려야 할 녹음을 위한 생태계 보전의 중요성, 토지 이용에의 반영, 경관 보전 등이 제창되고, 자연보호나 환경보전 나아가 환경 창조 등의 행동 계획의 체계가 구체화되었다. 당시 서독은 도시는 물론 농촌지역도 자연환경이 파괴되고 인공 환경이 점점 더 증가하는 시대를 맞고 있었다. 이런 가운데 자연보호 사상에 그치지 않고, 한번 파괴된 자연을 복원하거나 새로이 창조하는 자연에 대한 적극적인 관리 방식이 중요하다는 인식이 높아졌다. 「서독연방 자연보호법」의 제2조 '자연보호, 경역 보전의 원칙'을 보면 이러한 것이 잘 반영되어 있는데, 각종 개발, 채굴 등에 의하여 자연이 파괴된 경우에는 새로운 자연을 재창조하거나, 자연 상태에 접근하는 복원을 하거나, 자연의 정화능력을 복원하거나, 조화로운 수경 녹화를 꾀해야 한다고 하고 있다.

이러한 배경하에 고속도로, 쓰레기매립장, 하천 정비, 도심지 재개발 등 여러 가지 개발 사업에서 자연의 복원, 재생, 창조가 독일 전역에서 시행되었다. 이러한 것들은 도시나 농촌을 뛰어넘어 서로 연결하는 녹색 네트워크를 형성하고 있는 것이다. 이 중에서 가장 주목받고 있는 것이 '비오톱 조성 운동'이다.

## (2) 비오톱의 정의

비오톱이란 '야생동물이 서식하고 이동하는 데 도움이 되는 소면적의 공간 단위'를 말하는 것으로, 숲, 가로수, 습지, 하천, 화단 등 다양한 규모의 질의 생물 서식공간이 비오톱이 될 수 있다. 비오톱이라는 '푸른 섬'을 확보하고, 이것을 녹색회랑으로 연결하는 '비오톱 네트워크'가 독일에서 환경 창조의 새로운 사상으로 나타나고 있다.

독일에서 지금 실행에 옮기고 있는 자연의 복원과 창조는 우리들의 상상을 뛰어

넘는 적극적인 수준이다. 일반적으로는 개발에 의해 일단 파괴된 자연을 복원한다 하더라도, 어디까지나 조경적인 수법 정도가 대부분이다. 아직은 토목적 공법이 우선된 경관 개선의 차원인 것이다. 그러나 독일에서는 강바닥과 호안도 인공화·직선화된 자연성을 모두 잃어버린 하천을 다시 자연의 상태인 곡선의 호안과 여울, 연못, 웅덩이가 있는 강바닥으로 바꾸는 데까지 이르고 있다. 이런 하천은 소규모적이고 다루기 쉬운 소하천뿐만이 아니라, 뮌헨 시 주변의 안파 강 등 교외를 흐르는 큰 하천에까지 미치고 있다. 특히, 독일이 세계에 자랑하는 고속도로인 아우토반을 따라 다양한 자연이 복원되고 있다. 자연을 재현시키기 위해 아우토반을 터널화하고, 그 위에 다양한 자연을 창출한다. 터널 위에는 이전에 있었던 것보다 자연도가 높은 풍부한 자연이 조성되는 것이다. 뒤셀도르프의 아우토반에서는 터널 위 90,000㎡의 조성지에 초원, 연못, 수림, 습지 등의 다양한 생태계가 재현되어, 공사 완성 후 6년이 지나자 상위 소비자로서 매의 일종인 말똥구리 같은 야생동물이 나타나기도 하였다. 그 밖에도 쓰레기처리장이나 건설폐기물의 적치장, 잡석이나 석탄을 쌓아놓은 산 등 혐오 장소를 표토로 덮고, 생태적 지식과 기술로 20년에서 50년의 세월을 들여 단계적·계획적으로 수림지를 육성하는 노력을 하고 있다.

### (3) 비오톱 네트워크

독일의 '야생동물과 공존하는 마을만들기', 즉 '비오톱 네트워크'의 핵심이 되는 것은 자연보호지역이다. 이런 지역은 우리나라에서도 그렇지만 대부분 교외나 도시 주변의 자연이 풍부한 삼림이나 습지 등에 입지해 있다. 우리나라와 다른 것은 이들 자연보호지역 모두가 공유지라는 점이다. 독일에서의 자연보호지역은 거기에 있는 삼림과 습지의 자연도가 높은 것뿐만이 아니라, 인공적인 환경의 도시로 날아와 번식하는 야생동식물의 공급원으로서 자리매김 된다. 따라서 종래의 자연보호보다도 적극적인 역할을 담당하고 있다. 이런 자연보호지역이 뒤셀도르프 시에서는 시 전체 면적의 5%, 카를스루에 시에서는 6% 정도 지정되어 있다. 자연보호지역을 비오톱 네트워크의 핵심으로, 마을 전체를 야생동물이 살 수 있는 마을로 바꾸고자 하는 것이다. 그 방법은 교외에 있는 가장 자연도가 높은 비오톱의 거점에서 가장 인공화된 도시 중심부까지를 크기에 상관없이, 사유와 공유에 관계없이 점, 선, 면 등 여러 가지 수준의 공간으로 이어가는 것이다.

도시의 배경에 있는 삼림, 그 골짜기에 연접한 숲, 거리를 꿰뚫는 녹도, 그것들에 의해 네트워크로 이어지는 소공원, 이와 같이 숲의 생태계가 마을 안까지 펼쳐지는 것이 바로 녹지네트워크의 개념인 '비오톱 네트워크'다.

### 3) 녹지네트워크의 개념과 구성 요소

#### (1) 광역적 녹지네트워크

##### ① 광역적 녹지네트워크의 개념

우리나라의 경우 국토의 70% 이상이 산림으로 구성되어 있으며, 전국 도시 주위 구석구석까지 산림이 존재하고 있다. 대부분이 낙엽활엽수림으로, 동물 17,625종, 식물 6,846 분류군 등 다양한 생물이 서식한다. 이러한 자연생태계는 그동안 집약적인 인간 활동으로 인한 교란으로 생태계의 구조가 매우 불안정하며, 특히 개발로 인한 국토의 단편화 및 생물다양성의 단순화가 가속화되고 있다.

이런 배경하에서 광역적인 녹지네트워크란, 독일에서 추진된 것과 같이 지역 전체를 네트워크화하는 것으로, 도시 주변의 산으로부터 도심까지 연결하거나 교외의 농촌에서 중심지까지, 또는 하천, 늪지, 습지 및 초원 등 핵, 선, 거점, 점과 생태통로 등에 의해 네트워크화하는 것을 말한다.

광역적 녹지네트워크를 구성하고 있는 산림·도시·농촌·하천의 현황 및 문제점을 보면 다음과 같다.

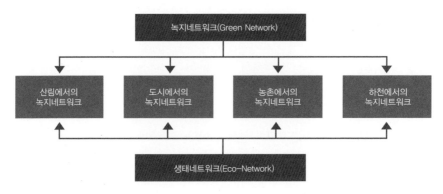

그림 3. 광역 녹지네트워크의 개념 출처: 경기개발연구원, 녹지네트워크 형성에 관한 연구, 1996

- 산림
  - 산림은 국토의 70% 이상을 차지하고 있는 우리나라에서 녹지체계 구축의 중추적 역할을 하고 있다. 특히 백두대간은 우리 국토의 중추로서 생태계의 흐름을 주도하는 가장 큰 요소다. 자연공원 또는 자연생태보전지역 등으로 지정하여 관리하고 있으나, 도로 개설 및 인근의 도시 입지 등에 의한 훼손이 나타나고 있다.
  - 도시 주변의 산림은 개발 압력에 의해 녹지의 역할 자체가 없어진 곳이 많으며, 이 때문에 생태 환경의 변화를 초래하고 있다.
  - 산림은 각종 개발 사업에 의하여 가장 많은 손상을 가져온 녹지체계 구성 요소로서, 훼손된 생태계의 회복을 위한 방안 강구와 더불어 향후 국토 개발 사업에서도 생태 환경 보전을 위한 방안 모색이 필요하다.
- 도시
  - 도시 내의 녹지 공간은 많이 사라졌지만 공원 녹지 계획 등에 의하여 부분적으로 인위적인 녹지와 공원 그리고 빈 공간이 남아 있어, 약하지만 도시 외곽의 산림과 생태적 연결성이 이어진 상태라고 할 수 있다.
  - 최근 도시의 환경오염이 심화되고 아파트 위주의 개발이 추진되면서, 녹지 면적이 절대적으로 부족하고, 남아 있는 녹지는 대기 및 수질오염에 의하여 생태계의 건강성을 상실해 가고 있다. 그러나 도시는 녹지체계 구축을 위한 주요한 요소로서 개인정원을 비롯하여 도시 내 공간을 활용한 녹지 확충이 중요한 과제로 나타나고 있다.
  - 향후 신도시 등의 계획 시에는 토지의 효율성뿐만 아니라 주변 자연환경의 구조적 기능을 고려하여 생태계의 단절을 최소화하는 한편, 자연환경의 잠재력을 도시 내로 끌어들이는 생태적 효율성을 고려하여 도시를 주변 자연환경 요소와 연결된 친환경적 도시로 형성하는 것이 중요하다.
- 농경지 및 농촌
  - 농경지는 과거 자연 그 자체였던 것을 인간 생활을 영위하기 위하여 새로이 조성한 반 자연환경으로서 여전히 생태적 흐름을 연결하는 주요 역할을 수행하고 있으나, 비료 시비, 살충제의 과다 살포 등 농업 환경에 의하여 그 기능이 약화된 상태다.
  - 농촌은 도시와는 달리 자연환경과 조화된 모습으로 개발되어 주변의 농경지와 함께 나름대로 생물 서식공간으로 기능하여 왔으나, 최근 주변 자

연환경을 무시한 도시적 모습으로 탈바꿈하려는 각종 개발 사업들로 인하여 지역의 전통적 농촌 경관이 많이 상실된 실정이다.

• 수 환경(하천, 호수 및 늪)

– 하천과 호수는 인간 생활에 절대적으로 필요한 물을 제공하는 한편, 수생물의 서식공간으로서 생태계 흐름을 연결하는 주요 요소다. 그럼에도 불구하고 지금까지 인간의 편익을 위한 하천 이용을 강조함으로써 하천 생태계의 건강성이 악화되어 인간 생활에 지대한 영향을 미치고 있다.

– 하천 및 호수에 대한 이용은 하천의 생태적 기능을 감안하는 것을 기본으로 해야 하며, 이를 위해서 하천 관리는 주변 토지 이용 관리와 함께 시행할 필요가 있다.

– 면적상으로는 적지만 산지 또는 하천 부근에 있는 늪은 생물다양성이 가장 풍부한 곳의 하나로서 최근 그 생태적 중요성이 새로이 인식되고 있다. 늪은 녹지체계를 구축하는 데 중요한 연결 고리 역할을 하는 요소로서, 주변의 웬만한 환경 변화를 흡수하는 스펀지 기능을 수행하지만 동시에 생태적 흐름을 역행하는 작은 개발 행위에도 민감하게 반응하므로 이에 대한 대처가 필요하다.

## 4) 녹지네트워크의 구성 요소

녹지네트워크의 구성 요소로는 면적인 구성 요소로서의 핵과 거점, 점적인 요소로서의 점, 선적인 요소로서의 생태통로 등으로 이루어진다.

### (1) 핵Core

녹지네트워크에서 생물다양성의 원천이 되는 유전자의 공급원이 되어야 할 대규모의 자연 공간을 말하며, 서울의 경우에는 북한산, 관악산 등이 이에 해당하지만 국토 전체의 경우에는 생태적으로 단절되지 않는 5대 산맥 또는 그와 연계된 일부로서의 국립공원 등이 해당한다. 생태계의 최고차 소비자인 독수리, 매 종류와 중·대형 식육 포유류는 일정한 공간(예: 호랑이 400㎢, 딱따구리 7㎢)이 확보되지 않으면 빠르게 멸종한다. 따라서 핵은 생태계 유전자의 공급원이 된다.

### (2) 거점Spot

서울의 남산, 국립묘지 등 도시의 소규모 산, 큰 공원 및 농촌지역의 큰 농장,

늪지 및 해안의 작은 섬 등이 이에 해당하며, 자연적 또는 인위적으로 조성된 중·소규모의 생태적 공간을 말한다. 핵과 점을 연결하는 중간의 전이 공간이 되며, 보통 생태적으로 중간 위치에 있는 생물이 서식한다.

### (3) 점Point

도시 내의 정원, 녹화된 옥상, 가로수 등이 이에 해당하며, 나비와 작은 새 등이 사는 곳으로 식물의 종류를 다양화하면 다양한 생물이 날아온다.

### (4) 생태통로Eco-Corridor, Eco-Bridge

핵과 핵, 핵과 거점 그리고, 거점과 거점을 잇는 선형의 자연 공간은 그 자체가 하나의 비오톱이 될 수 있으며, 비교적 작은 규모일지라도 두 개의 서식공간을 연결하여 생물을 이동할 수 있게 하므로 녹지네트워크에서 중요한 역할을 하게 된다.

- 완벽한 생태통로: 식생 등이 완전히 연결되어 네 발 달린 동물이 이동할 수 있는 생태통로이다.
- 징검다리식 생태통로: 습지, 공원, 가로수 등이 징검다리처럼 연결되어 새, 곤충 등은 이동할 수 있지만, 네 발 달린 동물이 이동할 수 없는 생태통로이다. 단순하게 동물의 이동만 가능하도록 하는 경우와 생태적 연결을 위해 식생, 습지 등을 되살리는 경우가 이에 해당한다. 일반적으로는 하천 변 녹지, 가로수 그리고 경사지의 사면림 등이 이에 해당하지만, 개인 주택의 생울타리와 같은 소규모의 것 등도 해당한다.
- 하천은 생물 서식공간이 길게 연결된 선형 비오톱이라 볼 수 있다.

### 5) 도시에서의 녹지네트워크

### (1) 도시 녹지네트워크의 개념

도시는 인간과 자연 및 생물이 어우러지면서 문화·역사·교양·정서 등에 관한 지식과 경험이 축적되는 장이라고 할 수 있다. 도시에 생물다양성을 높이고 친근한 생활공간을 조성하면, 이는 인간의 정서 순화, 오염 개선 및 도시의 기온 상승 방지에도 중요한 역할을 하게 된다. 도시는 녹지네트워크에 의한 자연 창조의 주된 대상이 될 수 있다. 중간 규모와 소규모의 생물 서식공간이 다수 필요하고, 이들을 생태통로로 활용하는 등 효율적으로 연결하는 것이 중요한 과제

중의 하나로 떠오르고 있다. 따라서 도시 녹지네트워크란 다음과 같다.

- 산림과 도시 주변의 산을 생물종의 저장 공간 또는 유전자의 공급Geen Pool 핵으로 하는 것이다.
- 도시 내 소규모 산 · 도시공원 · 농촌지역의 농장 · 습지 등을 녹의 거점(도시 내에서 섬의 형태로 고립된 녹지 공간)으로 한다.
- 도시 안을 흐르는 하천을 선으로, 도시 내의 정원, 옥상 공원, 가로수 등을 점으로 생태통로화 하여 연계하는 것이다.

즉, 생물과의 공생이 가능한 도시, 이것이 도시에서의 녹지네트워크 개념이다.

## (2) 도시 녹지네트워크의 구성

### ① 도시 내 거점 조성

도시 내에서의 거점은 섬과 같은 중 · 소규모의 자연 공간으로, 구체적으로는 시가지 가운데의 공원, 생태공원, 생물 공원, 연못, 생크추어리Sanctuary 등을 들 수 있다. 이들 거점지역에서는 작은 새, 곤충 및 양서류 등 중 · 저급 소비자가 주요한 서식의 대상이 된다. 현재 도시 내에서는 거점으로 기능할 수 있는 장소가 많지 않기 때문에, 거점의 기능을 갖는 공간 창조가 도시 녹지네트워크의 중요한 목적 중의 하나가 된다. 다음은 도시 내에서 거점으로서 기능할 수 있는 장소를 설명해본 것이다.

- 자연 관찰원: 야생동물을 관찰하고 직접 접촉하는 장소로서 생물에 대한 이해와 애정을 깊이 하는 학습 · 교육의 장이다.
- 도시 생태공원: 사람과 생물이 접할 수 있는 시설로서 도시 내의 질 높은 자연환경을 창조하는 도시공원의 한 형태
- 생물 공원: 시민과 접하기 쉬운 장소에 위치하며, 모든 생물이 아닌 특정 생물의 서식을 위해 조성된 공원이다.
- 미니 생크추어리: 어린이공원, 학교의 정원, 절 주변 등에 위치하며, 생물 보호를 목적으로 지정되었다.

### ② 도시 내 점(소 공간 녹지)의 조성

점은 도시의 외딴 구석진 곳, 가파른 경사지, 모서리 땅, 자투리땅, 옥상 정원, 건물 벽면, 가로수 및 화분 등으로, 거점지역보다 작은 공간에도 식물을 식재하고 조류의 먹이가 되는 종자식물과 나무를 심으면 다양한 새, 나비, 곤충을 오게 할 수 있다.

옥상에도 수목의 뿌리에 대해 저항력이 있는 얇은 토층을 설치하여 지붕을 보호하는 것이 가능하다. 옥상에 식물을 심으면 집짓기 전에 있던 녹지를 부분적으로 되살리고 빗물을 저장하며, 혹서와 혹한을 막을 수 있다. 이처럼 지붕 위의 경관을 자연에 가깝게 만들면 한층 더 가치를 높일 수 있다. 예를 들어 양분이 적은 흙과 모래를 혼합한 토양 위에 다채로운 개척식물군이 자라는 것이 옥상에서도 가능하다.

③ 도시 녹지네트워크의 효과

도시 내에서 이러한 녹지네트워크의 조성으로 여러 가지 대·소 형태의 녹지가 도시의 도처에 생육하여, 야생의 곤충, 새, 작은 동물의 서식이 도시 안에서 가능해진다. 또한 아스팔트와 콘크리트, 유리로 뒤덮인 도시의 내부를 풍요로운 녹과 작은 동물들이 함께 살아갈 수 있는 공간으로 만들어가며, 각각의 공간이 작은 동물이 서식할 수 있는 생태적인 질서를 갖는 네트워크의 도시가 되는 것이다.


## 도시 녹지의 효과와 역할

도시 녹지는 환경의 보전 및 개선이라는 도시문제를 해결하기 위한 하나의 메커니즘인 동시에 생태계의 서식처로서, 또한 녹지 그 자체로서도 중요하며 다양한 사회적 역할을 수행하고 있다. 이러한 도시 녹지의 효과와 역할을 살펴보면 다음과 같다.


### 1) 도시 생태계의 충실 효과

도시 녹화(특히 녹지율의 증가)에 따른 도시 생태계의 충실 효과로는 공원녹지 등에서 섬의 녹지 규모는 생물의 양적인 생식을 보증하는 핵으로서 기능하고, 산재해 있는 패치patch 상의 녹지와 함께 네트워크를 형성한다. 녹지 양의 증가가 반드시 녹지 질의 향상을 의미하는 것은 아니지만, 생태계 충실을 위한 녹화가 이루어진다면 그것은 녹지 종류의 증가를 가져오고, 시간이 흐름에 따라 녹지 구조의 다양화가 일어나게 된다.

이와 같은 식물 단위의 변화는 동물 단위의 변화로 이어지고, 토양적 단위 조건 개선의 기초가 되어 생물현존량과 생물다양도의 증가가 기대된다. 그리고 수직 방향의 순화성과 수평 방향의 이동성과 함께, 생물 간의 상호 관련성이 증가함에 따라 도시 생태계의 자립성과 지속성이 향상된다.

## 2) 에너지 수요의 피크컷Peak Cut 효과

일본에서는 동경도의 한 구를 대상으로 기존 건물 옥상에 녹화를 쉽게 할 수 있는 수평으로 평평한 옥상 건물의 녹화에 따른 냉방부하의 저화와, 공조기에 대한 부하가 적어진 경우의 피크 시 전력 소비 삭감량을 산정하였다.[1] 그 결과 지붕 면적 비율은 약 3.74%였으며, 그중에 설비 기기 등이 놓여있지 않은 녹화 가능 면적은 86%였고, 옥상 녹화를 비교적 쉽게 할 수 있는 면적은 대상 구 면적 전체의 3.2%였다. 이 경우 최상층에서 밑층의 열부하는 변화하지 않으므로, 최상층의 열부하 삭감량을 구했다. 대상구의 미이용 지붕 전부를 녹화한다고 가정하고 냉방부하 저하량에서 전력의 삭감량을 산출해보면, 최대 31만kW가 삭감 가능하다고 한다. 앞으로 도시 재개발에 따라 건물 녹화가 정착된다면 더욱 큰 폭의 삭감량을 기대할 수 있을 것이다.

따라서 녹지에 의한 열부하의 삭감뿐만 아니라 기상 완화에 따른 외기 부하의 경감에 의한 에너지 절약 양은 상당할 것이다.

## 3) 도시 환경의 향상

도시 녹지의 증가에 따라 도시의 국지적 환경은 다음과 같은 효과를 보게 된다. 녹지의 증가는 지표로부터의 증발과 지엽양을 증가시켜 식물로부터의 증산도 증가하여, 증발산에 의한 기온 강화의 효과가 이루어지게 된다. 또한, 지엽양의 증가에 따라 광합성량이 증가해 탄소의 흡수와 산소의 발산이 증가하여 지구 환경의 보전 효과를 볼 수 있게 된다.

그림 4. 녹지의 증가와 도시 환경의 향상 개념도

---

| 1. T 건설(株), 옥상 녹화에 관한 조사, 동경전력(株) 위탁 조사, 1988

## 4) 생활환경의 향상

녹지의 증가는 대기 정화, 소음방지, 일사 방지, 강풍방지 등 도시 생활의 여러 가지 환경 향상으로 이어지게 된다.

### (1) 대기 정화

예를 들어 삼나무는 건조 중량 1kg당 3g의 $SO_2$ 흡착률[2]을 가지고 있다.

또한, 일본 국립공해연구소의 조사[3]에 따르면, 포플러를 예로 한 경우, 0.06ppm의 질소가스를 포함한 오염 공기가 지상 100m까지 존재한다는 조건에서, 지역 전체의 1/10면적에 수목을 심으면 대기오염은 반감한다고 한다. 즉 잎이 1㎡ 덮으면 10㎡ 공간의 질소가스 반이 흡수된다는 것이다. 녹지율과 질병률(호흡기계에 의한 사망률)의 관련도 보고되고 있다. 즉, 도시 내 녹지의 증가는 대기 정화로 이어지고, 나아가서는 호흡기계의 질병률을 저하할 가능성이 높아지게 되는 것이다. 녹지는 상당한 먼지 제거 효과[4]를 보고 있다. 활엽수림은 침엽수림보다 2배 정도의 먼지 제거 효과를 본다(활엽수림 68t/㏊, 침엽수림 32t/㏊).

### (2) 소음방지

수림에 의한 소리의 감쇠 효과는 여러 가지 요인과 관련 있는데, 수림의 밀도, 지형, 기후, 음원의 종류 등이 그 요인이 되며, 가장 관련성이 높은 것은 입목밀도다. 거리에 의한 소음 감쇠를 a(dB), 수림에 의한 소음 감쇠를 b(dB)로 하면 다음과 같은 식이 성립한다는 연구 결과가 있다.

$$a=(a+b)/a$$

a의 값: 임목밀도가 중간 상태일 때(가시거리가 50~60m) 1.1~1.5
: 임목밀도가 높은 상태일 때(가시거리가 5~10m) 1.8~2.4

즉, 임목밀도가 높은 수림에서는 나지에 비해 약 2배의 방음 효과가 있다는 것을 나타낸다.

---

2. 토지녹화추진위원회 편, 공해와 녹화, 1972
3. 건설성 도시 환경 문제 연구회 편, 환경 공생 도시 만들기 – 에코시티 가이드, ㈜교세이, 1995
4. 기계진흥협회 신기계 시스템 센터, 도시 녹화 시스템에 관한 보고서, 1973

## (3) 일사 방지

일반적으로 녹음효과라고 불리는 것이다. 한 장의 잎을 통해 들어오는 일사량은 10~20%라고 한다. 따라서 몇 장이나 되는 잎을 투과하면 일사량은 매우 적어진다.

표 1. 잎의 반사흡수량과 투과량

| 잎의 매수 | 반사흡수량 | 투과량 |
|---|---|---|
| 1 | 80% | 20% |
| 2 | 20×0.8=16% | 20-16=4% |

출처: 건설성 도시 환경 문제 연구회 편, 환경 공생 도시 만들기 - 에코시티 가이드, 1995

## (4) 강풍방지

방풍림에 의한 방풍 효과 범위는 식재의 높이와 감속량은 식재의 밀도와 관계가 있다. 일반적으로 방풍림에서 방풍 효과가 미치는 범위는 풍상층에 대해 수고의 6~10배, 풍하층에 대해 25~30배까지 이른다고 한다. 그러나 가장 효과가 나타나는 것은 풍하층에 대해 수고의 3~5배 부근으로, 풍속이 35% 정도로 떨어진다.

## 5) 안전성의 확보

도시 녹지의 증가에 따라 도시의 안전에 대해 다음과 같은 효과가 기대된다.

## (1) 방재 효과

도시 대부분은 재해에 대해 취약하고, 특히 일본과 같은 도시 대지진에 따른 화재에 대해서는 전혀 무방비한 상태다. 일본에서 과거의 대화재가 멈춘 선을 조사해보면, 약 60%가 오픈스페이스에 의해서 방지되었는데, 이는 오픈스페이스가 불씨 방지 효과, 식재 수목에 의한 복사열의 차단 효과가 있기 때문이다. 이외에도 소화활동에 기여하는 공지의 효과도 큰 비중을 차지하고 있다. 재해 시에 훌륭한 피난처 역할을 했던 것은 일본 관동대지진의 예를 보면 명백하게 알 수 있다. 대지진의 경우 최소한 1인당 1㎡ 이상, 전체 4㏊ 이상의 공원 녹지를 확보할 필요가 있지만, 작은 화재에 대해서는 근린공원, 아동공원 등도 충분히 그 기능을 다 할 수 있다. 대화재 시에는 광역 피난처에 도달하는 피난로의 확보가 중요하고, 교통량이 많은 간선도로는 자동차 화재를 유발하여 교통이 끊어질

뿐만 아니라 오히려 위험을 증대시킬 수 있으므로, 이를 대비해 보행자전용도로를 충분히 확보하면, 이 또한 안전한 피난처로서 매우 가치 있는 공간이 될 수 있다.

표 2. 도시 녹지의 소화효과

| 구분 | 오픈스페이스(%) | 기타(%) |
|---|---|---|
| 관동(關東)대지진 | 63 | 37 |
| 니가타(新潟)대화재 | 43 | 57 |
| 이와나이쵸(岩內町)대화재 | 75 | 25 |
| 노시로(能代)대화재 | 51 | 49 |
| 평균 | 58 | 42 |

주: '기타'는 살수, 절벽, 내화건축물 등이다.

### (2) 지반침하 방지

녹지의 효과에는 우수의 지하 침투에 의한 수원의 함양 효과와 그에 동반되는 지반침하의 방지 효과가 있다. 10년에 1번 정도 내리는 큰비(10년 확률 강우)의 우수 유출계수는 인공 면에서 0.9, 녹지에서 0.3 정도라고 한다. 즉 인공 면에 내린 비의 90%는 하천으로 흘러가고, 녹지에 내린 비는 30%밖에 유출되지 않는다. 증발되는 수분을 고려하더라도 녹지에 내린 비의 반은 지하로 침투하는 것이다. 인공지반 상의 녹지의 경우, 우수가 배수구를 통해 하천으로 흘러들어 가면 지하수 함양 효과는 기대할 수 없다. 그러나 우수를 침투성 우수관에 흘려보내면 인공지반상의 녹지라 해도 수원함양에 이바지할 수 있을 것이다.

### (3) 홍수의 방지

녹화의 증가는 우수의 지하침투를 촉진함으로써 표면 유출 수량을 감소시켜 홍수 방지와도 연결된다.

### 6) 어메니티Amenity 향상 효과

녹지에 의해 제공되는 어메니티 효과는 〈그림 5〉와 같은 다섯 가지를 기대할 수 있다. 도시 내 녹지의 증가에 따라 기대되는 녹지량의 증가 및 도시 생태계의 충실의 양 측면, 즉 양과 질에서 과급되는 복합적인 어메니티 효과는 각각 복잡하게 연관된다.

그림 5. 도시 내 녹지의 증가에 따른 어메니티 효과

출처: 경기개발연구원. 녹지네트워크 형성에 관한 연구, 1996

**(1) 생리적 스트레스의 경감**

환경 부하에 대한 필터 작용, 미풍의 유인 등이 환경 스트레스의 경감 작용 및 녹지에 의한 피로 경감 작용으로 생리적 스트레스가 경감된다.

**(2) 심리적 스트레스의 경감**

녹지율의 증가와 구조물의 차폐에 의한 인공물 비율의 저하 및 자연과 접촉할 기회의 증가 등에 의해 심리적 스트레스가 경감된다.

**(3) 거주환경의 안정화**

유기물과 물의 순환 및 생태계의 안정화에 의해 거주환경이 안정된다.

**(4) 환경 교육의 장 제공**

도시 내 녹지의 증가로 체험 학습의 장이 충실해지고, 녹지를 접함으로써 얻는 감동과 지역에 대한 애착심을 기르는 환경 교육의 장이 제공될 수 있다.

### (5) 잠재적 자연 체험 욕구의 충족

자연환경의 요소인 동식물 등과 만나거나 잠재적인 의식에 내재하여 있는 원풍경을 재생하는 것으로, 모든 인간의 자연에 대한 욕구를 충족시킬 수 있다.

## 녹지네트워크 구성 요소별 개선 방향

### 1) 산림
### (1) 녹지 조성

녹지의 조성은 자연생태계의 모습과 유사하게 조성하는 것이 바람직한 방안으로, 교목층, 관목층, 초본층 등이 층상구조層狀構造를 이룰 수 있도록 하여 건강한 식물군락의 다층구조를 구성하도록 해야 한다. 따라서 훼손된 산림의 복원이나 복구는 될 수 있으면 자연림 구조를 이해하여 모방하는 것이 바람직하다. 그리고 산림 훼손을 미리 방지하기 위하여 향후 훼손이 예상되는 개발 사업에 대한 개발 지침 마련, 행정당국의 일관성 있는 행정과 전문성 제고, 산림 훼손을 유발하는 사업에 대한 주민 감시와 동의서 등에 대한 정책적·제도적 장치 마련이 필요하다.

개발 후 훼손된 환경을 복구하기보다는, 자연이 파괴되기 전에 보전하고, 올바른 이용을 위한 사회적 환경을 조성하며 제도적 장치를 마련하는 것이 중요하다. 앞으로 산지 이용 및 개발 그리고 보전에 대한 사항은 지역 주민의 합의에 근거하여 수립되는 절차를 거치는 방안을 도입하여, 개발에 대한 편의를 얻을 것인가 아니면 다소 불편하더라도 쾌적한 환경을 얻을 것인가 또는 어떠한 개발과 이용 방법을 따를 것인가 등에 대해 주민 스스로 결정하고, 그 결정 사항에 대한 책임을 갖도록 할 필요가 있다.

### (2) 산림의 복구

절개된 산지의 복구는 콘크리트로 된 석축 대신 자연석, 식생 등을 이용하고, 주변의 수종과 같은 것으로 식재하여 주변 경관과의 조화를 이루도록 하며 적응력을 강화하여야 한다. 절개면에는 잔디보다 그 지역에 있는 초본류를 식재하는 것이 바람직하며, 주변의 재료, 형태를 고려한 공법을 사용하고, 법면은 가능하면 완경사로 하여 언덕 같은 느낌이 들 수 있도록 하는 것이 좋다. 파괴된 산지를 복구하기 위한 식재 시에는 주변 지역의 식생 중 산림지의 경계에 있는 수종을 식재하는 것이 좋다.

주택지, 학교, 공장 등의 건설로 파괴된 산림지를 복원할 때 언덕을 조성하여 나무를 심는 것이 효과적이며, 언덕을 만들 때 돌을 모아 놓고 흙을 쌓아 언덕을 만들고, 산림의 임상토에는 유기물이 많으므로 표면 약 10㎝ 두께로 배양토를 덮는 것이 식생의 활착력을 높일 수 있다. 불가피하게 개발을 하게 될 경우, 산림 식생의 특성을 고려한 개발이 되도록 하여야 하며, 최소한 30~40m의 식생대 보존이 요구된다. 그리고 적절한 스카이라인을 고려한 시설물 배치와 개발 밀도, 원지형 유지, 산림 존치율, 용적률, 주변 경관과의 조화된 재료 및 디자인 사용 등에 대한 개발 지침을 제도화하는 것이 필요하다. 또 산지의 계획적 개발 기법 방안을 마련하는 등 개발 시 환경이 훼손되는 행위를 미연에 방지토록 하여야 한다.

### (3) 산림 구조 파악

산림의 다양한 기능을 효과적으로 활용하고 보전하기 위해서는 '산림기능지도'를 작성하는 것이 필요하다. 여기에는 기본적으로 식생, 접근성, 임령, 수계, 식생 구조, 조류의 분포도, 비오톱망 등의 내용이 나타나도록 한다. 또, 산림 자원의 연계 방안 마련을 통한 국토의 녹지띠 연결은 국토 생물축을 형성하여 야생 동물의 서식과 이동을 쉽게 함으로써 생물다양성에 크게 기여할 수 있다.

### (4) 산림의 갱신 작업

산림의 갱신 작업도 사업 지구 내 조류의 유동성 관찰 및 곤충 개체 수 등에 대한 조사를 시행하여 적절한 사업 방법을 선택하도록 하여야 한다. 산림 갱신 때에는 각 고장의 전통적 경관을 조성하고, 수원함양 및 대기 정화의 기능을 극대화하기 위하여 고유종을 식재하여 녹지체계의 질을 제고하는 것이 필요하다.

### (5) 백두대간 생태계 보호

백두대간은 우리나라 생태 흐름을 주도하는 요소로서 관리, 보전, 이용 등에 대한 계획 수립은 신중하게 이루어져야 하며, 백두대간 관리의 큰 목표는 자연자원의 보호에 있으므로 전면적 생태 조사를 주기적으로 실시하여 생태계의 흐름을 파악하여야 한다. 또한, 육림 및 갱신 작업은 생태적 관리에 의하여 이루어지도록 하고, 임도의 노선은 다목적 임도의 건설이 되도록 산림의 타 기능을 고려하여 결정하여야 한다. 또, 백두대간의 보전을 위해 도로의 개설로 단절된 생태계를 연결하는 이동 통로의 개설이 시급한 과제로 나타나고 있다.

## 2) 도시

### (1) 도시 녹지의 가치

도시에 존재하는 녹지는 생태계의 흐름을 연결해 주는 녹지체계 구축을 위한 중요한 요소이면서 시민에게 운동과 휴식 등 다양한 활동 공간을 제공하는 존재다. 도시 녹지의 중요성으로 볼 때 무엇보다 녹지의 확충이 필요하며, 앞으로 조성되는 공원·녹지는 자연스러운 분위기로 조성하여 시민 생활과 밀접한 공간이 되도록 하는 것이 중요하다. 이는 녹지체계를 구축하여 도시 내 생태 환경을 높이는 데 도움을 줄 수 있다. 대규모 녹지·공원 조성이 어려울 경우에는 마을 단위로 소규모 녹지 또는 공원을 꾸며 주민들이 쉽게 접근할 수 있는 숲과 같은 느낌이 들도록 할 수 있다. 이를 위하여 도시 내 버려진 땅의 규모를 파악하고, 이를 공원·녹지화하는 녹지 조성 운동 등도 녹지를 확충하는 방안이 될 수 있으며, 녹도, 동·식물원, 자연 학습원, 자연사 박물관 등의 친환경적 기간시설을 조성하는 것도 녹지체계 구축 및 시민 생활의 친환경성을 확보하는 방안으로서 지역 사회의 생명력을 제공하는 방법이다. 신도시 건설이나 재개발 시 도시의 역사성과 문화성을 공유하도록 하는 것도 주민의 풍요로운 생활을 유지하는 요소가 되며, 생태성을 유지하는 데에도 도움을 준다. 이와 같은 도시의 정체성 유지는 그 도시만이 지니고 있는 특성이 개발과정에서 나타날 때 가능한 일이다.

### (2) 녹지 확충

도시 내 녹지 확충을 위하여 쓰레기 매립지, 하천 부지, 공장 이적지 등 자투리 땅을 활용할 수 있으며, 주차장의 친환경 포장 소재 활용, 가로수 하부 공간의 야생초화류 식재 등을 통해 녹지 연결과 생태다양성 확보를 도모할 수 있다. 이 외에도 가파른 언덕에 있는 모서리 땅, 개발지 주변의 자투리땅, 고가도로 밑, 옥상, 벽면, 필요 이상으로 넓은 인도, 공공건물의 입구, 학교의 담장 밑의 공간, 아파트 내 잔디밭 등을 생물이 서식하는 녹지 공간으로 조성하여 녹지 공간의 확충 효과를 얻을 수 있다. 또 도시 녹화 운동을 통한 건물 옥상 녹화, 공장 녹화, 하천 부지의 녹화, 정원 조성 등 도시 내 점적 요소의 녹지화로 녹지체계 형성에 기여할 수 있다. 신도시 건설 시 주거지 주변 숲 조성 및 주변 산지의 쾌적성을 도시 내로 유입시키는 방안으로, 개발이 힘든 지역을 녹지로 보존하는 방식보다는 주거지 주변 부지를 공원이나 녹지로 조성하고, 일부 구릉지는 주택지로 조성하는 개발계획을 수립하여 도시 경관의 아름다움과 다양성을 연출할 수 있다. 신시가지 조성이나 재개발 사업 시에는 녹지 확보율을 높이고, 지형과 기존 경관을 유지하는 개발 방식 채택을 통해 풍부하고 다양한 녹지 공간을 확보할 수 있다. 도시공원 용지 중 장기간 미시설 공원녹지로 유지되고 있는 장소에 대해서는 매입 또는 해제를 검토하여, 도시의 토지 이용을 높이고 다른 곳의 녹지를 잠식하지 않는 효과를 거둘 수 있다. 아울러 공원 조성이 필요한 경우 민간 자본의 참여를 적극적으로 유도할 수 있는 방안을 마련함으로써 녹지 확보를 용이하게 할 수 있다. 이를 위해서 토지 취득 협의, 토지 수용 대행 또는 토지 선매권 부여 등의 방안을 마련하고, 토지 확보에 따른 취득세, 등록세 등의 면세 또는 감세 혜택을 부여하는 방안을 고려할 필요가 있다.

### (3) 생태 주거단지 조성

도시의 생태 주거단지는 자연재를 사용한 주택 건축, 녹색 공간을 최대한 확보하기 위한 주거지 규모의 적절한 배분, 옥상 녹화, 빗물 이용, 쓰레기 재활용, 중수도, 에너지 절약을 위한 시스템 구축, 바람이나 태양열 등 자연에너지를 이용한 시스템 도입 등을 통해 친환경적 주거 공간으로 조성된다. 주거단지 간 녹지 연결을 꾀하고, 주거단지와 타 용도 토지 이용의 녹지에 의한 연결 수법과 주거지 공간 내 또는 주거단지 사이에 비오톱 공간의 조성 등을 도모한다.

### (4) 자연성 향상 방안

도시에서 녹지를 조성하여야 하는 큰 이유 중 하나는 풍요로운 생활 문화 공동체를 형성하는 데 있으며, 이를 위하여 버려진 땅의 녹지 조성이나 농경지로 활용, 건물 옥상의 녹화 등을 통한 녹지 면적의 확충도 중요하지만, 조성된 녹지를 실생활과 연결하고 녹지를 체험할 수 있도록 하는 방안을 마련하는 것도 중요하다. 녹지 조성 시에는 조류와 곤충을 유인할 수 있는 수종을 선택하는 것이 생물 다양성 유지에 도움이 되며, 녹지 확보만큼 중요하다. 녹지 공간 확보와 더불어 중요한 것은 자연성을 살리는 것이므로 수종과 식재 방식을 통해 자연성을 높일 수 있도록, 인위적으로 조성한 녹지보다는 자연에 가까운 분위기를 연출하는 것이 중요하다.

도시 하천 주변에는 인공 습지를 조성하여 생활하수를 정화할 필요가 있으므로, 부들, 미나리 등과 같은 오수 정화에 뛰어난 식물을 식재하여 오수의 자연 정화를 유도한 후 하천으로 유입되도록 하여, 녹지 조성과 환경오염 방지 효과를 동시에 거둘 수 있도록 하고, 야생생물의 서식과 이동에 필요한 공간으로 활용한다.

### 3) 농촌

농촌 경관은 지역의 전통문화와 주민의 생활상을 담고 있는 중요한 요소로서 녹지체계 구축을 위해서 중요한 근거를 제공하고 있다. 농촌 경관의 보전 및 농촌 활성화를 위해서도 우량 농지의 철저한 보전과 한계농지의 용도 전환을 통해 향후 점진적으로 귀농하는 사람들이 늘어날 것에 대비하고, 귀농자들을 위한 교육 및 정착 등에 대한 프로그램을 개발하고 지원 방안을 마련하는 것이 필요하다.

농촌 경관을 형성하는 가장 중요한 요소인 농경지는 농산물 생산지이면서 생태계를 연결하는 중간 연결 고리 역할을 하는 녹지체계를 구축하는 중요한 요소이나, 관행 농법에 의한 화학비료, 제초제·살충제의 과다 살포 등 수탈식 농사 방법이 성행하면서 농촌의 녹지체계는 그 기능을 상실하고 있다. 농촌 경관을 회복하고 농경지를 되살리기 위해서는 무엇보다 농촌 생활에 활력을 줄 수 있는 방안이 요구되고 있다. 유기농은 지금까지 시행하여온 관행 농법보다 다소 낮은 수확을 얻지만, 생물다양성을 지킬 수 있고 지속적인 지력을 유지하므로 생산성을 유지할 수 있는 장점이 있어 권장되고 있다. 하지만 판로, 가격 등의 어려움으로 인하여 농가의 참여가 미흡한 실정이다. 따라서 이를 적극적으로 추진하기 위하여 녹색금융 제도 등을 도입할 필요가 있다. 녹색금융은 유기농 또는 농토의 지력을 회복하기 위한 사업을 추진하는 농가에 대하여 저리 융자 제도를 도입하는 것으로서, 생태계의 흐름을 원활하게 하기 위한 모든 사업에 대하여 추진할 필요가 있다.

### 4) 하천

#### (1) 하천개수

과거 하천의 개수 또는 정비 계획은 하천의 생태계를 전혀 고려하지 않은 인간 편의 위주의 개발로 이루어져 왔다. 하천 정비를 위한 제방 축조, 호안 설치, 수

중보 설치, 둔치 조성, 뱃길 확보, 선착장 설치, 하상 퇴적토 준설 등은 하천 생태계를 변화시켜 자체 정화 기능을 상실시킴으로써 부유 물질 발생, 오염 물질 용출 등 수질오염의 큰 원인이 되고 있다. 또한, 둔치 조성을 위한 강변의 호안공사, 수위 유지를 위한 수중보 설치 등도 수생식물 자생을 어렵게 하고, 물 흐름에 지장을 초래하여 하천의 자연정화 기능에 악영향을 끼칠 우려가 있다. 하천 바닥의 정비, 골재 채취는 하천 밑바닥에 있는 저서생물, 박테리아 등을 걷어내는 결과를 가져와 유기물 분해 작용과 질산염, 황산염, 탄산염 등 각종 오염물질의 환원작용을 가로막는 문제를 일으키게 된다.

따라서 하천의 개수 · 정비 시에는 기존 생태계의 흐름을 파악한 후, 생태 환경을 고려하여 이루어질 수 있도록 해야 한다. 하천개수 시에는 수목의 밀생지, 초원지, 강가의 자갈밭 및 습지 등 다양한 환경 조건을 만들고, 하천을 직선화하는 것보다 원래의 곡선을 최대한 살리도록 하여야 한다. 또한 자연에 가까운 환경을 조성하기 위하여 여울, 깊은 물의 형성 등 유수나 하상의 변동 특성이 있는 형태의 하천을 만드는 것이 다양한 하천 생태계를 유지하는 방법이다. 하천을 자연형으로 정비하는 것은 하천 생태계를 살려 전체 녹지체계를 구축하는 데 목적이 있지만, 나아가 사람이 그곳에서 생활의 일부를 영위할 수 있는 공간도 될 수 있다.

## (2) 인공습지 조성

하천 변 또는 버려진 농지 등을 이용하여 소규모의 인공습지와 인공 호수를 조성함으로써 도시 내 녹지체계의 연결 고리 역할을 수행하도록 할 수 있다. 조성 시에는 가능하면 자연스러운 분위기를 연출할 수 있도록 재료를 자연적인 것으로 사용하고, 수종의 선택에서도 새들이 좋아하는 나무를 많이 식재하여 생물 다양성을 유도하는 것이 바람직하다. 하천 및 호숫가에는 갈대, 부들, 부레옥잠 등을 식재하여 유입수를 정화하도록 할 수 있다. 인공 호수 조성 시, 수질오염 방지를 위하여 호수 바닥에 산소를 공급하거나 물을 뺄 수 있는 장치를 설치하는 등 대책을 마련하여야 한다. 한편, 하천 및 호수 주변을 공원화하면서 그곳의 땅과 나무에 주변 주민들의 이름을 붙여주어 친밀감을 갖도록 하고, 나아가 주민 스스로 주인의식을 가지고 관리에 적극적으로 참여하도록 유도할 필요가 있다.

### (3) 훼손된 습지 복원

오염되거나 외부에서 유입된 토사로 인하여 훼손된 습지는 좀처럼 복구할 수 없다. 습지 인근 지역의 개발로 인한 지하수 물줄기 차단과 지하수위가 낮아져 생기는 간접적 습지 훼손은 지하수의 물길이 단절되었기 때문에 복구하기 더욱 어렵다. 훼손된 습지를 살리기 위해서는 일단 오염된 원인을 파악하고 유입되는 토사를 막는 일이 시급하며, 주변의 자생식물을 보호하여 스스로의 힘으로 원래 모습을 되찾기를 기대하여야 한다. 습지가 훼손 · 파괴되는 것은 습지를 쓸모 없는 땅으로 간주하여 흙으로 메우고 경작지나 공단을 조성하는 등에 그 원인이 있는 경우가 많으므로, 무엇보다 습지에 대한 생태적 가치를 인정하고 깨닫는 것이 중요하다. 늪을 자연 생태 보전구역으로 지정하여 각종 개발로부터 격리해 보전하는 한편, 부분적으로는 생태관광의 자원으로 탐방객에게 자연 체험을 제공하는 공간으로 활용할 수 있다.

## 도시 녹지체계의 형성 방향

이전까지 국토의 관리와 이용에 있어서 자연환경은 인간의 복지와 이익을 위한 자원 또는 이용 수단으로 생각하는 경향이 강하게 나타났다. 자연을 활용한 각종 개발 사업 추진 시 경제적 이익과 토지 이용의 효율성을 우선으로 고려하는 정책과 사회 환경 속에서 각종 개발에 따른 생태계의 충격을 완화하기 위한 실질적 조치는 극히 미흡한 실정이었다. 또 국토의 관리를 위한 계획 수립 및 관리 과정에서 활용할 수 있는 녹지체계를 종합적으로 파악하기 위한 자연환경의 생태적 구조에 대한 조사 및 분석 자료 미비 등으로 인하여 체계적인 녹지체계 구축 방안을 마련하는 것이 어려웠다.

녹지체계의 구축은 도시화 · 산업화의 급속한 진행에 따른 난개발과 과도한 개발 등으로 훼손되고 오염된 자연환경을 가능한 본래의 모습과 기능으로 되돌려, 건강한 자연을 유지토록 하는 데 근본적 의의가 있다. 이를 위해 국토 전체를 하나의 생태계로 보고 그것을 구성하는 요소들을 물리적, 개념적 그리고 생물적으로 연결하여 식생, 토양, 물 등의 자연자원에 생명력을 되찾게 하여, 궁극적으로 그것을 필요로 하는 인간에게 도움을 주는 데 그 의의가 있다.

녹지체계 구축은 단순히 녹지를 많이 확보하고 가시적으로 녹지를 연결한다는 의미를 넘어서, 국토의 자연성과 쾌적성을 높이기 위하여 훼손된 자연환경을 회복하고 생물다양성을 증대시키는 것을 의미한다. 따라서 향후 국토 개발 정책을 추진할 때에도 자연환경의 보전·관리를 전제로 한 국토 관리가 이루어질 수 있도록 하는 것이 필요하다.

## 1) 도시 녹지체계의 변화

우리나라의 녹지체계는 개항기, 일제강점기, 전후 혼란기, 고도성장기 등 시대에 따라 그 성격을 달리하고 있고, 고도성장기 이후에는 개발제한구역 해제와 도시공원녹지법 제정이라는 큰 변혁을 거치고 있다.

개항기 때 외국인 거류지역을 중심으로 공원이 조성된 시기와 일제강점기 때 조선 시가지 계획령 등을 통해 공원 계획이 이루어진 시기에는 태평양전쟁의 영향 등으로 대부분 실행되지 못한 채, 제도 전환을 맞았다. 전후 혼란기에는 도시계획법과 공원법, 개발제한구역제도 등 새로운 제도가 마련되었으며, 제1차, 제2차 국토종합계획이 추진된 고도성장기에는 개발제한구역 제도와 새로운 도시공원법을 토대로 녹지의 비약적인 양적 증대가 이루어졌다. 1990년 현재 도시공원은 총 2,159개소, 217,622,000㎡가 계획되었으며(면적 대비 36.4% 조성), 개발제한구역 면적은 14개 권역 5,397㎢(전 국토의 5.4%)에 이르고 있다. 이 시기를 녹지의 보전·정비기라 말하며, 이 시기의 특이할 만한 사항으로는 1978년 수립된 서울시 도시기본계획의 공원 계획을 들 수 있다. 이 계획은 환상공원 녹지체계를 갖추고 수도권 광역 녹지체계와의 연계를 도모하는 등 매우 획기적인 방법으로 추진 계획되었으나, 급격히 성장하는 서울시의 여건과 맞지 않아 실현되지는 못했다(서울특별시, 2006년).

1990년대에 들어서는 새로 마련된 도시공원법과 개발제한구역 제도 개선에 따라 도시 녹지를 보다 체계적으로 보전·정비하는 노력이 본격화되기 시작했다. 1998년을 전후로 경기도 등 몇몇 자치단체에서는 도시 녹지 계획을 수립하였으며, 1999년에는 개발제한구역 관리지침(건설교통부, 1999년)에 따라 광역도시계획 및 도시기본계획 지침을 수립하여 도시 녹지를 체계적으로 보전·정비하기 위한 방침이 마련되었다.

2005년 3월에는 도시공원 및 녹지 등에 관한 법률이 제정·공포되어 새로운 녹지 계획 수립을 위한 계기가 마련되었다. 동 법률에서는 도시 녹지의 체계적인 보전과 정비를 위해 공원녹지 기본계획을 수립하는 것을 자치단체장의 의무사항으로 규정하여 녹지체계가 본격화되는 중요한 계기를 마련하였다.

## 2) 도시 녹지체계의 발전 방향

현행 녹지체계는 생활권을 대상으로 하는 생활권 녹지체계와 하나의 시 경계를 넘는 광역권 녹지체계의 이원적 구조로 되어 있어 이들의 결합을 통해, 도시 녹지체계는 전체적으로 이원적이고 친자연적인 구조 체계를 지향하는 특성을 보이고 있다. 그리고 도시공원 및 녹지 등에 관한 법률에서는 자연 녹지를 담보할 수 있는 도시자연공원구역, 민유림, 녹지 활용 계약 및 녹화 협약 제도, 일정 개발 면적 이상 개발 시 녹지를 담보할 수 있는 규정 등 도시 녹지를 확충하는 방법을 다양하게 마련하고 있다. 아울러 상위 계획 및 관련 계획과의 정합성을 유지할 수 있도록 규정하고 있어 도시 녹지체계 구축을 위한 장치를 보완하고 있음을 알 수 있다.

도시 녹지체계를 구체화하기 위해서는 양적 지표의 설정과 그를 실천해 나갈 구체적인 실천 전략이 필요하지만, 현재의 녹지체계는 총량적인 양적 지표는 있으나 장기적 집행 프로그램이 마련되어 있지 못한 실정이다. 또한, 녹지체계에 대한 이념과 구체적인 프로그램도 부족한 형편이다. 이것은 도시 녹지 계획을 위한 전체적인 가이드라인이 아직 책정되지 않았기 때문에 발생하는 문제로, 구체적인 가이드라인의 책정이 무엇보다 시급한 과제라고 말할 수 있다.

도시 녹지체계의 체계적인 구축을 위해서 지향해야 할 방향은 다음과 같다.

### (1) 역할 및 기능

오늘날의 도시 녹지체계는 도시 질을 창조하고, 지역 경쟁력을 강화하는 실질적인 방법으로서의 역할이 크게 강화되고 있다. 따라서 도시 녹지체계를 도시계획의 단순한 수단으로서가 아니라, 도시의 질과 지역 경쟁력을 창출하는 도시 발전의 한 장르로서 발전시켜 나갈 필요가 있다. 이를 위해서는 녹지체계를 도시 하부 계획으로 명확히 위치시키는 것은 물론 지역 자치행정 체계와의 일체화를 더욱 추진해 나갈 필요가 있다. 또 녹지체계의 실질적 기능 확대를 위해서 생활권 환경 계획은 물론 여가·관광 사업 및 평생학습 사업 등과의 연계를 적극적으로 고려해 나갈 필요가 있다.

### (2) 구성

최근 도시 녹지체계의 실용적 역할이 강화됨에 따라 도시 녹지체계를 구축한다는 것은 이러한 통합적 구조를 의미한다고 볼 수 있다. 통합적 구조를 형성하기 위해서는 관련 계획을 일체화하고, 이들의 교점을 찾는 작업이 매우 중요하다. 따라서 광역적 녹지 계획과 생활권 녹지 계획의 역할 구분을 명확히 하고, 이들이 상호 연계될 수 있는 통합 거점(연계 교점)을 마련할 필요가 있다. 또한 개발제한구역 및 도시자연공원구역은 국내 녹지 제도의 중요한 특성이자 소중한 자산이므로, 통합 거점 등을 설정할 경우 이들을 적극적으로 활용할 필요가 있다.

### (3) 체계 형성

최근의 도시 녹지체계는 거점과 실용 중심 또는 지역 중심 체계로 변화하고 있다. 따라서 앞으로의 녹지체계는 이러한 거점 녹지를 중심으로 하는 실용 중심 체계, 지역 중심 체계로 전환해 나갈 필요가 있다. 이를 위해서는 녹지대 형성과는 별도로 지역 발전과 연계된 실질적인 거점 계획의 수립이 필요하며, 광역 레크리에이션 활동 및 관광 수요, 복지 환경 수요, 주민들의 창의적인 문화 교류 활동 수요에 대응한 프로그램의 개척이 필요하다. 또한 이러한 거점 기능을 보다 기능적이고 효과적으로 유도해 나갈 수 있는 특색 있는 루트 개발 및 지구 개발 정책이 요청된다.

### (4) 실현 방법

과거 도시 녹지체계는 주로 도시계획의 필요 때문에 대응해 왔으며, 그의 담보는 도시공원을 조성하거나 용도 지역 등 법적 규제를 통해 행해져 왔다. 현재의 녹지체계는 상당히 계획적으로 추진되고 있지만, 녹지의 보전과 정비는 행정의 힘만으로는 어려움이 크다. 따라서 녹지체계를 효과적으로 추진하기 위해서는 이러한 담보와 주민 참여를 위한 구체적인 실천 전략이 필요하다. 이를 위해 우선 명확한 계획 지표와 별도의 장기적인 계획이 요구되며, 주민 참여 및 협력 방안 등을 '공원녹지 기본계획'에서 더욱 강화해 나갈 필요가 있다.

### (5) 기타

새로운 전략을 추진해 나가기 위해서는 체계적인 조사와 연구가 반드시 필요하다. 따라서 전문 연구 조직의 구성을 통해 녹지체계 추진을 위한 구체적인 이념과 방법 등을 체계적으로 연구할 필요가 있다. 이를 위해서는 전문 연구 조직을 통한 체계 있는 연구 수행(한국 녹지체계의 히스토리 및 비전과 지표 설정 등), 구체적인 가이드라인의 구축, 가이드라인을 통한 주민 홍보 및 참여 유도 방안 제시라는 프로세스가 필요하다.

### 3) 녹지네트워크 형성을 위한 역할

국토의 녹지체계 구축을 위해서는 정부, 지방자치단체, 공공 및 민간 기업, 환경 관련 비영리 민간단체NGO 그리고 국민들이 공원녹지의 양적 확보와 질적 향상, 연계 방안을 마련하는 과정에서 각각 담당해야 할 역할을 제시하여 협력·보완 관계를 설정하도록 할 필요가 있다.

### (1) 중앙정부

녹지의 질을 관찰하기 위한 지속적인 조사는 녹지의 물리적·구조적 실태 및 환경오염에 대한 원인을 추적하기 위해 장기적으로 관찰하는 것이 중요하며, 특히 인간 활동으로 인한 녹지의 영향을 파악하는 것이 중요하다. 녹지체계 구축의 뚜렷한 관리 목표는 환경부, 국토교통부, 농림축산식품부, 산림청 등 관련 부처 간 의견 조정을 통해 설정하여 생태계 건강성을 유지하는 데 혼선이 없도록 하며, 다음 세대에게 물려줄 국토 환경을 고려해 녹지체계 관리의 정의를 제시하도록 한다. 아울러 지자체 간 녹지체계 관리에 대한 갈등 조정 역할을 담당하고, 녹지체계 구축에 요구되는 전문가를 육성하기 위한 제도적 장치 마련과 정책·재정적 지원 방안을 마련하는 한편, 민간단체를 중심으로 한 자연보호 운동의 활성화를 위해 적극적으로 지원하도록 한다.

### (2) 지방자치단체

각 지자체는 지역별 특성에 적합한 녹지체계 관리 수단을 마련하고, 지역 차원의 경관 조성 계획 수립 및 지역 특성을 고려한 녹지 관리 프로그램 등을 작성한다. 또한, 각종 지역개발 사업에 따른 녹지 훼손에 대한 사후 관리 시스템을 구축하고, 지역 생태계에 대한 정보체계를 구축하여 개발계획 수립 및 관리 운영 시 활용할 수 있도록 한다.

### (3) 지역주민

녹지를 지키는 최고의 관리자는 지역 주민이며, 녹지의 최대 수혜자 또한 주민이라는 인식을 갖고 질 높은 자연환경을 유지하는 데 관심을 두는 것이 가장 중요하다. 따라서 생활 주변에 있는 녹지를 아끼고 가꾸는 마음을 지니고, 오염 물질을 배출하지 않도록 노력하는 것이 필요하다. 또 녹지체계 구축은 바로 국민을 위한 것이므로, 이를 방해하고 정책을 거부하는 행위를 감시하는 역할을 가지며, 스스로도 이를 준수하는 의무를 지니게 된다.

## (4) 전문가

다양한 분야의 전문가가 녹지체계를 구축하고 종합적인 관리 방안을 수립하기 위하여 지식 및 정보를 교환하고, 이를 실천하려는 노력이 필요하다. 전문가의 전문적 지식과 함께 국민의 요구 사항을 녹지체계 계획에 반영하여 국민들이 확보된 녹지를 친밀감 있게 이용할 수 있도록 한다.

## (5) 환경 단체 등 NGO

녹지 확보와 개발에 의한 생태계 훼손 방지 등에 대해 홍보 활동과 국민 생활에 뿌리를 둔 환경 운동을 전개하고, 국민의 올바른 여가 활동을 위한 다양한 프로그램을 발굴하도록 노력한다. 지역별, 마을별 여러 분야의 전문가로 구성된 자원봉사 형태의 환경 학교 개설 등과 같은 환경 의식 제고를 위한 사업을 진행한다.

## 참고문헌

1. 경기개발연구원, 녹지네트워크 형성에 관한 연구, 1996.
2. 국토해양부, 저탄소 녹색성장형 도시공원 조성 및 관리운영 정책연구, 2011.
3. 박구원, "한국과 일본 녹지체계의 발전 특성에 관한 연구", 『한국조경학회지』 34(3), 2006.
4. 서울특별시, 서울육백년사-도시계획, 2006.
5. 이명우 저, 『조경계획』, 기문당, 2011.
6. 건설성 도시 환경 문제 연구소 편, 환경 공생 도시 만들기-에코시티가이드, 1995.
7. 기계진흥협회 신기계 시스템 센터, 도시 녹화 시스템에 관한 보고서, 1973.
8. 토지녹화추진회 편, 공해와 녹화, 1972.

# 녹색인프라로서 도시하천 현황과 개선 방안

나 정 화

## 하천과 녹색인프라

### 1) 녹색인프라 구축에서 하천의 역할

녹색인프라는 회색인프라에 반대되는 개념으로 '강과 하천, 습지, 가로수, 공원, 옥상녹화, 마을숲 등의 녹색공간과 주변 환경요소들의 계획된 네트워크'라 할 수 있으며, '전체 경관의 생태적 가치를 보전함과 동시에 지역 주민들에게 복합적인 편익을 제공하는 개방된 공간들의 연결망'이라 할 수 있다Mark and Edward(2006년). 특히, 이러한 녹색인프라 구축에서 도시하천은 녹색의 연결축으로서 중요한 생태적 기능을 수행하며, 여가, 휴양, 자연체험, 농업 등 도시민의 다양한 활동을 위한 기반이 된다. 상기와 같은 맥락에서 미국 환경청EPA에서는 '자연의 물순환 유지 및 회복, 수공간 상호간의 연결된 네트워크 조성'을 녹색인프라 구축의 주요 전략으로 제시하고 있다(최창규 등, 2008년).

그러나 우리나라의 경우 지난 수 십 년간 도시의 팽창으로 인해 하천부지는 매립되고 도시생산을 위한 토지로 전환되면서 그 영역은 지속적으로 좁아지고 있다(배민기 등, 2012년). 녹색인프라의 한 축이 백두대간이라면 나머지 한 축은 4대강

녹색인프라의 이해와 구축 방안

을 포함한 도시하천이 되어야 함에도 불구하고 그동안의 녹색인프라 구축에서 도시하천 분야는 이·치수 위주의 다소 소극적인 계획으로 다루어져 왔던 것이 사실이다. 최근 들어서는 오염된 하천의 생태계를 회복시키고 지역주민의 여가 공간으로 활용하는 사례가 늘고 있는데, 이는 도시와 자연환경의 재생을 위한 세계적인 추세이기도 하다(김익재와 한대호, 2008년: 안홍규, 2009년).

하천의 그린웨이 즉, 하천의 녹지인프라를 구축하기 위해서는 하천 자체의 수질보호뿐만 아니라 하천변으로 충분한 폭의 부지가 확보되어야 하며, 이에 대한 적극적인 녹화계획이 필요하다고 할 수 있다. 녹화계획의 수립은 생태적으로 지속가능한 하천환경을 조성함과 동시에 미·시각적 경관의 가치를 높이는 방안이 될 수 있다. 따라서 도시하천의 오염과 난개발을 방지하고 생태적 건전성과 미·시각적 아름다움을 동시에 충족시키기 위해서는 주요 산과 하천을 연결하는 녹색인프라 구축계획을 세우고 이에 기초한 개발계획을 추진할 필요가 있을 것으로 판단된다.

## 2) 하천의 차수 구분

하천에서 '지류'는 물이 흐르는 수로와 이를 둘러싸고 있는 식생의 띠를 의미한다. 이러한 하천통로Corridor는 수로와 그에 인접한 제방만을 포함할 수도 있고, 범람원, 언덕경사, 산림지와 연계된 띠형수림 등을 포함하는 넓은 폭을 가질 수도 있다. 이상의 하천시스템에서 활발히 흐르는 물이 있는 지역 즉, 수로는 지류의 차수에 의해 구분된다. 일반적으로 가장 높은 곳에서 지속적으로 흐르는 지류는 '1차 지류'로 분류할 수 있으며, 두 개의 1차 지류가 합류하여 흐르는 것을 '2차 지류'로 분류한다. 또한 2개의 2차 지류는 합류하여 '3차 지류'를 형성한다. 여기에서 1차 지류는 직접 3차 지류 또는 5차 지류 등에 유입될 수 있으나 지류의 차수는 변하지 않는다. 더불어 연중 일부 기간에만 흐르는 지류는 '0차 수로' 또는 '간헐수로'로 분류할 수 있으며, 보통 이러한 수로는 인접한 식생에 의한 영향은 거의 받지 않는 것으로 보고되고 있다.

반면 1차 지류는 일반적으로 직선형에 가깝고 인접한 식생에 강한 영향을 받는다. 또한 2차에서 4차에 이르는 자연형 지류들은 특별히 소·여울 구조가 빈번히 나타난다. 5차 이상의 큰 지류와 하천의 경우 굴절이 심하고 침식보다는 퇴적이 우세한 경향을 보인다. 즉, 하천과 연계되어 있는 넓은 면적의 범람원은 종종 습지, U자형 만곡, 인간의 토지이용 등을 포함한 매우 불균질한 통로를 형성

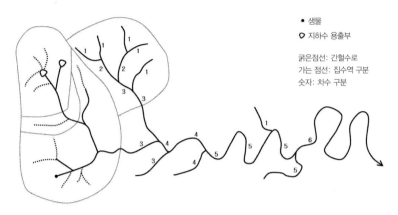

● 샘물
○ 지하수 용출부

굵은점선: 간헐수로
가는 점선: 집수역 구분
숫자: 차수 구분

그림 1. 하천의 차수 및 유역의 유형 구분 출처: Dunne and Leopold(1978), 수정 후 재작성

하게 된다.

차수에 따른 평균유속을 살펴보면, 우선 낮은 차수의 지류들은 유속이 빠르며, 높은 차수로 갈수록 점차 느려지는 경향을 나타낸다. 가파른 산지에서 형성된 1차 지류들은 암반, 가지 및 통나무 등의 소규모 자연형 댐에 의해 계단식 하상을 이루며, 유속 또한 빨라진다고 할 수 있다. 반면 차수가 높은 지류들은 비교적 폭이 넓고 경사가 완만하며 사행의 형태를 유지하고 있기 때문에 일반적으로

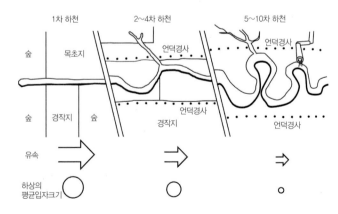

그림 2. 차수별 하천의 형상 및 유속, 하상의 입자크기 비교 출처: Forman(2000), 수정 후 재작성

녹색인프라의 이해와 구축 방안

유속은 느리게 된다. 이러한 측면에서 유속에 의해 결정되는 하천 입자들의 크기는 빠르게 움직이는 낮은 차수의 지류들에서 바위, 목재, 자갈, 모래 위주로 구성되며, 높은 차수의 지류들은 미사와 다른 미세물질들로 구성된다고 볼 수 있다.

더불어 낮은 차수 지류의 빠른 유속과 높은 차수 지류의 높은 탁도는 뿌리를 내리는 수생식물들의 생육을 제한하게 된다. 따라서 보통 뿌리를 내리는 수생식물들은 중간 차수(2~4차)의 지류에서 많이 생육하게 된다. 즉, 하천에서 물의 흐름은 침식과 퇴적에 영향을 미치며, 수변식생을 조절하는 역할을 한다고 볼 수 있다.

## 도시하천의 현황-대구시 금호강을 사례로

금호강은 포항시 죽장면 입암리에서 발원하여 영천군, 경산시 및 대구시를 관통하는 낙동강의 주요 지류로서 남강 다음으로 큰 도시하천이다. 형태는 동서로

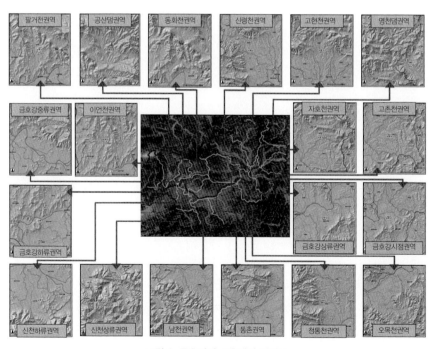

그림 3. 금호강의 소유역권 위치도

표 1. 금호강의 주요지점별 수질 오염도 (BOD 단위: mg/L)

| 채수지점 | 수질 오염도 | | | | | | | | | | | | |
|---|---|---|---|---|---|---|---|---|---|---|---|---|---|
| | 1월 | 2월 | 3월 | 4월 | 5월 | 6월 | 7월 | 8월 | 9월 | 10월 | 11월 | 12월 | 평균 |
| 가사 4교 | · | · | · | · | · | 0.3 | · | 0.4 | · | 0.2 | · | · | 0.3 |
| 가 사 교 | · | · | · | · | · | 0.4 | · | 0.5 | · | 0.2 | · | · | 0.4 |
| 송 내 교 | · | · | · | · | · | 0.4 | · | 0.5 | · | 0.2 | · | · | 0.4 |
| 현내천 유입후 | · | · | · | · | · | 0.3 | · | 0.5 | · | 0.4 | · | · | 0.4 |
| 영천댐 상류 | · | · | · | · | · | 0.2 | · | 0.4 | · | 0.5 | · | · | 0.4 |
| 영천댐 조성지 | · | · | · | · | · | 1.2 | · | 1.2 | · | 1.3 | · | · | 1.2 |
| 평 천 교 | 0.4 | 0.3 | 0.6 | 0.5 | 0.5 | 0.5 | 0.6 | 0.6 | 0.6 | 0.4 | 0.5 | 0.6 | 0.5 |
| 임고천 유입전 | · | · | · | · | · | · | · | 0.8 | · | 0.8 | · | · | 0.8 |
| 임고천 유잉후 | · | · | · | · | · | · | · | 0.9 | · | 0.8 | · | · | 0.9 |
| 고촌천 유입전 | · | · | · | · | · | 0.4 | · | 0.8 | · | 1.0 | · | · | 0.7 |
| 신령천 유입후 | · | · | · | · | · | 2.1 | · | 1.7 | · | 1.1 | · | · | 1.6 |
| 북안천 유입후 | · | · | · | · | · | · | · | 1.3 | · | 1.3 | · | · | 1.3 |
| 금호교(금창교) | · | · | · | · | · | · | · | 1.7 | · | 1.5 | · | · | 1.6 |
| 하양 유원지 | 2.8 | 4.9 | 3.0 | 2.5 | 1.9 | 2.0 | 1.7 | 2.5 | 2.0 | 2.5 | 2.5 | 3.0 | 2.6 |
| 안심교 | · | · | · | · | · | · | · | 1.6 | · | 1.7 | · | · | 1.7 |
| 제1 아양교 | 3.1 | 4.6 | 3.4 | 3.0 | 3.4 | 3.4 | 3.5 | 2.5 | 5.2 | 3.2 | 3.6 | 4.9 | 3.7 |
| 제3 아양교 | · | · | · | · | · | 3.3 | · | 3.7 | · | 3.4 | · | · | 3.5 |
| 무 태 교 | 3.6 | 5.1 | 5.1 | 3.1 | 4.5 | 4.9 | 3.8 | 3.0 | 6.4 | 3.8 | 4.5 | 5.0 | 4.4 |
| 팔 달 교 | 7.1 | 8.0 | 8.7 | 6.5 | 5.9 | 6.0 | 4.3 | 3.3 | 6.7 | 4.3 | 4.6 | 5.9 | 5.9 |
| 강 창 교 | 8.1 | 8.4 | 8.8 | 7.2 | 5.9 | 7.6 | 5.2 | 3.8 | 5.4 | 5.9 | 5.0 | 5.1 | 6.4 |

장방형이며, 동으로는 형산강, 서로는 낙동강, 남으로는 밀양강, 북으로는 위천 및 반변천과 접해 있다. 금호강의 주요 지류로는 신천, 불로천, 동화천, 율하천 등 20여개 정도이며, 도심 휴양하천으로 정비된 신천을 제외하면 본류와는 달리 지류들의 유로경사는 비교적 급한 편에 속한다.

형태적인 측면에서 금호강의 유역면적은 약 2,087㎢, 유로연장은 약 118.5㎞, 형상계수는 0.149 정도인 것으로 나타났다. 본류의 수질은 영천댐으로 유입되는 지점까지 1급수를 유지하고 있는 것으로 조사되었으나 영천댐 하류에서의 수질은 2급수 수준(BOD 2.1㎎/L)으로 다소 악화되는 경향을 보였다. 특히 경산시를 지나면서는 남천의 처리수 유입으로 인해 3급수 정도로 수질이 보다 악화되었다. 수질 측면에서 이상과 같이 오염된 유수들은 낙동강으로 바로 유입되고 있는 실정이다.

한편 1995년에서 2004년까지 금호강과 낙동강의 수질오염을 비교해 보면, 1995년의 경우 낙동강 상류(달성)는 BOD가 약 3㎎/L, 금호강 강창 부근은 9㎎/L로 매우 큰 차이를 보이고 있었다. 2000년의 경우에는 낙동강 상류는 약 1.5㎎/L, 금호강 강창 부근은 6㎎/L를 보이고 있었다.

그러나 2004년부터 낙동강 상류는 약 2.0㎎/L, 금호강 강창 부근은 4㎎/L로 금호강과 낙동강의 수질에 큰 차이는 없는 것으로 조사되었다. 이는 금호강의 수질이 최근에는 비교적 잘 개선되고 있음을 보여주는 것이라 할 수 있다.

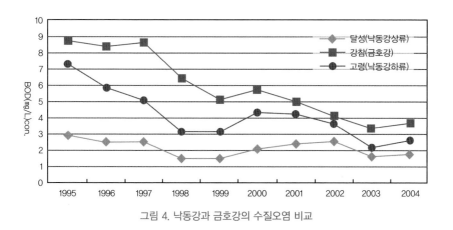

그림 4. 낙동강과 금호강의 수질오염 비교

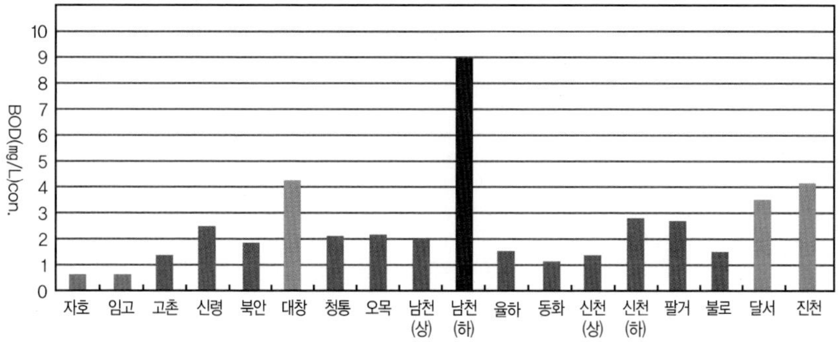

그림 5. 금호강 주요 지류들의 수질오염도

얼룩새코미꾸미          금호강에서 사라진 환출납줄개          육식어종인 동사리

그림 6. 금호강 유역에서 사라지고 있는 어류

2004년 금호강의 주요지류들에 대한 수질오염도 조사결과에 따르면, 남천 하류부 BOD는 약 9mg/L로 수질이 가장 악화된 것으로 조사되고 있는 반면, 자호천이 BOD 0.5mg/L로 가장 양호한 것으로 나타났다(나정화, 2006년).

금호강에 서식하고 있는 어종을 살펴보면, 잉어과 25종, 기름종개과 6종 등 총 51종이 서식하고 있는 것으로 나타났다. 이 가운데 각시붕어, 자가사리 등 한국 고유어종이 15종 정도 서식하고 있어, 전체 한국 고유어종 42종의 약 1/3 수준에 달하고 있었다. 또한 금호강에 가장 많이 서식하고 있는 어류는 피라미, 갈겨니, 참몰개로 조사되었으며, 영천댐 상류부 구간에는 버들치와 갈겨니가 우점종으로 파악되었다. 그러나 외래종 베스가 금호강에 서식하기 시작한 이후부터 과거에 많이 채집되었던 모래주사, 경모치, 낙동돌마자는 현재 멸종된 것으로 보고되고 있다. 또한 참마자, 모래무지, 쉬리, 납자루, 꺽지, 꼬치동자개와 같은 어종은 한정된 지역에서만 서식하고 있어 멸종위기에 처해 있는 것으로 보인다. 특히 1963~1987년 사이에 51종이, 2006년에는 27종으로 급속한 감소추세에 있었다.

식물의 경우를 살펴보면, 총 290여종이 생육하고 있으며, 이중 가장 많은 종이 발견되는 지역은 최상류 가사리 갈밭지역으로 달뿌리풀, 갈대, 고마리, 창포, 가시상치 등 총 48종으로 나타났다. 또한 영천댐 상류지역의 식물종은 비교적 다양하게 분포되어 있는 반면, 하류지역으로 내려올수록 각종개발과 호안공사에 따른 환경오염으로 인해 향토자생종은 현저히 감소되고 귀화식물의 분포도는 증가하고 있었다.

조류의 경우 총 27과 72종이 금호강 유역에서 서식하고 있는 것으로 보고되고 있다. 이중 겨울철새가 24종으로 개체수로는 61.5%를 점유하고 있었으며, 겨울철에 많이 관찰되는 조류로는 청둥오리, 흰뺨검둥오리, 희죽지, 집비둘기 등으로 조사되었다. 특히 큰고니, 황조롱이 등과 같은 천연기념물로 지정된 많은

| 달성습지 | 동화천 | 안심습지 |

그림 7. 금호강 유역의 주요 습지

조류가 서식하고 있는 것으로 파악되었다. 더불어 금호강과 연계된 자연형 습지인 달성습지에는 멧비둘기, 흰뺨검둥오리, 흑두루미, 재두루미, 황조롱이 등 27과 48종이 월동하는 것으로 조사되었다.

금호강의 경우 일반적인 도시하천에 비해 전역에 걸쳐 많은 습지가 분포하고 있으며 이중 안심습지, 동화천습지, 달성습지는 생태계의 보고로서 많은 동·식물들이 서식하고 있다. 이상의 습지에 대한 현황 및 주요 출현 생물종을 파악해 보면 〈표 2〉와 같다.

금호강 유역의 시기별 토지피복 변화를 살펴보면, 우선 1990년의 경우 수역이 전체면적의 0.9%, 도시 2.9%, 나지 및 초지 0.2%, 산림 65.1%, 농경지 0.9%를 점유하고 있었다. 그러나 1995년에는 수역이 0.8%로 다소 감소하였으며, 도시 3.2%, 나지 및 초지 0.1%, 산림 65.3%, 농경지 30.6%로 나타났다. 2000년에는 수역이 1.0%로 다시 증가하는 현상을 보였으며, 도시 3.7%, 나지 및 초지 0.0%, 산림 66.4%, 농경지 28.8%를 점유하고 있는 것으로 분석되었다. 전체적으로 도시지역이 꾸준한 증가추세를 보인 반면, 나지 및 초지는 감소하는 경향을 보였으며, 수역과 산림지는 큰 변화가 없었다(그림 8 참조).

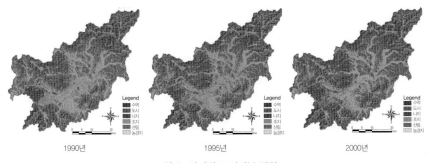

| 1990년 | 1995년 | 2000년 |

그림 8. 시기별 토지피복 변화

표 2. 금호강 유역의 주요 출현 생물종

| 대상지 | 생물종 | 주요 출현종 |
|---|---|---|
| 안심습지 | 식생 | · 거미고사리, 왕버들, 시무나무, 노랑어리연꽃(환경부지정 특정식물종1등급)<br>· 애기석위, 물옥잠 등(환경부지정 특정식물종 3등급)<br>· 자라풀, 수염마름 등(환경부지정 특정식물종 4등급) |
| | 곤충 | · 돼지풀잎벌레(한국 미기록종)<br>· 물둥구리, 아시아실잠자리, 나비잠자리 등 |
| | 조류 | · 큰고니, 가창오리 등(환경부지정 보호 야생종)<br>· 원앙, 황조롱이 등(환경부지정 특정종) |
| | 어류 | · 참붕어(우점종), 긴몰개, 밀어, 가물치 등 |
| 동화천습지 | 식생 | · 부처손, 거미고사리, 백선, 상수리나무 등<br>· 시무나무, 왕버들, 개구리자리 등 |
| | 곤충 | · 돼지풀잎벌레(한국 미기록종)<br>· 소금쟁이, 애소금쟁이, 산제비나비 등 |
| | 조류 | · 흰목물떼새(환경부지정 보호 야생종)<br>· 원앙(환경부지정 특정종) |
| | 어류 | · 긴몰개(한반도 고유종)<br>· 붕어, 버들치, 피라미, 밀어 등 |
| 달성습지 | 식생 | · 모감주나무, 말냉이, 달뿌리풀 등<br>· 비자루국화, 큰도꼬마리, 재쑥 등 |
| | 곤충 | · 느릅애매미충(국내 신기록종)/ 돼지풀잎벌레(한국 미기록종)<br>· 큰명주딱정벌레, 큰조롱박먼지벌레, 애딱정벌레 등 |
| | 조류 | · 황새(환경부지정 멸종 위기종)<br>· 큰기러기, 큰고니, 물수리, 조롱이, 흑두루미 등(환경부지정 보호야생종) |
| | 어류 | · 참몰개(한반도 고유종)<br>· 잉어, 붕어, 큰입우럭, 끄리 등 |

마지막으로 금호강의 수자원 이용현황을 살펴보면, 우선 금호강 유역내 생·공용수 전용댐은 가창댐, 공산댐, 영천댐, 운문댐 등 4개로 이중 영천댐은 금호강 유역의 용수공급이 목적이 아니라 동해안 포항지역으로 용수를 공급하기 위해 설치된 댐으로 파악되었다. 이상과 같은 댐들로 인해 금호강 하류부에는 심한 용수부족현상이 발생해 왔다. 물 부족이 발생하는 빈도는 연평균 16% 정도이며, 대체로 6~10월 사이에 물 부족량이 가장 심한 것으로 조사되고 있다. 바로 이러한 문제를 해결하기 위해 1989년 운문댐이 준공되었다. 금호강 유역의 상수 취수량은 1일 1,834,200톤 정도로 파악되었으며, 영천, 금호, 대정, 하양 취수장과 신령천 2개소, 청통천, 오목천, 신천, 동화천 각 1개소 등 10개소

의 취수상에서 1일 175,700톤을 취수하여 유역 내 공급하고 있다. 또한 영천댐
은 포항지역 용수공급을 주목적으로 하고 있으나 금호강 하천유지용수로 1일
40,000톤을 공급하고 있으며, 농번기에는 농업용수로 연간 1,200톤을 공급하
고 있다. 더불어 금호강 유역 내에는 총 10개의 상수원보호구역이 지정되어 있
으며 그 면적은 총 81,122㎢로 유역면적의 약 3.8%를 점유하고 있는 것으로 나
타났다.


## 도시하천의 문제점-대구시 금호강을 사례로

도시하천의 체계적인 녹색인프라 구축을 위해서는 먼저 도시하천의 문제점 분
석이 선행되어야 할 것으로 사료된다. 여기에서는 일례로 대구시 금호강 유역을
조사 대상지로 선정하고 각 조사지점별 문제점을 살펴보고자 한다.

우선 조사지점의 선정은 토지이용 및 생태적 특성이 유사한 공간을 구분한 후,
각 구간의 자연적 특성을 대표할 수 있는 중간 지점을 표본지역으로 하였다. 총
조사지점은 14개 지역이며, 조사지점의 위치 현황은 다음과 같다(표 3 참조).

각 지점별 조사항목은 일반 조사항목과 경관생태적 조사항목으로 구분해 볼 수

표 3. 조사지점의 위치 현황

| 조사지점 | 위치 | 수 |
|---|---|---|
| 1 | 죽장면(입암리)-영천댐 일대 | 1개소 |
| 2 | 영천댐-임고면 사이 | 1개소 |
| 3 | 임고면-단포교 구간 | 1개소 |
| 4 | 단포교-영서교 | 1개소 |
| 5 | 영서교-금호교(금창교)구간 | 1개소 |
| 6 | 금호교(금창교)-금호3교 일대 | 1개소 |
| 7 | 금호3교-안심교 일대 | 1개소 |
| 8 | 안심교-화랑교(제20아양교)사이 | 1개소 |
| 9 | 화랑교(제20아양교)-공항교(경상고) 사이 | 1개소 |
| 10 | 공항교(경상고)-산격대교 구간 | 1개소 |
| 11 | 산격대교-해랑교 구간 | 1개소 |
| 12 | 해랑교-세천교 구간 | 1개소 |
| 13 | 세천교-강창교 일대 | 1개소 |
| 14 | 강창교 일대-낙동강 합류지점(달성습지) | 1개소 |

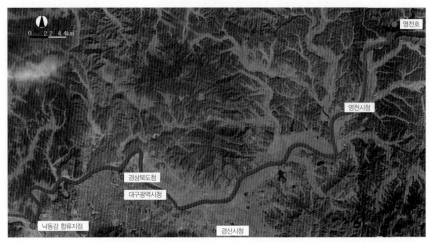

그림 9. 금호강 유역의 위치도

있다. 경관생태적 조사항목은 다시 생태 보전적 측면과 친수 활용적 측면으로 나눌 수 있다. 아래와 같이 일반 조사항목은 토지이용형태 등 6개 항목, 생태 보전적 측면에서의 조사항목은 중요 생물서식공간의 보전 및 관리상태 등 16개 항목, 친수 활용적 측면에서의 조사항목은 접근성 등 7개 항목으로 총 29개의 조사항목으로 구분이 가능하다.

표 4. 조사항목별 주요내용

| 조 사 항 목 | 내　　　　용 |
|---|---|
| 일 반 항 목 | 위치, 크기, 침해요인, 토지이용형태, 주변 토지이용 현황 |
| 생태 보전적 측면 | 주요 생물서식공간, 지형적 조건, 가장자리 모양, 구조적 특징, 비오톱 다양성, 헤메로비, 인접녹지와의 연계성, 식생형태, 녹지자연성, 임상, 피복율, 우점식생, 불투수성 포장면적, 기후, 토양, 수체계 |
| 친수 활용적 측면 | 접근성, 이용형태 및 종류, 이용강도, 이용자수, 시설물 설치현황 및 관리상태, 특이경관요소, 휴양기능 |

이상의 내용을 바탕으로 금호강 유역의 문제점을 기술해 보면, 우선 조사지점 1, 2 등 상류지역은 대체로 수질이 1급수로 매우 양호하며 식생발달 및 조성상태 또한 높은 가치가 있는 것으로 조사되었다. 특히 조사지점 1은 연중 수량변화가 적은 비교적 안정된 하상구조를 보이고 있었다.

그러나 조사지점 2의 경우 녹지축의 단절현상이 심하고 주변 경작지로부터 유

| 영천댐 하류1 | 영천댐 하류2 | 임고습지1 | 임고습지2 |

그림 10. 금호강 상류지역의 현장사진

해 오염물질이 하천으로 유입될 가능성이 높은 것으로 분석되었다. 전체적으로 보면, 상류지역은 특별한 침해요인이 없고 개발밀도는 낮으나 영천댐, 임고습지 등 생태관광자원이 다수 분포하고 있어 이를 활용한 친수휴양공간 및 생태체험 학습공간으로 유도할 필요가 있을 것으로 판단된다.

금호강 중상류지역의 경우 하폭이 150m 이상으로 대체로 넓고, 수량 또한 상류지역에 비해 풍부한 것으로 조사되었다. 그러나 획일화된 콘크리트 블럭호안, 인공보, 잠수교 등의 설치로 인해 생물서식공간으로서의 가치는 떨어지는 것으로 나타났다. 특히 조사지점 4의 경우 평탄화된 넓은 고수부지를 활용한 운동시설 공간이 조성되어 있으나 관리상태 부실 및 노후화로 인해 활용성이 낮은 것으로 조사되었다. 또한 완충수림대가 매우 부족하고 경작지와 바로 접해있는 지역은 수질오염이 우려되는 바, 띠형 완충수림대 조성을 통한 여과기능을 보완해 나갈 필요가 있을 것으로 사료된다. 또한 조사지점 7, 8 등 중류지역의 토지이용형태는 대부분 경작지 중심으로 구성되어 있으며, 이들 경작지의 대부분은 고수확을 목적으로 과도하게 이용되고 있는 것으로 조사되었다. 그러나 제방내부에는 여울과 소, 수중식물, 수초, 육상식물이 잘 조화된 전형적인 자연형 하천의 형태를 보여주고 있었던 바, 자연보전 중심의 공간으로 지속적인 관리 및 개선대책이 필요할 것으로 사료된다. 특히 조사지점 7의 제방내부 지역의 경우 물풀군락 등의 식생, 생태습지 등이 잘 발달되어 있으며, 특히 대구시와 경상북도

| 운동시설 | 콘크리트 블록호안1 | 콘크리트 블록호안2 | 콘크리트 블록호안3 |

그림 11. 금호강 중상류지역의 현장사진

| 쓰레기 투기로 인한 오염 | 무분별한 텃밭조성 | 완충수림대 부족 | 달성습지 |

그림 12. 금호강 하류지역의 현장사진

의 경계부에 위치하고 있는 안심습지가 생태계 보전의 핵심공간으로서 자리 잡고 있는 것으로 나타났다.

반면, 조사지점 9의 경우 대구시 동구권 시가화 지역으로 주거 및 상가밀집 지역으로 구성되어 있으며, 획일적인 하상정비로 인해 소·여울 구조는 거의 나타나고 있지 않는 것으로 조사되었다. 또한 고수부지의 과도한 이용 및 무분별한 인공형 큰크리트 블록호안 조성으로 인해 물풀군락의 생육환경이 매우 열악한 상태였다. 다음으로 금호강 하류지역에 나타난 문제점을 살펴보면, 우선 조사지점 13의 경우, 하폭은 80~100m 정도이며 제방면은 콘크리트 블록호안으로 획일화되어 있는 것으로 조사되었다. 또한 하천정비로 인해 형태는 직강화 되었으며, 하류방향 우측 부지는 대부분 텃밭 및 농경지로 이용되고 있었다. 특히 식생의 조성상태는 매우 빈약하여 녹지축의 기능이 미약한 것으로 분석되었으며, 녹음수 및 편의시설의 설치가 미흡하여 현재의 상태로서는 친수휴양기능을 수행하기에 매우 곤란한 상태였다. 마지막으로 조사지점 14의 경우 낙동강 합류지점으로 달성습지가 존재하며, 하류방향 좌측 부분의 제방은 콘크리트 블록호안으로 정비되어 있었다. 또한 공장 및 공단과 바로 접해 있어 오염수의 유입 및 가용부지의 측면에서 큰 문제점이 있는 것으로 나타났다. 본 지역 역시 식생이 빈약하여 녹지축의 기능이 매우 미약하였고, 생태체험학습을 위한 녹음수 및 편의시설물의 설치도 매우 미흡한 상태였다.

그러나 낙동강과 합류하는 달성습지 주변은 생태적으로 매우 가치가 높은 지역으로 모감주나무, 말냉이, 달뿌리풀, 재쑥 등의 식물들이 양호하게 생육하고 있었다. 특히 황새, 큰기러기, 큰고니, 물수리, 조롱이, 흑두루미, 큰입우럭, 끄리, 참몰개 등과 같은 주요 생물종 자원들이 서식하는 생태계의 보고로 알려져 있다. 이상과 같은 지역의 경우 생태적 가치성의 측면에서 자연보전 중심공간으로 유도하여 차별화된 정비가 필요할 것으로 사료된다.

녹색인프라의 이해와 구축 방안

## 녹색인프라로서의 도시하천 체계 구축 및 개선 방안

### 1) 인접 거점녹지와의 연계성 강화

도시하천 체계 구축 및 개선 방안을 위해서는 도시하천의 생태적 기능향상 및 휴양가치 증대는 물론 하천자체의 수질보호 및 하천변의 정비가 선행되어야 한다. 그러나 보다 거시적인 관점에서 도시 전체의 녹색인프라 구축에 기여하기 위해서는 도시하천과 이와 연계되어 있는 거점녹지와의 연결성 및 순환성 확보 또한 매우 중요하게 고려되어야 할 과제라 사료된다(장수환, 2009년). 일례로 대구시를 관통하는 금호강의 경우 심각한 도시화로 인해 배후 산림을 제외하면 인접 녹지와의 연계성이 매우 미약한 것으로 조사되었다. 즉, 하천 및 하천변의 정비만으로는 도시 전체 녹색인프라를 체계적으로 구축하는데 어려움이 있을 것으로 판단되어 하천과 인접해 있는 주요 녹지를 조사하고, 이러한 거점녹지와의 연계성을 확보하는 방안을 마련해야 한다.

도심지 내에서의 거점녹지는 일반적으로 근린공원을 고려해 볼 수 있다. 대구시를 사례로 살펴보면, 금호강 및 신천과 인접해 있는 자연형 근린공원인 침산

그림 13. 침산공원 및 연암공원 위치도

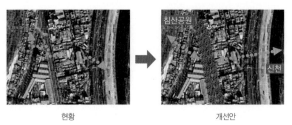

현황         개선안

그림 14. 하천과의 연계성 강화를 위한 추가 띠형 수림 설치지역

공원과 연암공원 등이 그 대상이 될 수 있다. 여기에서는 일례로 침산공원의 현장조사를 통해 부지가 가지는 문제점 분석해 보고, 이를 바탕으로 도시하천과의 순환성 및 연결성 확보를 위한 개선방안에 대해 기술하고자 한다.

침산공원은 대구광역시 북구 침산동 산 15-2 일원에 위치해 있으며 전체 면적은 약 291,000㎡ 정도이다. 공원의 형태는 굴곡형으로 타원의 형태를 유지하고 있으며 주택지와 공업지가 밀집한 곳에 위치하여 주변 하천과의 녹지 고립도 및 연결성이 매우 낮은 상태였다. 현재 공원 중심부에는 대규모 자연식생지가 존재하고 있으나, 보행로 및 운동 공간 등의 시설지역에는 상당부분 불투성 재료로 포장되어 있어 개선이 요구되고 있다. 특히 공원 인근의 선적 녹지공간이 절대적으로 부족하여 추가적 띠형 수림 조성을 통한 녹지의 양적·질적 확보가 필요한 실정이다. 금호강 및 신천과의 연결성, 순환성을 증대시키고 고립도를 완화하기 위한 개선방안을 설정해 보면, 우선 공원면적의 확대는 현재 도시화가 이루어진 주변 토지이용현황을 비추어 보았을 때 어려움이 있을 것으로 보이는 바, 장기적 측면에서 보완해 나가야 할 것으로 사료된다. 다만 추가적 완충공간을 지정하여 인근 띠형 수림 및 하천과의 연계성을 높일 필요가 있을 것으로 판단된다. 또한 부지 내부에는 격자분석을 통해 공간의 현황 및 가치를 분석하고, 바람직한 경관생태적 기능을 수행할 수 있도록 각 격자별 역할 및 발전방향을 수립할 필요가 있을 것으로 사료된다. 특히 인근 녹지와의 징검다리 효과를 유도하여 연결성을 향상시켜야 하며, 불투수 포장재료의 개선 및 하천과의 연계성 증진을 위한 가로녹화(선녹지) 조성 등의 개선방안을 제안해 볼 수 있다.

## 2) 차수에 따른 차별화된 자연형 하천 조성

### (1) 금호강(5~10차 하천, 규모가 큰 하천)

중규모 이상의 도시하천은 긴 유로연장으로 인해 자연자원의 특성 및 토지이용

녹색인프라의 이해와 구축 방안

형태가 구간별로 상이하게 나타나고 있다. 즉, 하나의 개선목표만으로 정비계획을 수립하기에는 무리가 따른다고 할 수 있다. 따라서 규모가 큰 도시하천은 구간을 설정하고 각 구간별 차별화된 개선전략을 수립하여 생태적, 물적, 인적 측면에서 서로 유기적인 연계성이 있도록 유도하는 것이 바람직하다. 금호강을 사례로 보면, 상기 현장조사 및 문제점 분석을 토대로 녹색인프라 구축의 기반조성을 위한 각 구간별 개선목표를 설정해 볼 수 있다. 개선목표는 크게 자연보전, 친수휴양, 생태체험학습 등 3가지로 구분하였으며, 총 16개 구간에 대한 주요 개선전략을 제시해 보면 다음과 같다.

또한 이렇게 설정된 개선전략들은 미시적 측면에서 각 구간별 특성에 부합하도록 상세한 계획이 추가적으로 수립되어야 한다. 일례로 지형, 토양, 기후, 수리수문, 녹지생태, 친수휴양적 측면에서 각 구간별 차별화된 세부 개선지침 및 실행프로그램 제시가 가능하다.

표 5. 금호강의 각 구간별 위치 및 주요 개선전략

| 구간 | 위 치 | 개 선 전 략 |
|---|---|---|
| 1 | 죽장면(입암리)~영천댐 일대 | 자연보전 중심 |
| 2 | 영천댐~임고면 사이 | 친수휴양 중심 |
| 3 | 임고면~단포교 구간 | 생태체험학습 중심 |
| 4 | 단포교~영서교 구간 | 친수휴양 중심(생태체험학습) |
| 5 | 영서교~금호교(금창교) 구간 | 자연보전 중심 |
| 6 | 금호교(금창교)~하양교 일대 | 생태체험학습 중심(친수휴양) |
| 7 | 하양교~하양유원지 사이 | 친수휴양 중심 |
| 8 | 하양유원지~금호3교 구간 | 생태체험학습 중심 |
| 9 | 금호3교~안심교 일대 | 자연보전 중심 |
| 10 | 안심교~화랑교(제2아양교) 사이 | 생태체험학습 중심 |
| 11 | 화랑교(제2아양교)~공항교(경상고) 사이 | 친수휴양 중심 |
| 12 | 공항교(경상고)~산격대교 구간 | 자연보전 중심 |
| 13 | 산격대교~해랑교 구간 | 생태체험학습 중심 |
| 14 | 해랑교~세천교 구간 | 자연보전 중심(생태체험학습) |
| 15 | 세천교~강창교 일대 | 친수휴양 중심 |
| 16 | 강창교 일대~낙동강 합류지점(달성습지) | 생태체험학습 중심(자연보전) |

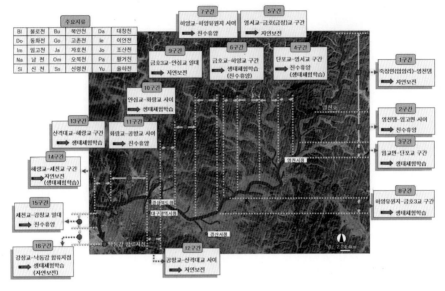

| 주요지류 | | | | | |
|---|---|---|---|---|---|
| Bl | 불로천 | Bu | 북안천 | Da | 대창천 |
| Do | 동화천 | Go | 고촌천 | Ie | 이연천 |
| Im | 임고천 | Ja | 자호천 | Jo | 조산천 |
| Na | 남 천 | Om | 오목천 | Pa | 팔거천 |
| Si | 신 천 | Sn | 신령천 | Yu | 율하천 |

**7구간**
하양교-하양유원지 사이
➡ 진수휴양

**5구간**
영서교-금호(금창)교 구간
➡ 자연보전

**9구간**
금호3교-안심교 일대
➡ 자연보전

**6구간**
금호교-하양교 구간
생태체험학습
(진수휴양)

**4구간**
단포교-영서교 구간
➡ 진수휴양
(생태체험학습)

**1구간**
죽장면(입암리)-영천댐
➡ 자연보전

**10구간**
안심교-화랑교 사이
➡ 생태체험학습

**2구간**
영천댐-임고면 사이
➡ 진수휴양

**13구간**
산격대교-해랑교 구간
➡ 생태체험학습

**11구간**
화랑교-공항교 사이
➡ 진수휴양

**3구간**
임고면-단포교 구간
➡ 생태체험학습

**14구간**
해랑교-세천교 구간
➡ 자연보전
(생태체험학습)

**8구간**
하양유원지-금호3교 구간
➡ 생태체험학습

**15구간**
세천교-강창교 일대
➡ 진수휴양

**16구간**
강창교-낙동강 합류지점
생태체험학습
(자연보전)

**12구간**
공항교-산격대교 사이
➡ 자연보전

그림 15 금호강의 각 구간별 위치 및 개선전략

## (2) 지천(2~4차 하천, 규모가 작거나 중간정도의 하천)

규모가 작거나 중간정도의 하천은 우선 자연식생의 밀도가 높고 폭이 넓은 식생통로 조성이 선행되어야 한다. 특히 식생통로는 생물종의 서식지기능 뿐만 아니라, 경작지에서 하천통로로 유입되는 용존물질들(예: 질소, 인, 독성화학물질 등)을 식생통로의 마찰, 뿌리, 점토질 토양 및 토양유기물로 조절하여 수질오염을 방지할 수 있다. 또한 양쪽 하천변의 내부지역 또는 제방서식지를 넓게 하여 기질(매트릭스)로부터 유입되는 용존물질을 제어하고, 제방내부의 생물종을 위한 이동로 및 홍수에 대비한 범람지를 조성할 필요가 있다(권태호 등, 2006년; 하천복원연구회, 2006년).

이러한 측면에서 규모가 작거나 중간정도의 하천에 대한 구체적인 개선방안을 제시해 보면 다음과 같다.

- 유수지를 따라 형성된 전형적인 수변 비오톱 및 서식처를 근자연형으로 개선할 수 있도록 정비한다.
- 수변 수림의 구조 및 분포를 고려하여 비오톱 연계망의 핵심전략지역으로 개선·유도한다.
- 경작이 되지 않고 있는 초본지역, 키가 큰 다년생 중심의 띠형 테두리, 수변에 형성된 소규모 수공간 등을 개선 또는 추가 조성하여 경관생태적 기능을

녹색인프라의 이해와 구축 방안

증진시켜 나갈 수 있도록 조성한다.

- 수지의 종단면뿐만 아니라 횡단면으로도 근자연형 조치를 수행한다.
- 하상의 구배 및 형태개선을 통해 저류지역과 급류지역을 조성하여 유속을 조절하고, 수로를 사행으로 전환하여 수변의 형태를 근자연형으로 조성한다.
- 바위, 자갈, 조약돌, 나무 및 투수성 포장재료 등과 같은 유수지 고유의 자연적인 건축재료를 사용한다.
- 15cm 이상의 소용돌이 부분은 큰 돌의 설치 등과 같은 바닥면의 개선을 통해 평상적인 흐름으로 유도한다.
- 물에 접해 있는 수변 사면을 서로 다른 경사각으로 조성하고, 특히 차별화된 물의 유속을 통해 점진적으로 수변 사면이 자연형으로 발달해 갈수 있도록 개선한다.
- 방목지 내부를 관통하는 유수지는 가축들로 인한 훼손을 방지하기 위해 완충지역까지 포함하여 철조망을 설치하여 보호한다.
- 수변에 형성된 띠형의 수림은 수변보호, 생물서식공간 및 비오톱 연계기능을 수행할 수 있도록 개선하고, 강도 높게 이용되고 있는 주변 경작지로부터 축적되는 유해물질에 대한 완충 및 여과기능을 향상시킬 수 있도록 한다.
- 유수흐름에 방해가 되는 요소들의 제거를 위한 정기적인 감시를 수행하며, 특히 홍수 및 집중호우 이후에 주의가 필요하다.
- 부영양화, 그늘, 빛의 투과 및 생육상태 등을 고려하여 주기적으로 수변식생을 관리해 나갈 수 있도록 한다.

### 3) 유역권을 대상으로 한 하천 비오톱 지도 작성 및 경관생태계획 수립

녹색인프라 구축 및 생태적으로 건전한 도시하천 조성을 위해서는 다양한 생태 관련 기초자료의 사전확보가 전제되어야 한다. 이중 중규모 이상의 하천 유역권 비오톱 지도화는 상기 제시한 실행프로그램 및 계획지표 항목들을 중심으로 독자적인 경관생태계획을 수립하는데 핵심적 기초자료로서 그 중요성이 매우 크다고 할 수 있다. 또한 유역권 내 출현하는 모든 비오톱들을 경관생태적 측면에서 조사·분석 및 평가하고, 등급화된 평가결과는 타 공간개발계획의 자연친화적 유도를 위한 기초자료로서도 매우 유용하게 활용될 수 있다. 즉, 비오톱 지도 작성은 어떤 공간을 생태보전 및 친수휴양지역으로 설정할 것인지에 대한 기초자료, 또는 녹지네트워크 수립과정에서도 가장 기본적으로 요구되는 녹지의 분포, 위치, 크기, 생태적 가치 등과 같은 정보들을 타 공간계획가에게 제공해 줄수 있는 기초자료라고 할 수 있다.

하천 유역권 비오톱 지도화는 크게 기초자료수집 및 분석, 비오톱 유형분류, 가치평가, 지도화 등 4단계로 구분되며, 주요내용을 간략히 살펴보면 다음과 같다.

먼저 비오톱 유형분류를 위한 기초자료는 지형도, 수리체계도, 토양도, 임상도, 생태자연도, 위성영상 자료 등이며, 유형분류를 위한 기준으로는 지형적 조건, 현존 토지이용형태, 식생구성 형태, 포장률 등이 적용될 수 있다. 비오톱 유형분류 체계는 크게 비오톱 유형군(대분류), 비오톱 유형(중분류), 세부 비오톱(소분류) 등 3단계를 기본으로 하고 있으며, 대상 부지의 특성 및 축척에 따라 축소 및 확대해 나갈 수 있는 융통성 있는 적용이 필요하다. 비오톱 가치평가에서 평가기준으로는 크게 '종과 비오톱 보전', '자연을 전제로 한 휴양적 활동'으로 대별될 수 있다. 여기에 활용될 수 있는 평가지표는 관점에 따라 다소 상이하게 설정될 수 있다. 우선 종과 비오톱 보전적 측면에서는 이용강도, 복원능력, 비오톱 전형종의 다양성, 층위구조 등을 들 수 있으며, 휴양적 활동의 관점에서는 이용가능성, 접근성, 자연근접성, 경관다양성 등으로 요약해 볼 수 있다. 평가기준에 부합하는 각 비오톱들의 가치평가는 정량적 방법과 정성적 방법으로 구분된다. 정량적 방법은 일반적으로 산술합산 점수평가로 등급화 하는 방법으로, 특히 비오톱 유형 평가에서 많이 적용되고 있다. 정성적 평가는 현장정밀조사 자료를 토대로 각 지표별 특성들을 현상 그대로 기술하고, 동시에 각 지표별 중요도 또는 가중치를 함께 고려하여 평가하는 방법으로 각 개별 비오톱의 가치평가에 많이 활용되고 있다(조현주, 2011년: 박천진 등, 2012년).

이상과 같이 생태적으로 건전한 도시하천을 조성하기 위해서는 하천의 유역권 전체에 대한 비오톱 지도 및 소유권역별 상세 비오톱 지도 작성이 무엇보다 가장 시급히 해결되어야 할 현안과제라 사료된다.

도시하천 유역권의 비오톱 지도 작성은 앞서 언급하였듯이 유역권 경관생태계획을 수립하는데 핵심적인 기초자료로 활용될 수 있다. 즉, 구간별 차별화된 개선전략을 설정하고 세부 개선지침들을 현실화시켜 실행해 나가는 데에는 비오톱 지도 및 평가결과가 그 근거가 될 수 있으며, 이러한 토대 위에서 유역권 경관생태계획을 수립해 나가야 한다. 하천 유역권 경관생태계획 수립을 위해서는 우선 계획지표항목의 도출이 필요하다. 일례로 자연보전 중심의 개선을 위한 주

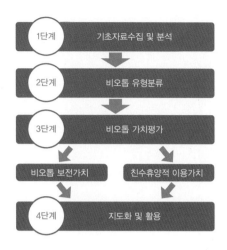

그림 16. 하천유역권 비오톱 지도화 절차 과정

요 계획지표 항목을 설정해 보면 〈표 6〉과 같다.

먼저 자연과 경관으로부터 특별히 보호되어야 할 부분에서는 생태보전지역과 경관보호지역으로 구분하여 공간을 설정할 수 있다. 생태보전지역은 주요 생물 서식공간의 유지에 필요한 지역으로 학술적, 자연사적, 역사·문화적으로 보전 가치가 높고, 경관의 아름다움, 다양성 등이 현저한 지역이 선정될 수 있다. 특히 비오톱 평가결과, 보전 및 휴양가치가 매우 높게 나타난 지역들이 그 대상이 된다.

표 6. 유역권 경관생태계획 수립을 위한 주요 계획지표 항목

| 분야 | 세부 계획지표 | |
|---|---|---|
| 자연과 경관으로부터 특별히 보호되어야 할 부분 | · 생태보전지역 | |
| | · 경관보호지역 | |
| 휴경지 및 폐경지 개선 | · 자연적인 발전 | |
| | · 관리 | |
| | · 특정형태의 경작 및 이용 | |
| 근자연형 생물서식공간의 설치·복구 및 관리 | · 유수지의 재자연화 | · 소규모 띠형 수림 관리 및 개선 |
| | · 습지비오톱 관리 및 조성 | · 야생동물이동통로 설치 |
| | · 경작지 가장자리 띠숲의 개선 | · 수변수림 관리 및 개선 |
| | · 비경작 테두리 띠숲의 개선 | · 열식수목 관리 및 개선 |
| | · 완충수림지 설치 및 개선 | · 단본 거수목 관리 및 개선 |
| | · 경작지내 소규모 수림(포위된 숲) 관리 및 개선 | |

이외 근자연형 생물서식공간의 설치, 복구 및 관리 분야에서는 유수지의 재자연화, 습지비오톱 관리 및 조성 등 크게 11가지의 계획지표들을 고려해 볼 수 있다. 일례로 유수지의 재자연화는 도시하천 본류가 아닌 본류로 유입되는 주요 지류들이 그 대상이 될 수 있으며, 이에 대한 주요 개선지침으로는 완사면, 급사면 지역 조성 및 사행천 유도, 여울·소 구조의 불규칙적 조성, 단절구간 식생복원, 자연형 하상재료 사용, 사면의 서로 다른 경사각 조성, 유해화학물질의 완충기능 강화 등을 들 수 있다(이상은 등, 2009년: 최옥현과 안동만, 2012년).

또한 습지비오톱 관리 및 조성에서는 유역권 내 정체되어 있는 소규모 수공간 또는 습지비오톱으로 조성 가능한 저지대 등을 계획대상지역으로 설정할 수 있다. 이에 대한 개선지침으로 수면의 크기는 되도록 크게 하고 변형이 되지 않도록 유도, 수변의 기울기는 $10\sim15°$ 정도로 유지, 현지 토양조건 및 생육환경에 적합한 수목 식재, 가급적 자연천에 의한 식생발달 유도, 완충기능을 위한 가장자리 띠숲 설치, 높은 굴곡도 유지, 수변 지형은 다양하게 조성 등으로 구분해 볼 수 있다.

이상과 같은 계획지표 항목들을 적용한 결과는 마스터플랜으로 도면화 하여 활용성을 극대화할 필요가 있으며, 상기 분석한 금호강의 구간별 개선전략에서 제9구간에 대한 경관생태계획 도면을 일례로 제시해 보면 〈그림 17〉과 같다.

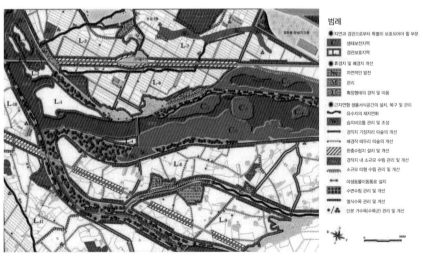

그림 17. 유역권 경관생태계획도 예시(대구시 금호강 유역 제 9구간)

녹색인프라의 이해와 구축 방안

# 참고문헌

1. 권태호 · 이헌호 · 주성현, "샛강 생태기능 복원을 위한 수변관리시스템 모델 개발", 『한국농림부 보고서』, 2006.
2. 김익재 · 한대호, "수생태계보호를 위한 소하천 관리방안", 『한국환경정책평가연구원 연구보고서』, 2008.
3. 나정화, "생태적으로 건강한 금호강 관리대책", 『대구지역환경기술개발센터 보고서』, 2006.
4. 박천진 외 4인, "비오톱 유형분류를 기반으로 한 경관평가 모형개발 및 적용", 『한국조경학회지』 40(4), 2012, pp.114-126.
5. 배민기 · 박창석 · 오충현, "경관단위 기반 수변환경의 심미적 평가 -한강수변을 대상으로-", 『한국조경학회지』 40(1), 2012, pp.43-56.
6. 하천복원연구회 저, 『하천복원 사례집』, 청문각, 2006.
7. 안홍규, "하천환경복원을 위한 하도 생물서식처 조성", 『대한토목학회지』 56(12), 2008, pp.21-31.
8. 이상은 외 3인 "환경친화적인 하천으로의 복원 방안 연구", 『한국공학한림원 보고서』, 2009.
9. 장수환, "신도시의 물순환 건전화를 위한 녹색인프라 조성기준에 대한 연구", 『한국환경정책평가연구원 기초연구』 17, 2009, pp.1-64.
10. 조현주, "비오톱 지도를 기반으로 한 경관계획 모형개발 및 적용", 『경북대학교 대학원 박사학위 논문』, 2011
11. 최옥현 · 안동만, "하천복원 계획 요소 우선순위 도출 연구", 『한국환경복원기술학회지』 15(4), 2012, pp.51-60.
12. 최창규 · 이상은 · 박희경, "도시재생에 따른 그린 도시의 인프라 구축에 대한 기본 방안", 『지반환경』 9(4), 2008, pp.48-60.
13. Dunne, T. and Leopold, L. B., *Water in Environmental Planning*, San Francisco: W. H. Freeman, 1978.
14. Forman, R. T. T., "Estimate of the area affected ecologically by the road system in the United", *Conservation Biology* 14, 2000, pp.31-35.
15. Mark A. B. and Edward T. M., *Green Infrastructure: Linking Landscpaes and Communities*, Washington: Island Press, 2006.

# 녹색가로를 위한
# 녹색인프라

권 경 호

## 녹색인프라와 분산형 빗물관리

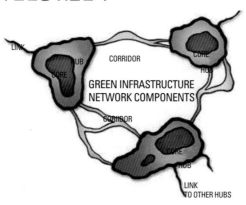

그림 1. 녹색인프라 네트워크의 구성요소 출처: www.greeninfrastructure.net

인프라Infrastructure의 사전적 의미는 '지역 공동체가 유지되고 성장하는데 필요한 하부 구조나 기반 시설'이며, 도로, 상하수도, 전력망, 학교, 병원, 교도소 등이 대표적인 도시 인프라이다. 이러한 시설이 인위적으로 만들어진 구조물

녹색인프라의 이해와 구축 방안

과 건축물이라는 의미에서 회색인프라Grey Infrastructure라고 한다면, 녹색인프라 Green Infrastructuer는 우리의 삶을 지탱해주는 자연 생태 시스템이다. 하천, 삼림, 습지, 야생동물 서식처와 같은 자연 지역greenway(녹도), 공원 및 보전 지역(농경지, 목장, 숲) 그리고, 이러한 모든 오픈스페이스들이 허브Hubs와 연결체Links의 형태로 구성되어, 고유종을 보전하고 생태학적 변화 과정을 유지하며 깨끗한 공기와 물을 제공해서 인간의 건강과 삶의 질에 기여하는 상호 연결체가 녹색인프라이다 (McMachon, 2000년; Benedict and McMachon, 2002년).

이와 같이, 생태적 서비스 기능을 제공하는 자연 시스템을 인프라의 관점에서 바라보게 된다면, 도로나 다리, 상하수도 관망을 매우 조심스럽게 계획하고, 교육, 의료, 노인 및 장애인 복지를 위한 시설 투자를 하는 것처럼, 우리의 숲, 습지, 실개울, 하천을 위해서도 마땅히 그러해야 한다는 녹색인프라 보전의 당위성을 확보할 수 있다. 녹색인프라 계획을 통한 자연 보전 전략 수립은 기존의 경관생태학적 접근 방법과 유사한 측면이 있다. 하지만, 녹색인프라는 계획 스케일이 대규모 주 경계州 境界 차원의 경관 단위에서 지역, 도시, 단지 차원의 소규모에 이르기까지 다양하게 분포하며, 성공적인 녹색인프라 계획 실행 전략 요소에는 LIDLow Impact Development(저영향개발) 기술, 스마트 보전Smart Conservation 전략, 기존 회색인프라와의 상호 보완 및 통합 등의 특징이 있다(www.greeninfrastructure.net).

이러한 녹색인프라 실행 전략 요소 중의 하나인 LID 기술은, 단지 차원의 소규모 스케일에서 기존의 인공적인 하수관망을 자연적인 물순환 체계와 통합하는 분산형 빗물관리이며, 협의의 녹색인프라라고도 한다. 특히, 도로 건설은 건설 재료의 특성상 불투수면에 의한 물순환의 왜곡, 자동차 교통에 의한 비점오염원의 발생 측면에서 녹색인프라와의 연계를 통해 녹색가로Green Street로 전환하는 노력이 필요하다.


## 녹색가로를 위한 분산형 빗물관리의 등장 배경과 기대 효과

### 1) 등장 배경

산업 혁명이 가져온 엄청난 생산성 향상은 인구증가와 함께 도시로의 인구 집중을 촉진하였고, 근대 유럽의 대도시를 형성하는 계기가 되었다. 그러나 상하수도의 미비로 인하여 19세기 중반까지 유럽에서는 매년 수천 명이 콜레라와 같은 수인성 전염병으로 죽었는데, 1892년 독일 함부르크 시의 사망자 수는 9,000여명에 이르렀다. 이를 해결하기 위해 등장한 근대식 상하수도 체계는 도시민에게 안전하고 깨끗한 물을 공급하고, 도시 하수를 빗물과 함께 도시 밖으로 신속히 배출시킴으로써 이러한 전염병으로부터 도시민을 구해내는데 결정적 역할을 하였다.

그러나, 오늘날 의료 기술의 발달과 보건 의식의 향상으로 수인성 전염병은 거의 사라졌지만, 하수도를 통해 빗물을 하천으로 가능한 한 빨리 배출시키는 중앙 집중식 배수체계로 인하여 하수관망 부하와 침수 발생, 하상침식과 수생태계 악영향, 지하수 감소와 도시 미기후 악화 등의 많은 도시 환경 문제가 기후변화와 함께 증가하고 있다. 또한, 빗물과 함께 유입되는 침전물과 비점 오염원은 하천 수질을 더욱 악화 시키고 있다. 뿐만 아니라, 서울을 비롯한 대도시는 과거 70~80년대에 설치된 합류식 하수관거 시스템으로 되어 있고, 대부분의 관거가 내용연수에 거의 도달해 있다. 서울의 경우 2009년 현재 전체 하수관망 10,286㎞ 중에서 합류식 하수관거의 시설연장은 8,818㎞에 달한다. 기후변화, 개발면적 증가로 인해 늘어난 빗물 때문에, 오수와 빗물이 섞인 합류관거 월류수Combined Sewer Overflows, CSOs가 하천으로 유입되는 횟수가 점점 많아져 하천 수질에 큰 영향을 미치고 있다. 그래서 신도시 건설에서는 분류식 관망으로 시공하고 있으며, 기존의 하수 처리시설 용량을 키우고, 노후화되고 균열이 발생한 관망을 교체하는 작업을 지속적으로 진행하고 있지만, 많은 비용과 시간, 에너지가 소요된다.

이러한 문제점을 개선하기 위해, 저영향 개발(독일에서는 분산형 빗물관리)로 불리며 비가 내린 바로 그 지점에서 자연 토양과 식생을 통해 저류, 침투 및 증발산을 유도하여 자연의 물순환 체계로 되돌려 보내는 협의(俠義)의 녹색인프라 개념이 활발히 적용되고 있다.

## 2) 환경적, 경제적 기대 효과

이러한 녹색가로를 구성하는 분산형 빗물관리 기술 속에는 빗물정원, 식생여과대, 수목여과 박스, 옥상녹화, 침투도랑, 빗물이용 시설, 투수형 식생블럭 등이 포함되며, 도로 표면에서 발생하는 유출수를 현지에서 저류, 이용, 증발산 시키는 역할을 한다. 이러한 분산형 빗물관리 시설의 환경적, 경제적 기대 효과는 아래와 같다NYC(2010년).

녹색인프라의 이해와 구축 방안

그림 2. 녹색인프라의 구성 요소 출처: NYC, 2010년

### (1) 수질 정화

토양과 식생을 통해 저류·침투·증발산 시켜 유출수를 줄이고, 합류식 관거 월류수의 양과 월류 빈도를 낮추어서, 월류수 내의 오염물질이 하천으로 직접 유입되는 것을 막는다.

### (2) 수자원 보전

침투를 통해 수자원을 함양하고, 지하수위를 상승시키며, 기저 유출량을 증가 시켜서, 하천 건천화를 방지하고 수생태계를 보전한다. 직접적인 빗물이용을 통해 상수 사용량을 절약한다.

### (3) 공기 정화

녹색인프라 시설에 사용된 수목과 식생은 공기 속 오염물질을 여과시키고, 호흡기 질환을 감소시킨다.

### (4) 도시 기온 저감

식생에 의한 그늘, 공기 중의 흡열 물질 제거, 증발산에 의한 냉각 등을 통해 여름철 도시 기온을 낮춘다.

### (5) 기후변화 영향 경감

기후변화는 국지적인 영향을 미치고, 집중 강우의 편중성은 심해지고 있어서, 장소와 시간을 예측하기 어렵다. 광범위하게 적용되는 녹색인프라 시설은 장기간 지하수를 함양하고, 홍수를 줄인다. 또 에너지 사용량을 줄이고, 식물에 의한 탄소 고정을 통해 지구 온난화 방지에 기여한다.

### (6) 에너지 효율 증대

입체녹화를 통한 건축물 냉난방 에너지 저감, 유출수 저감을 통해 합류수 이송을 위한 펌프 시설, 정화 시설 유지를 위한 에너지와 비용이 저감된다.

### (7) 도시 어메니티 향상

수목과 식생에 의한 도시민 여가 공간, 야생동물 서식 공간, 도시 미관 개선, 도시의 생명력을 증대시키고, 지역 공동체 환경을 개선한다.

### (8) 비용 절감

도시 불투수 포장면 시공, 녹지 경계부 연석 설치, 대규모 우수관거, 빗물 펌프장, 처리장 시공 비용 저감 및 유지관리를 위한 전력 비용, 홍수에 의해 훼손된 시설 복구 비용 등을 저감한다.


## 분산형 빗물관리 해외 사례

### 1) 미국

### (1) 법제 현황

#### ① 미국 대통령의 행정 명령

2009년 10월 5일 미국 오바마 대통령은 행정 명령Executive Order 13514, Section 14을 통해, 465㎡ 이상 규모인 연방시설물을 개발 또는 재개발할 경우, 강우 유출수의 수온, 수량, 유출률과 유출기간 등이 개발 전 수준의 수문학 특성을 유지하거나 복원하는 계획, 설계, 시공 및 유지관리 지침을 60일 이내에 작성하도록 요구하였다. 이에 따라 미국 환경보호청은 2009년 12월에 빗물관리 목표량 산정 기술, 녹색인프라 시설 및 LID를 중심으로 '에너지 자립 및 안보법 제438절에 따른 연방사업 수행을 위한 유출수 관리 기술지침Technical Guidance on Implementing the Stormwater Runoff Requirements for Federal Projects under Section 438 of the Energy Independence and Security Act'을 작성하였다. 본 기술 지침에서는 비가 내리는 대상 지역에서 침투와 함양, 증발산 및 빗물이용을 적용하여 개발 전 수준의 수문학적 특성을 유지하거나 복원하도록 제시하고 있다.

② 미 의회의 '혁신적인 유출수 관리 인프라 the Innovative Stormwater Infrastructure Act of 2013, S.1677, H.R.3449' 법안

미국의 Tom Udall 상원의원과 Donna Edwards 하원의원이 중심이 된 '수질오염 방지법을 위한 녹색인프라The Green Infrastructure for Clean Water Act, S.1115, H.R.2030' 법안은 '혁신적인 유출수 관리 인프라'로 명칭 변경되어, 2013년 미국 의회에 다시 제출되었다. 2013년 현재, 상원의 '환경과 공공사업Environment and Public Works' 위원회와 하원의 '수자원과 환경', '에너지와 환경' 소위원회에 회부 중이다.

미국조경가협회는 2011년 7월 녹색인프라를 장려하는 이 법안을 지지한다고 공식 발표하고, 법안 통과를 위해 적극적인 지원 활동을 하였다. 미국 환경보호청EPA의 요청으로, 빗물을 모아서 이용하고, 식생과 토양을 통해 저류, 침투시키는 자연 물순환 개념이 반영된 479개의 조경설계 작품을 모아서 제시하고, 인터넷에 각각의 사례를 공개하였다. 그리고 미 하원의 '수자원과 환경' 소위원회가 개최한 '녹색인프라가 국가 수질, 경제 그리고 지역공동체에 미치는 영향' 공청회에 협회 대표를 보내 조경 설계 기술을 통한 유출수 관리 및 지역 공동체 경제 활성화 효과를 증언하였다.

인구증가, 물 소비량 증가, 불투수면 증가 등 도시화에 의한 영향과, 상업과 공업 활동, 기후 변화 등으로 인하여 미국 내 도시 지역의 수자원이 감소하는 문제점이 있는데, 녹색인프라를 통해서 수자원을 확보하고, 녹색 일자리를 창출하며, 국가 인프라 유지비용을 절감하고 유출수 배출량 저감 및 오염원 제어 효과를 얻을 수 있다는 2008년 국가연구위원회Natioanl Research Council의 조사 결과가 입법화 추진의 배경이다.

이 법안에서 의미하는 '녹색인프라'는 일반적으로, 자연의 물순환 체계를 보전, 복원, 개선 또는 모방하는 모든 빗물관리 기술을 나타낸다. 또한, 토양과 식생을 통한 흡착, 여과, 침투, 침루, 증발산을 유도하는 모든 방법을 포함하며, 자연 지형의 보전과 수질 보전 기능을 하는 생태적 과정을 보호하기 위한 자연 생

태시스템의 네트워크, 삼림, 초지, 하천, 호수, 습지 등을 모두 녹색인프라에 포함한다.

미국 환경보호청은 적절한 보조금을 지원해서 미국 전역에 3~5개소의 유출수 관리 혁신 연구센터Centers of Excellence for innovative stormwater control infrastructure를 설치하고, 해당 지역에서 녹색인프라 시설을 통한 유출수와 합류식 관거 월류수cso 저감, 수자원 함양을 비롯한 환경, 경제, 사회적 효과 등을 연구하도록 유도한다. 이 연구센터에서는, 주 정부, 지방 정부 및 민간 부문에서 녹색인프라 시설 사용을 위해 필요한 시설 계획 및 설치 매뉴얼과 관련 제품 개발을 위한 공업규격에 관한 연구를 하도록 한다. 위의 연구 결과를 인터넷 등을 통해 알리고 보급을 장려한다. 주 정부 또는 지방 정부의 녹색인프라 시설 설치, 운영, 관리를 위한 기술적 지원을 하며, 인근 대학이나 연구 기관과 협력하고, 학교나 계절학기 교육기관 등에 녹색인프라 교육과 관련된 커리큘럼 개발을 지원한다. 녹색인프라 교육 및 훈련과정을 개설하고, 관련 정책이나 규제에 대한 평가를 통해 개선하는 역할을 한다.

미국 환경보호청은 녹색인프라를 장려하기 위해 사업허가, 계획절차, 기술지원, 재정 확보에 녹색인프라 콘셉트를 반영하여야 하며, 연방정부 산하의 다른 기관, 주 정부, 지방 정부, 기타 단체, 민간 부문에서 녹색인프라 사용을 증가시키기 위한 노력을 기울여야 한다. 미국 환경보호청 산하의 지역 사무소는 해당 지역에서 녹색인프라가 활성화되도록 모니터링, 재정지원, 도면화, 설계 계획을 수립해야 하며, 교육과 훈련 프로그램을 만들어야 하고, 각종 사업허가, 규제 등에 반영시켜야 한다.

2015년 9월 30일까지 환경보호청은 법안에 명시된 사항에 대한 이행 결과 보고서를 작성해서 의회에 제출하여야 한다.

## (2) 적용 사례

미국 뉴욕시(2010)의 'NYC Green Infrastructure Plan-A sustainable strategy for clean waterways' 계획에 따르면, 깨끗한 하천 수질을 위해 향후 20년 동안 총 24억 달러(한화 약 2조 7천억 원)를 분산형 빗물관리 시설에 투자하는 전략을 수립하였다.

이 기간 동안 전체 불투수면적의 10%에서 발생하는 초기 우수 1인치(약 25.4mm)를 분산형 빗물관리(녹색인프라)를 통해 저류 · 침투 시키는 것이 구체적 실천 방안의

그림 3. 미국 뉴욕시의 분산형 빗물관리(녹색인프라) 적용 전(상)과 후(하)의 모습

핵심 내용이다. 이를 통해, 기존 및 계획 하수도 시설의 효율을 최적화해서 합류식 관거 월류수가 하천으로 유입되는 양을 연간 약 7천6백만 톤 줄이고, 수질개선 및 하수도 정비 소요비용을 총 68억 달러에서 53억 달러로 15억 달러 절약하는 것이 궁극적 목표이다.

실제로, 이러한 분산형 빗물관리 시설이 기존의 하수도 시설보다 비용이 저렴하게 소요된다는 생각은 이미 미국 내에서 보편적인 생각으로 받아들여지고 있다. 미국 환경보호청이 ASLA 회원들을 대상으로 설문 조사한 결과에 따르면, 각종 개발 사업이나 조경 사업에 분산형 빗물관리를 적용하는 것이 사업 전체 비용을 줄이거나(44.1%) 또는 비용에 특별한 영향을 미치지 않는다(31.4%)고 하였다(http://www.asla.org/). 그리고 기존의 구조형 수처리 시설보다 비용·효과 측면에서 훨씬

그림 4. 1100 S. Hope Street L.A.의 식생 저류대

뛰어나며, 새로운 하천 수질관리의 표준이 되길 희망한다고 미국 하천 보호협회는 밝혔다(www.americanrivers.org).

로스앤젤레스 시의 경우 원거리에서 용수를 공급해오고 있는데, 빗물 이용과 지하 침투에 의한 지하수 함양을 통해 연간 주민 46만~93만 명의 식수에 해당하는

9,000만~1억 8000만 톤 가량의 물을 절약할 수 있다. 게다가 장거리 운송에 필요한 펌핑 전력 에너지 약 131,700~428,000 MWh를 절감할 수 있다City of L.A., (2009년).

## 2) 독일

### (1) 법제 현황

#### ① 연방법규

유럽연합 물관리 기본 지침EG WRRL: Wasserrahmenrichtlinie은 유럽 내의 하천(호수, 강, 해안, 지하수)을 보호하고, 2015년까지 하천의 생태적 기능을 복원하는 것을 목표로 하여 유럽 연합 내 모든 국가의 물관리 정책의 방향을 규정하는 기본 지침이 되고 있다.

이러한 유럽연합 지침의 방향에 맞게 독일 법체계가 구성되는데, 빗물 침투 시설과 관련된 연방법에는 물순환기본법WHG: Wasserhaushaltsgesetz, 연방건설법BauGB: Baugesetzbuch, 연방토양보전법BBodSchG 등이 있다.

물순환기본법의 내용은 다음과 같다. 자연 순환체계의 구성원임과 동시에 동식물의 서식처인 하천은 보전되어야 하며, 공공의 복리에 조화되도록 관리 되어야 한다. 하천의 생태적 기능을 보전하고, 지속가능한 개발이 보장될 수 있어야 한다. 또한 하천에 영향을 줄 수 있는 모든 행위는 아래와 같은 사항을 준수해야 한다.

• 하천 오염 혹은 하천의 성상에 변화를 줄 수 있는 모든 행위 금지
• 수자원을 고려한 물 절약
• 자연적인 물순환 기능 보전
• 유출량과 유출속도 완화

이를 통해서, 빗물 관리(침투, 이용) 시설의 설치를 정당화 하였으며, 빗물을 하수로 정의함으로써 적절한 처리를 통한 하천 방류를 명문화 하였다. 또한, 무분별한 침투로 인한 지하수 오염을 막기 위한 대응 방안도 수립하여야 한다고 규정하였다.

연방건설법은 토지이용 계획F-Plan과 건설 계획B-Plan을 통해 개별 필지 내에서의 건설 행위 및 일체의 이용을 규정하는 건설기본계획의 근간을 이루는 법이다. 토지이용 계획에서 물순환과 관련된 시설 지역, 홍수 예방 및 유출 저감 시설 지역을 표시할 수 있으며, 빗물 저류 및 침투 시설에 필요한 면적을 건설 계획 수립 시에 이미 확보 할 수 있도록 규정하고 있다.

연방토양보전법은 빗물 침투시설로 인해 스며들 수 있는 유해 물질에 대한 토양 보전을 규정하고 있다. 대지 소유자나 사용자 또는 그러한 위임자가 토양의 속성을 변화시킬 경우 이 법의 규정을 따라야 하며, 이에 근거하여, 침투 시설에 적절한 대응 방안을 수립하여야 한다.

② 주 법규

독일은 각 주마다 스스로의 주 정부 물관리법과 하수도법, 건설시행 규정 등을 갖고 있다. 예를 들어, 함부르크 물관리법HWaG: Hamburgisches Wassergesetz의 경우, 일정 조건을 충족할 때에는 관청의 특별한 허락 없이도 주거 단지 내에서 빗물을 침투시킬 수 있도록 규정하고 있다. 수자원 보호구역 규정에는 이 보호구역 내에서 설치 가능한 빗물 침투시설의 종류와 전제 조건을 제시하고 있다. 1990년 1월 22일에 발표된 헷센주 수자원 관리법HWG: Hessische Wassergesetz은 "중수, 빗물 사용이 어려운 경우에만 지하수를 뽑아 쓸 수 있도록 제한하고, 하수 특히 빗물은 그것이 내린 그 장소에서 처리 또는 이용되어야 하며, 물관리적 측면에서 중대한 악영향을 끼치지 않는다면 빗물은 그 장소에서 침투 시켜야 한다§51.Abs.3 HWG."라고 규정 하였다. 또한, "하수 처리를 목적으로 하는 단체나 협회는 정관을 통해 하수도 사용료를 지방 조세에 관한 법률의 규정에 따라 적절한 조사를 근거로 새로이 징수 할 수 있다§52.Abs.5 HWG." 고 함으로써, 빗물 · 하수도 요금 분리 산정 제도의 기틀을 마련하였다. 함부르크 하수도법HmbAbwG: Hamburgisches Abwassergesetz은 건축물 혹은 불투수면으로부터 발생하는 유출수(빗물)를 하수로 간주하지만, 분산형 빗물관리의 중요성으로 인하여, 이러한 유출수를 하수관거로 연결해야만 하는 규정에 예외를 두어서, 오염되지 않은 유출수가 해당 대지 내에서 침투 혹은 개수로를 통해 하천 유입이 가능할 경우, 우수관 혹은 합류관에 연결시키지 않는 것을 허용하였다. 더 나아가 주 정부는 빗물 혹은 오염되지 않은 유출수를 하수관망에 연결하는 것을 금지하는 지역을 지정할 수 있게 하였다. 함부르크의 건설시행 규정Hamburgische Bauordnung에 따르면, 빗물침투, 저류 시설도 건축물의 배수 관련 시설로 간주되고, 이러한 시설의 설치, 보수, 변경 등은 반드시 인증 기업을 통해서 이루어져야 한다. 이러한 인증을 하는 인증기관은 주 정부 '도시개발 및 환경보전청'의 허가를 받아야 한다.

### ③ 빗물하수도 요금 제도

독일에서는 현재 〈그림 5〉와 같은 두 개의 하수도 요금 산정방식으로 요금이 부과되고 있다. 우리나라처럼 상수 사용량을 기본으로 하여 하수도 요금이 함께 통합해서 산정하는 방식(통합 산정법)과, 상수 사용량에 따라 발생되는 오수 요금과 대지 경계선 내의 불투수면에 의해 발생하는 우수에 대한 요금을 이원화해서 산정하는 방법이 있다(분리 산정법).

2006년 기준으로 전체 독일 주민의 73%는 오수 요금과 빗물 배출 요금이 분리 산정된 요금 고지서를 발급받고 있다. 지자체 하수도 사업 주체의 규모가 작을 경우, 시행 비용이나 행정 효율 측면에서 통합 산정법을 택하는 경우가 많고, 대도시 등과 같이 규모가 클 경우 대부분 분리 산정법을 사용해서 하수도 요금을 부과하고 있다. 이러한 분리형 하수도 요금제의 시행 배경에는, 원인자 부담 원칙에 입각한 요금 부과의 법적 형평성 제고를 위한 독일 법원의 판결이 있다. 독일 연방행정법원에서 이루어진 일련의 재판과 판결에 따르면, 상수 사용량을 기준하여 오수와 빗물 요금을 일괄적으로 한꺼번에 산정하여 부과하는 것은, 우수 배출에 소요되는 비용이 무시될 수 있을 정도로 작을 경우에만 허용된다고 하였다. 여기서, 무시될 수 있을 정도로 낮은 비율이라 함은, 전체 하수도 소요 비

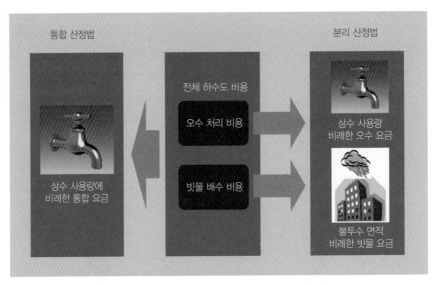

그림 5. 기존 통합 산정법과 빗물·오수 분리 산정법 비교

녹색인프라의 이해와 구축 방안

용의 12%를 넘지 않을 때이다. 이 판결은 독일에서 빗물 하수도 사용료 제도를 실시하기 위한 발상의 전환을 가져오는 결정적인 모티브가 되었다(권경호와 허옥경, 2010년).

2009년 현재 베를린의 상하수도 관련 요금 요율을 보면, 빗물배출 요금 1.84 유로/㎡, 오수요금 2.543 유로/㎥, 상수요금 2.18 유로/㎥ 이다. 우리나라와는 다르게, 빗물배출 요금이 따로 부과되며, 오수 요금이 오히려 상수 요금보다 더 비싸다. 이는 도시 배수 및 수처리 비용이 결코 작지 않음을 단적으로 보여주는 사례이다. 우리나라의 상하수도 요금은 현재 보조를 받고 있어서, 저렴한 가격을 유지하고 있지만 점진적으로 현실화 되고 있다(권경호와 허옥경, 2010년).

④ 베를린 시 건축, 조경 설계 기준

베를린 시 '생태적 건설 프로젝트 요구조건 가이드라인Ecological Construction: Requirements for Construction Projects-Guidelines'에서는 에너지, 물, 녹지, 폐기물, 건설 재료의 5가지 생태적 건설 요소 가운데 하나인 물을 보전해야 할 수자원으로 파악하고, 지속가능한 지하수와 지표수, 음용수 이용을 위한 생태적 액션 플랜을 제시하였다. 또한 음용수 보전을 위한 절수기기, 상수 대체효과가 있는 중수와 빗물 사용, 유출수 관리를 위한 빗물 저류 및 침투 시설을 적용할 것을 권장하고 있다.

베를린 시의 '현상설계를 위한 생태적 계획 기본요건ÖKOLOGISCHE PLANUNGSKRITERIEN FÜR WETTBEWERBE(2001년)'속에는 빗물관리와 관련된 사항을 명시해서, 현상설계 참여자에게 빗물 관련 시설을 권장하고 있다. 이 기본요건에서 베를린 시는, 현상설계 참여자들이 측정 가능한 생태적 콘셉트를 반영할 것을 기대하며, 이는 기존의 설계 방법에 추가적으로 생태적 콘셉트를 반영하는 것이 아니라, 이러한 생태적 콘셉트에 기본 설계를 맞추어 나가는 것을 의미한다. 기

그림 6. 크론스베르크 주거단지 내의 지표면 빗물 유도로와 저류 · 침투 시설

존의 빗물 배수용 하수관망 설치를 지양하고, 빗물 저류, 침투 및 이용하는 분산형 빗물관리를 유도하고 있다.

## (2) 적용 사례

독일의 크론스베르크 주거단지의 경우, 기존의 하수관망 방식에 약 2,460만 마르크가 소요될 대상지를 LID 방식을 적용해서 약 2,268만 마르크(한화 약 158억 원)로 조성하였으며, 이를 통해, 개발 전과 유사한 자연물수지를 유지할 수 있었다 Hannover(2000년).

"깨끗한 빗물을 더 이상 하수관거와 하수종말처리장으로 보내지 말고, 자연의 물순환 체계로 돌려보내자"는 슬로건을 내걸고, 2005년 10월 31일 면적 865 ㎢의 엠셔 강 유역 전체 17개 지방자치단체장, 노르트라인 베스트팔렌주 환경부장관, 엠셔유역 물관리협회장 등이 모여, 엠셔 강 유역 지속가능한 물관리 목표 달성을 위한 "빗물관리 미래협약"을 체결하였다. 이 협약의 목적은, 엠셔 지역의 물순환 건전화(건기시 최소 유량 확보), 지류에서의 홍수량 저감, 하천 수질보전에 소요되는 도시 하수관거와 하수종말처리시설 비용 절감 등이다.

기존 방식으로 할 경우 2020년까지 하수도재정비, 홍수저류지, 수처리시설 예상 비용 약 44억 유로, 한화 약 8조원 소요된다고 한다.

이 협약의 배경에는 새로 조성하는 도시와 주거지에 하수관거 계획·설치시에 분산형 빗물관리를 우선적으로 고려하도록 하는 노르트라인 베스트팔렌주의 현행 물관리법은 새로 조성하는 대상에 국한되는 것에 대한 문제 인식이 있었다. 또한, 기존 도시에 대한 적극적인 빗물관리를 실현하기 위한 제도적 장치도 필요하였다.

협약의 구체적 내용은, 15년 내에(2020년까지) 하수관거로 유입되는 불투수면적의

그림 7. 엠셔 강 유역 17개 지방자치단체

녹색인프라의 이해와 구축 방안

"미래를 향한 빗물 관리 협약"

그림 8. 독일 엠셔 강 유역의 17개 지방자치단체장의 협약식

15%를 줄이는 것이다. 이는 공공 및 민간의 공동 이행을 유도하고, 빗물요금 절감의 경제적 이익 확보를 가능하게 하는 것이다. 학교에서는 수경관 조성, 빗물 침투가 반영된 옥외 조경공간을 조성하고, 상업, 공업 지역에서는 빗물을 이용한 냉각용수, 세정용수를 공급하며, 주거단지는 빗물침투를 고려한 옥외 조경을 하도록 하였다.

## 우리나라 법제 현황과 전망

우리나라도 빗물을 비가 내린 바로 그 곳에서 일시적으로 저류 후 지하로 침투 시키는 시설과, 저장 후 음용수 수질을 요하지 않는 서비스용수로 사용하는 빗물이용 시설로 구성되는 분산형 빗물관리 시설에 대한 사회적 관심이 증가하고, 관련된 여러 전문 분야의 연구가 활발히 이루어지고 있다. 그러나 기존의 중앙 집중식 상하수도 시스템을 위와 같은 분산형 빗물관리 시스템으로 완전히 대체한다거나, 기존 시스템의 효용성을 부정하는 것은 아니다. 기후 변화로 인한 집중호우와 가뭄, 폭염과 열대야 현상, 비점오염원과 도시하천 환경 등의 문제가 내용연수에 도달한 하수관거 교체, 지방 상하수도 재정 위기와 맞물려 경제적이고 환경 친화적인 도시 물관리 방안으로서의 분산형 빗물관리가 필요하다는 것이다.

독일, 미국, 일본 등 선진국에서는 도시계획 초기 단계에서 이미 분산형 빗물관리 방안이 적용되고 있으며, 그 이면에는 이를 가능하게 한 관련 법제도의 정비가 선행되어 있다. 또한, 이러한 새로운 패러다임을 실현하기 위한 기술과 제품이 개발되었고, 저렴한 비용으로 기술과 제품을 구입할 수 있는 시장이 형성되었으며, 이를 받아들일 수 있는 일반 시민의 환경 의식 또한 고양되어 있는 상태이다.

우리나라 또한 아래와 같이 분산형 빗물관리 도입을 위한 법제가 최근에 마련되고 있다.

표 1. 분산형 빗물관리 도입을 위한 법제 현황

| 소관부처 | 법제명 | 내용 |
|---|---|---|
| 환경부 | 물의 재이용 촉진 및 지원에 관한 법률(2011년) | 오수 및 하·폐수처리수의 재이용과 아울러 빗물이용 촉진을 제도적으로 규정 |
| | 빗물하수도 요금제도 도입 검토(2012년) | 제도 도입을 위한 연구용역 발주 – 환경관리공단, 환경정책평가연구원 |
| 국토교통부 | 도시·군 계획시설의 결정·구조 및 설치기준 규칙(2013년) | 시설별 빗물의 일시 저류 및 침투를 위한 시설의 적용 의무 |
| | 「친수구역 활용에 관한 특별법」(2011년) | 저영향개발기법(LID: 분산형 빗물관리)을 적용하도록 명시 |
| 지방자치단체 | 빗물관리 조례 | 2011년 현재 50여 개 지자체 제정 |
| 서울특별시 | 서울특별시 물순환 회복 및 저영향개발 기본조례(2014년) | 토지이용별 '빗물분담량'을 설정하여, 자연계 물순환의 회복과 빗물의 표면유출 저감을 위한 단위시설 규정 저영향개발 사전협의 제도 |
| 한국토지 주택공사 | '아산 탕정지구 택지개발 사업' 제1종 지구단위계획 시행 지침 | 토지 이용별 빗물관리 목표량 지정<br>이용시설: 대지면적 × 10mm 이상<br>침투시설: 대지면적 × 5mm 이상 |

## 맺음말

분산형 빗물관리 또한 자연 현상에 의해 발생하는 강우를 관리하는 도시 물관리 시스템의 하나이며, 안전하고 편리한 도시 생활을 영위할 수 있는 도시 인프라로서의 역할을 기본 전제로 한다. 빗물이용을 통한 상수도 비용 저감은 이용 주체에게 직접적으로 이익이 돌아가지만, 분산형 빗물관리를 통한 지하수 함양, 도시 홍수피해 저감, 미기후 개선 등 궁극적 효과의 수혜자는 자연 생태계와 우리의 이웃, 그리고 미래 세대이다. 이들은 스스로의 권리를 주장하는데 제한적인 요인이 있어서, 법제도 마련을 통해 분산형 빗물관리를 의무화 하는 것이 효율적이긴 하지만, 값싸고 적용이 쉬운 기술과 제품, 일반인의 보편적 환경 의식 제고가 없이는 선언적인 임시방편의 제도로 한정될 가능성이 크다. 특히, 목표하는 일정한 환경 효과를 내기 위해서는 최소한의 시설 규모가 반드시 필요하기 때문에, 목표량과 설계용량 간의 합치가 요청된다. 빗물 이용을 위한 작은 저류조를 하나 설치한 후, 해당지역의 홍수 저감을 기대 한다고 말할 수는 없는 까닭이다.

분산형 빗물관리를 통한 녹색가로 조성을 위해서는 제도 개선, 기술 및 제품 개발, 일반인의 인식 변화가 선순환 방식으로 이루어져야 한다. 또한, 분산형 빗물관리 목표 및 목표량 산정은 정량적 툴을 사용해서 체계적으로 진행 될 때, 소기의 목적을 달성할 수 있을 것이다.

분산형 빗물관리는 이제 조경 계획, 설계, 시공의 프로세스에 주요한 부분이 되고 있으며, 조경과 도시 물관리, 단지계획 분야의 중간 영역에서 환경 친화적인 녹색가로를 녹색인프라의 관점에서 조성하는 데 중요할 역할을 할 것으로 기대된다.

## 참고문헌

1. 권경호 · 허옥경, "하수도 사용료 부과의 법적 형평성 제고 방안 – 독일의 이원화된 하수도사용료 제도 도입의 필요성과 과제", 『지방행정연구』 24(4), 2010, pp.293–318.

2. 권경호, "미국의 「수질오염 방지법을 위한 녹색인프라 법안」과 「우리나라 조경산업 활성화 방안」", 『한국조경사회기술지』 6, 2011.

3. 권경호, "분산형 빗물관리 목표량 설정 및 계획 고려사항", 『조경생태시공』 제 67호, 2012, pp.50–59.

4. American Rivers, Association of State and Interstate Water Pollution Control Administrators, National Association of Clean Water Agencies, Natural Resources Defense Council, The Low Impact Development Center, U.S. Environmental Protection Agency, *Managing Wet Weather with Green Infrastructure Action Strategy*, 2008.

5. Benedict M.A and Edward T. McMahon, "Green Infrastructure:Smart Conservation for the 21st Century", *The Conservation Fund*, 2002.

6. City of L.A, "Green Infrastructure for Los Angeles", *Addressing Urban Runoff and Water Supply Through Low Impact Development*, 2009.

7. Congress of U.S.A, "The Green Infrastructure for Clean Water Act of 2010", *Bill Text 112th Congress(2011~2012) S.1115*, 2011.

8. Hannover, "Water Concept Kronsberg", *Part of the EXPO project – Ecological Optimisation Kronsberg*, 2000.

9. McMahon, Edward T, "Green Infrastructure", *Planning Commissioners Journal* Nr. 37, 2000.

10. New York City, "NYC Green Infrastructure Plan–A sustainable strategy for clean waterways", 2010.

11. The President, "Executive Order 13514—Federal Leadership in Environmental, Energy, and Economic Performance", 2009.

12. http://www.americanrivers.org

13. http://www.asla.org

14. http://www.greeninfrastructure.net

# 정원문화와 지속가능한 녹색인프라

**안 명 준**

앙드레 르노트르, 윌리엄 켄트, 프레드릭 로 옴스테드 이후 조경 및 조경설계는 사회적 위상과 학문적 위상을 단계적으로 공고히 하며 발전하였다. 1900년 조경학과 창립이라는 역사적 사건 이후 조경과 경관이 본격적으로 과학적 접근의 대상으로 부각하였고, 20세기 후반부 조경은 비로소 일상적 삶의 예술이자 환경변화에 가장 적극적으로 대처할 수 있는 분야로 자리매김하게 되었다. 여기서 더 나아가 지난 세기 후반에 지적되기 시작한 조경의 새로운 방향성이 21세기 들어 본격적으로 가시화되고 있는 상황이다.

학문과 실천 모두에서 다양한 변화와 전환이 이루어지고 있으며, 대체로 새로운 도약을 모색하기 위한 방향성 고민이 주를 이룬다. 그 중 몇 가지는 주목할 만한데, 크게 환경적 측면, 도시적 측면, 이용적 측면 등이 강조되고 있으며 조경에서도 이와 관련한 변화와 확장이 적극적으로 모색되고 있다. 특히 조경 대상으로서 녹색인프라에 대한 사고의 전환은 새로운 세기에 대응하는 중요한 전략이라고 할 수 있다. 본 고에서는 조경이 다루는 녹색인프라와 그것을 기반으로 이루어지는 이용자 측면의 변화를 정원문화라는 주제로 살펴보고자 한다.

녹색인프라의 이해와 구축 방안

## 녹색인프라와 현대 조경의 전환

### 1) 녹색인프라의 개념

실용적인 접근으로서 녹색인프라에 대한 정의는 두 가지로 나타난다. 하나는 영국을 중심으로 하는 실무중심적인 것이고, 다른 하나는 미국을 중심으로 하는 학술적 저술 중심적인 것이다. 처음의 것은 the East Midlands Green Infrastructure Scoping Study(TEP, IBIS, 2005년)와 the Green Infrastructure Guide for Milton Keynes and the South Midlands(Environment Agency et al., 2005년)에서 정의내린 것이다.[1]

녹색인프라는 범위지어진 지역에 제공된 다기능의 녹색공간 네트워크를 말한다. 이것은 고품질의 자연적, 인공적 환경 안에서 설정되고, 또 그것에 기여한다. 그리고 기존 및 새로운 공동체에 거주성liveability을 제공하기도 한다.

Benedict and McMahon(2002)가 제시하는 두 번째 정의는 보다 특별하다.

녹색인프라는 하천, 습지, 삼림, 야생동물 서식지 및 기타 자연 지역들이 상호연결된 네트워크를 말한다. 자연 지역에는 '녹색길, 공원과 보전지역', '농경지, 목장과 숲', 그리고 지역 고유종을 지원하고, 자연생태적 과정을 유지하며, 공기와 물 자원을 유지하며, 공동체와 공중의 건강과 삶의 질에 기여하는 '야생지와 기타 오픈스페이스' 등이 해당된다.

'녹색인프라'는 새로운 개념은 아니며, 이미 150년 전에 조경가 프레드릭 로 옴스테드로부터 태동하였다. 그는 근대 조경Landscape Architecture과 공원public park의 아버지로 불리며, 오픈스페이스에 대해 그가 이루어놓은 성과는 지금도 계속되고 있다. 옴스테드가 여가, 산책길, 자전거길, 공중보건 등을 위해 노력한 도시 녹색화 노력들은 근대 녹색길greenways 운동으로까지 확대되기도 하였다.

---

1. Carol Kambites & Stephen Owen(2006) Renewed prospects for green infrastructure planning in the UK, Planning Practice and Research 21:4, pp.483~496.

이제 도시 녹지green space(식물 녹화 공간)는 사람과 야생동물 모두에게 서비스하는 도시의 통합적 기능이라는 측면에서 받아들여지며, '생태계 서비스, 변화 동력, 도시 녹지 공간에 대한 압력, 도시 녹지 공간 공급 과정과 목표' 등에 대한 연구로 확대되고 있다. 옴스테드가 실천했던 도시의 녹지 네트워크 구축이 다시금 대도시에서 주목되는 것은 이러한 인식의 변화를 기본으로 한다. 우리 시대 도시가 지속가능한 도시로 발전해 나가기 위해서는 공원과 오픈스페이스의 네트워크가 필요하다는 생각뿐만 아니라 그러한 네트워킹이 도시의 또 다른 인프라라는 인식으로 공감대를 형성하고 있는 것이다.

이러한 시대적 전환과 함께 조경에서 녹색인프라에 대한 재논의가 본격적으로 지적된 것은 2009년 브라질 세계조경가대회IFLA 때의 "녹색인프라: 고도로 작동하는 랜드스케이프"라는 메인 테마를 통해서였다. 이후 국제적으로 조경학 연구와 실천들은 도시의 녹색인프라 구축과 이를 통한 도시 재생에 초점을 두고 있다.

보다 큰 전환은 녹지를 보는 시각의 변화로 설명되는데, 근대에는 그린벨트green belt라는 개념으로 녹지를 도시 제한 요소로 여겼다면, 최근에는 녹색구조green structure(녹색인프라)라는 개념으로 도시 활성화 요소로 여기고 있다는 점이다. 근대의 녹색벨트가 도시의 팽창을 조절하려는 의지였다면, 최근의 녹색인프라는 도시의 활력과 변화를 지원하려는 현대 경관관의 표현이라고 할 수 있다. 이런 점에서 우리 사회문화의 배경적 전환이 수용된 녹색인프라 확충이 주목되는 것이다.

녹색인프라는 최근 들어 새로운 개념어로 사용되고 있는데, 여기에는 기본적으로 두 가지의 중요한 콘셉트가 담겨 있다. 하나는 사람들의 권익을 위해 공원과 녹색 공간을 연결하는 것이고, 다른 하나는 생물다양성을 증진하고 서식지 파편화를 저지하기 위해 자연 지역들을 보존하고 연결하는 것이다. 여기에 이를 바탕으로 하는 기능function과 성능performance이 강조된 개념으로 보기도 한다. 공원과 녹지 등 자연시스템natural systems을 생태적 기능이 있는 시설이자, 시민건강, 쾌적한 환경, 우수정화 등 도시 서비스urban services 기능의 기반시설로 여기는 것이다.

녹색인프라는 광범위한 천연 또는 복원 생태계, 그리고 경관 요소들로 구성되는 '허브와 링크hubs and links'라는 개념이 기본을 이룬다. 허브는 녹색인프라 네트워크의 앵커 역할을 하는 것으로, 야생동물과 생태적 프로세스가 지향하거나 거쳐 가는 본거지 또는 목적지를 말한다. 링크는 시스템을 묶고, 녹색인프라 네트워크가 작용하게 하는 연결들을 말한다.

허브와 링크로 구성되는 녹색인프라의 효과적인 확충을 위해서는 기존의 허브

녹색인프라의 이해와 구축 방안

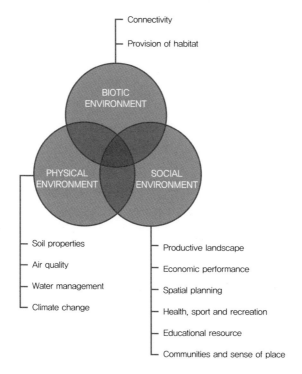

Connectivity

Provision of habitat

BIOTIC
ENVIRONMENT

PHYSICAL
ENVIRONMENT

SOCIAL
ENVIRONMENT

Soil properties

Air quality

Water management

Climate change

Productive landscape

Economic performance

Spatial planning

Health, sport and recreation

Educational resource

Communities and sense of place

그림 1. 녹색인프라의 기능과 효과 출처: Albert Llausàs a & Maggie Roe(2012년)

에 새로운 허브를 추가하는 것도 중요시되지만, 기존 허브들 사이의 연결을 더
욱 중요하게 다루어야 한다. 독립된 허브보다는 허브끼리 상호연결하여 네트워
크를 구축하는 것이 생태적, 환경적 기능과 경제적 효과가 크기 때문이다.
녹색인프라 계획 프로세스가 가지는 다음과 같은 특징은 의미 있게 읽어둘 필요
가 있다.

- 통합적holistic: 녹색인프라의 모든 인간적 자연적 요소를 다룸
- 전략적strategic: 공간의 측면에서 행정 및 기타 영역을 넘어 확장하고, 시간의
  측면에서 생태계 및 사회 시스템의 장기적 변화를 이끌기 위해 미래로 연장함
- 포괄적inclusive: 사용자, 지역 사회, 지주, 선출 된 대표, 전문 고문이나 개발자
  와 같이 때때로 중복되는 '이해 관계자' 전체를 포용함
- 정성적qualitative: 생물다양성 가치, 수질과 만족감과 같은 것을 포괄하는 개념
- 밀접하나 독립적으로 확장이든 재생이든 상관없이 주거개발 과정과 연관됨

녹색인프라는 자원으로서 이해되지만, 반드시 공간만을 의미하지는 않는다. 또한 '근린-지역-지구-도시-권역' 등 규모의 측면에서도 유연하게 접근할 수 있는 개념이다. 이를 실현하기 위한 녹색인프라 구축 전략의 원칙으로 다음과 같은 사항이 제시되고 있다.

- 녹색인프라는 보전과 개발을 위한 프레임워크가 되어야 한다.
- 지역이 개발되기 전에 녹색인프라의 계획과 설계가 선행되어 있어야 한다.
- 녹색인프라는 구성 요소간의 연결이 중요하다.
- 녹색인프라는 다수의 지방관할권과 여러 지역 스케일에서 그 역할을 한다.
- 녹색인프라는 과학과 토지이용계획의 이론들과 실제들에 근거하고 있다.
- 녹색인프라는 중요한 공공투자이다.
- 녹색인프라는 다양한 이해당사자를 포함한다.

## 2) 공원녹지의 성장과 녹색인프라

근대 공원녹지의 시작은 미국의 센트럴파크로 거슬러 올라간다. 도시 만들기가 한창이었던 시대에 시민들을 위한 자연 공간으로서 공원녹지는 중요하게 도시적 역할을 담당하게 되며, 이를 통해 조경학의 기초가 성립하고 발전하게 된다. 센트럴파크라고 하는 거대한 인공 자연을 통해 앤드루 잭슨 다우닝, 프레데릭 로 옴스테드와 칼버트 보라는 걸출한 인재들이 당시 공원녹지의 중요성을 널리 알리게 되었다.

이들의 생각은 공원녹지의 네트워크라는 실천으로 수렴되었는데 오늘날 우리가 녹색네트워크라고 생각하는 그것의 원형이었다. 그들의 생각을 살펴보면 결국 문화와 예술, 자연과 생태 등 오늘날 우리가 꿈꾸는 도시 녹색 공간의 기능들이 녹아 있었음을 알 수 있으며, 그것으로부터 조경학이 탄생하고 세부 학문으로의 분화가 이루어졌음을 알 수 있다. 그렇게 탄생한 근대 조경 이후, 도시의 공원녹지는 우리 도시에서 인간과 그 일상을 중심에 두게 하는 중요한 역할을 담당하며 성장하였다.

여기서 중요한 점은 그러한 고민 속에서 우리 삶 터에 대한 중요한 질문들을 조경이 내놓았다는 점이다. 근대 조경 이전의 전통 조경학에서는 이미 자연으로부터 미적 감상의 방식과 그것의 실천을 정원문화라는 형태로 형성한 바 있으

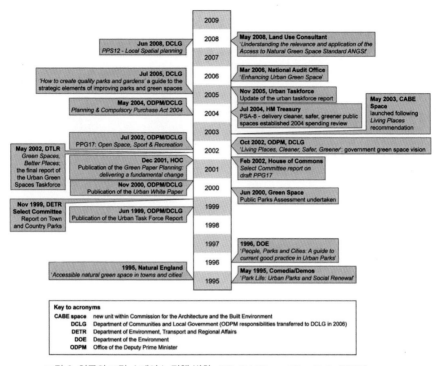

그림 2. 영국의 그린 스페이스 정책 변화  출처: Olivia Wilson and Olwen Hughes(2011년)

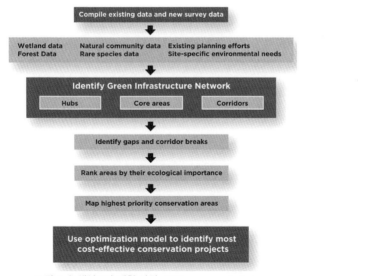

그림 3. 녹색인프라 계획 과정  출처: www.conservationfund.org

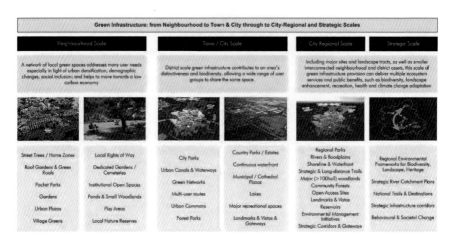

**Green Infrastructure: from Neighbourhood to Town & City through to City-Regional and Strategic Scales**

| Neighbourhood Scale | Town / City Scale | City Regional Scale | Strategic Scale |
|---|---|---|---|
| A network of local green spaces addresses many user needs especially in light of urban densification, demographic changes, social inclusion; and helps to move towards a low carbon economy | District scale green infrastructure contributes to an area's distinctiveness and biodiversity, allowing a wide range of user groups to share the same space. | Including major sites and landscape tracts, as well as smaller interconnected neighbourhood and district assets, this scale of green infrastructure provision can deliver multiple ecosystem services and public benefits, such as biodiversity, landscape enhancement, recreation, health and climate change adaptation | |

| Neighbourhood Scale | | Town / City Scale | City Regional Scale | Strategic Scale |
|---|---|---|---|---|
| Street Trees / Home Zones | Local Rights of Way | City Parks | Regional Parks | Regional Environmental Frameworks for Biodiversity, Landscape, Heritage |
| Roof Gardens & Green Roofs | Dedicated Gardens / Cemeteries | Urban Canals & Waterways | Rivers & floodplains | |
| | | | Shoreline & Waterfront | |
| Pocket Parks | Institutional Open Spaces | Green Networks | Strategic & Long-distance Trails | Strategic River Catchment Plans |
| Gardens | Ponds & Small Woodlands | Multi-user routes | Major (>100ha?) woodlands | National Trails & Destinations |
| | | | Community Forests | |
| Urban Plazas | Play Areas | Urban Commons | Open Access Sites | Strategic Infrastructure corridors |
| | | | Landmarks & Vistas | |
| Village Greens | Local Nature Reserves | Forest Parks | Reservoirs | Behavioural & Societal Change |
| | | | Environmental Management Initiatives | |
| | | | Strategic Corridors & Gateways | |

| | | |
|---|---|---|
| Country Parks / Estates | | |
| Continuous waterfront | | |
| Municipal / Cathedral Plazas | | |
| Lakes | | |
| Major recreational spaces | | |
| Landmarks & Vistas & Gateways | | |

그림 4. 녹색인프라의 다양한 접근 스케일 출처: TEP(2008년)

며, 근대에는 그것의 도시적 역할을 설정하며 조경학이라는 실용학문을 탄생시켰다. 도시 경관과 자연의 문제는 도시계획과 도시공학을 출발시켰으며, 조경은 본연의 실무에 집중하며 개발과 보존이라는 양단을 끊임없이 실천하고 있다.

그러한 질문이자 해답으로서 가까운 조경이 내놓은 대표적인 것이 오픈스페이스에 관한 것이다. 건폐지에 집중하던 도시적 관점을 확장시킨 열린 공간에 대한 시각들은 관련 분야의 실천을 변화시키는 데 중요한 역할을 하였다. 1900년대 후반에 던져진 이에 대한 질문들은 여전히 유효하며, 거대 도시라는 달라진 도시 환경에 따라 이제 새로운 변화를 감지하며 새로운 질문과 해답을 모색하고 있는 조경이기도 하다. 그리고 그 대표적인 시각이 공원녹지와 자연생태, 오픈스페이스를 지나 녹색인프라라는 보다 확장적이며 체계적인 접근으로 나타나고 있다.

### 3) 경관 개념의 전환과 확장

우리는 지금까지 경관을 수동적 대상으로만 여겨 왔다. 그러나 경관은 스스로 변화하며 생성해가는 유기체와 같은 것이며, 인간의 개입은 이러한 변화가 보다 지속가능성을 지향하며 유리하게 유도하는데 목적이 있다. 따라서 지금까지의 경관 연구의 흐름은 점차 변화와 개선에 대비한 단계별 전략과 프로그램이 중요한 입장으로 선회해야 함을 이해해야 한다. 이것은 경관이 그 자체로 대상물이 아니라 자연물(스스로 변화한다는 의미에서)로서 적극적으로 이해되고 다루어져야 하고,

녹색인프라의 이해와 구축 방안

| 인식의 시기 | · 드스케이프: 자연으로부터 분리(개념) | 그림의 시대 |
|---|---|---|
| – 풍경, 경관의 구별<br>– perception | 　　　　　 신개념 및 지평의 차발<br>▼小요소화(시각중심)<br><br>· 풍경화: 자연인식의 프레임 개발, 접근 시각의 형성<br>▼시각 중심 사고의 기반 마련 | |

| 해석의 시기 | · 픽춰레스크: 해석 가능의 증대 | 정원의 시대 |
|---|---|---|
| – 감상, 해석 및 참여<br>– interpretation | 　　　　　　 감상자(주체)의 중요성 부각<br><br>· 낭만주의: 주체의 기능 강화<br><br>· 표현주의: 해석/분석의 속성 모두 포함<br>▼大요소화(대상중심) | |

| 분석의 시기 | · 기능주의(모더니즘): 경관요소의 대상화 | 공원의 시대 |
|---|---|---|
| – 대상화, 요소화 및 표현<br>– analysis | 　　　　　　　　　 설계실험 및 분석적 사고 전개<br><br>· 해체주의: 대상중심 사고, 분석적 사고<br>　　　　　 요소화 및 종합적 접근 모색<br>▼2차 도약, 새로운 도약 | |

| 통합의 시기 | · 하이브리드(융합화): 경관의 매체화 | 공진화의 시대 |
|---|---|---|
| – 종합, 창발과 창의<br>– intergration | · 통합설계 요청: 이용자의 부각과 참여<br>　　　　　　　 Urban Actors의 전문화<br>　　　　　　　 새로운 유형의 부지 등장 | |

그림 5. 경관 개념의 전환(현대 조경을 위한 기본 전제의 변화)

통합성을 실현하는 생성적 개념임을 이해할 때 가능하다. 그리고 그것은 경관이 통합성을 가진 대상으로 몇 가지의 통제 기제만으로는 해결되지 않는 생성적 대상임을 강조해 준다. 몇몇 건축가들의 접근은 이미 경관을 생성적 매체로 보며 그 가능성을 충분히 실험하고 있기도 하다.

랜드스케이프의 개념은 근대 건축의 개념보다 생성의 개념을 잘 이해하고 있다. 렘 콜하스의 라 빌레트 공원 계획안은 실체가 없는 사건들만 보여주고 있다는 점에서, 다운스뷰 공원 계획안은 결과가 없는 과정만을 보여준다는 점에서 생성의 사유를 보여주고 있으며, 이 두 계획안은 모두 무엇인가를 짓겠다는 건축적 영감보다는 랜드스케이프의 개념으로부터 출발했기 때문에 생성의 사유에 더 쉽게 접근할 수 있었던 것으로 보인다.[2] 이미 여러 차례 등장한 경관과 건축의 경계를 넘나드는 인공물(광장, 건물, 공원 등)들은 생성의 개념을 반영하고 있는 현대 건축의 사유 방식을 잘 보여준다. 여기서 주목할 점은 경관이 이미 다분야 소통 매체로 전환되었다는 점이다.

녹색인프라는 경관이 가진 이러한 속성을 기반으로 할 때 가능하다. 이것은 경관을 매체로 이해하고 여러 분야와 주체가 교호하면서 상호 소통하는 장field으로 공유할 필요성을 강변한다.[3] 여기에서는 전통적인 방식의 설계자와 시공자, 이용자의 구분이 사라지고 다양한 도시관여자urban actors가 함께 경관이라는 매체를 통해 교류하는 양상을 전제하게 되고 이것으로 인해 예기치 않은 생성을 가능하게 한다. 그러한 경관과 프로세스를 고정된 것으로 보지 않고 설계시공의 전 과정으로 보는 것이 현대 경관과 조경 실천을 이해하는 주요 전략이 된다.

여기에는 픽처레스크 전통을 벗어난 경관 개념의 확장과 변화가 배경에 깔려 있으며, 이를 이해하고 검토할 때 현대 조경의 확장과 가드닝의 부활, 생산경관의 강화 등을 설명할 수 있다. 그리고 21세기 초입의 동시대 조경은 경관이 가진 이러한 통합적 속성을 수용한 새로운 전환이 가능하게 될 것이다.

여기에 또 하나 주목할 점은 이용자의 미적 참여 변화라는 점이다. 아름다움에 대한 태도 변화를 단적으로 살펴보자면 형식적 아름다움에서 내용적 아름다움으로 그 입장이 이동했음을 알 수 있다. 녹색인프라를 대하는 이용자의 접근 태도 변화는 여기에서 의미있게 받아들여 질 수 있다. 이것은 한마디로 말해 '누구나 보기에 아름다움(이성)'을 찾는 태도에서 '아름답게 느끼도록 하는 것(감성)', 다시 말해 해석과 감상자 중심 태도로의 변화라고 할 수 있다. 즉 객관적 아름다움보다는 주관적 아름다움의 수용자 중심 가치와 태도로 변화하고 있다.

이런 변화가 반영된 우리 시대 환경 또는 경관 관련 주제로는 '생태, 기억, 참여, 지속'이라는 네 가지가 관심 받고 있다. 여기에는 참여와 공감각이라는 수용자 부상의 태도가 깔렸다. 이때 우리의 감흥이 친환경적 생태성에 초점을 두고 있으면 생태계environment, ecosystem가 주는 아름다움을 먼저 느끼는 것이고, 지난 시절의 기억이나 추억, 또는 역사에 초점을 두고 있으면 장소의 기억이 주는 아름다움 또는 장소성place identity을 느끼는 것이 된다. 직접 사진을 찍거나 몸소 체험하며 장소에 특별한 의미를 부여할 때에는 그러한 행위가 만들어내는 참여engagement

2. 장용순 저, 『현대 건축의 철학적 모험 2: 은유와 생성』, 미메시스, 2010, pp.253~254
3. 안명준, "현대 경관의 매체적 특성 연구", 『서울대학교 석사학위논문』, 2006, 참조.

녹색인프라의 이해와 구축 방안

를 통한 아름다움을 느끼는 것이고, 나를 희생하고 자연을 아끼며 미래 세대를 고민하는 것은 지속가능성sustainability의 가치를 느끼는 것이다. 물론 이러한 테마들은 어느 하나만 우세하게 발현된다기 보다는 종합적으로 함께 작용한다고 보아야 할 것이다.

이러한 아름다움의 주제와 방향들은 정원을 통해 종합적으로 체험되고 발현된다. 그것은 공원과 같은 공적인 공간이 아니라 정원이기 때문에 가능한 일이다. 정원은 거기에 참여하는 모두를 주인공으로 만들어주기 때문이며, 누구나 사색과 참여를 통해 정원이 주는 풍요로움을 발견하도록 하기 때문이다. 정원에는 역사적으로 경관을 대하는 인간의 입장 변화에 따라 순차적으로 바뀌어온 미적 태도가 녹아있으며, 내용적 측면에서 우리 시대에 주목받는다고 할 수 있다.

따라서 녹색인프라는 경관에 대한 변화된 태도를 바탕으로 수동적 이용자가 아닌, 능동적·참여적 이용자로서 정원문화를 촉발시키는 매개체로 재설정될 수 있다는 것이다.

## 일상 녹색공간의 재발견[4]

### 1) 잊혀진 정원의 원형

프랑스의 조경가 질 클레망은 말한다. "유목민들은 정원을 만들지 않는다." 그에 따르면 최초의 정원은 방랑을 그만두기로 결정했던 인간의 것이었다. 최초의 정원은 식량 생산을 위해 만들어진 채소밭이다. 채소밭으로부터 정원의 역사가 시작되었을 뿐만 아니라 정원의 역사를 관통하는 모든 시대마다 깊은 흔적을 남겼기 때문이다. 또한 최초의 정원은 울타리 쳐진 땅이다. 울타리를 두른 땅은 채소와 과일, 그리고 꽃과 동물, 생계수단 등 정원의 소중한 재산들을 보호하는 데 적합했다.

유용한 것과 유용하지 않은 것, 생산과 놀이, 경제와 예술 등 모든 것이 채소밭 정원에 잠재적으로 나타난다. 채소밭 정원에서 모든 정원들이 태어난 것이다. 채소밭 정원은 시간을 가로지른다. 채소밭 정원에는 지식이 축적되어 있다. 그

---

4. 안명준 외, "텃밭정원 만들기의 도시적 가능성: 생산공원과 공공정원의 재발견", 『텃밭정원 도시미학: 농사일로 가꾸는 도시, 정원일로 즐기는 일상』, 서울대학교 출판문화원, 2012 재인용

는 시골에서는 정원jardin이라는 단어가 다름 아닌 채소밭을 가리키기도 한다고
말한다.

## 2) 생산경관의 부활과 정원의 귀환

표 1. 정원의 원형(황기원(1987), 필자 정리

| 원형 구분 | 내용 및 참조 그림 | |
|---|---|---|
| 위요공간<br>(enclosed space)<br>으로서의 정원(gher) | 건물과 울타리 사이의 공간으로 가사생활을 위한 용도를 가졌다. 취사, 갈무리, 타작, 건조, 제작, 수리 등 일상적 활동이 이루어지는 공간으로 외부로부터 보호를 위한 사유영역이기도 하다. | |
| 생산환경<br>(productive environment)<br>으로서의 정원(hortus) | 울타리로 둘러싸인 채소, 과수, 약초를 기르던 장소로서 생육조건을 인위적으로 조절할 수 있는 공간이다. 처음 식량을 확보하는 차원에서 점차 부식 또는 비상식의 공간으로 발전하였다. | |
| 열락장소<br>(pleasure place)<br>로서의 정원(eden) | Oden(=eden)은 기쁨과 즐거움을 뜻한다. 실용성을 배척하고 풍경화의 분위기를 실제 정원에 재현하여 그림 같은 (picturesque) 경관을 만드는 것으로 18세기 이후 영국을 중심으로 형성된다 | |

생산과 여가가 통합된 도시로의 재탄생이라는 시대적 요청 속에서 도시농업은
세분된 전문 분야에 통섭의 화두를 제시해 준다. 유리된 일상과 도시를 통합하
고, 기계적 공간과 정서적 감흥을 통합하고, 나아가 소비와 생산을 융합하고,
깊이에만 몰두하고 있는 전문 분야들을 인접 분야와 먼저 교류하도록 하는 것이
다. 정원이 그 대표적인 교류의 장으로 부각되며, 오래도록 감상의 대상으로만
보았던 정원에 대해 생산의 의미를 되살려주는 것만으로도 그 시사하는 바는 작
지 않다.[5]
베를린은 유럽의 다른 대도시들과 달리 녹색의 도시였다. 이미 19세기부터 정
책적으로 작은 정원을 조성해 왔기 때문이다. 이때의 정원이란 도시의 경관과
시민들의 휴식을 위한 녹지대라기보다는 가난한 사람들의 먹을거리를 생산하기
위한 텃밭이었다. 이 텃밭은 1~2차 세계대전 이후에도 중요한 먹을거리 생산지

---

5. 퍼블릭 가든에 대한 고민은 다음에서도 볼 수 있다. Architecture International Rotterdam, The Public Garden: the enclosure and disclosure of the public garden, edited by Anne-Mie Devolder (Rotterdam: NAi., 2002).

역할을 했으며 전후의 도시재건 때에도 이곳에 건물을 짓지 않았다. 이후 차츰 이런 작은 텃밭들이 정원으로, 녹지대로 바뀌었다.[6]

이와 함께 조경에 있어 이용자, 즉 조경 산물의 소비자에 대한 면밀한 접근도 필요하다. 그것은 부각되고 있는 대중의 감성과 취향을 어떻게 수용할 것인가에 대한 문제를 던져준다. 누구나 작품을 만들 수 있는 시대이자 아름다움을 추구하고 향유할 수 있는 시대이기에 그것이 지향하는 예술적 경지(境界)에 대한 관심을 늦출 수 없는 것이다.

지금까지의 사례를 살펴보면, 우리나라의 도시농업은 대중예술을 지향한다. 그것은 경제성을 완전히 배격한 것도 아니고, 순수예술에 완전히 매진하고자 하는 것도 아니다. 그렇다고 생태주의, 생태미학, 생태적 농업이라는 큰 가치를 온전히 실현하기 위한 것도 아니다. 그것은 우리 일상의 아름다움을 형식적 차원이 아니라 내용적 차원에서 삶의 측면으로 불러들이는 일일 뿐이다. 자연을 일상으로 불러와 정원으로 가꾸는, '풍경텃밭'으로 두고 즐기려는 모두의 예술일 뿐이다. 그런 측면에서 볼 때 우리는 대중예술의 미학이라는 입장에서 도시농사의 결과물에 사고의 즐거움을 부여할 수 있다.[7]

이제 '정원-텃밭-공원'으로 이어지는 대상물의 스펙트럼을 자세히 살펴야 한다. 기대와는 달리 조경의 대중적 확장 과정은 매우 무겁고 어렵게 진행됐는데, 이는 그 산물의 모호함에서도 발생하지만, 결과적으로는 그 지향이 대중적이지 못하였음도 보여준다. 도시농사는 도심에서의 농업 기술 발달로 인해 정원의 가능성을 순수예술의 측면에서가 아니라 대중적 측면에서 확장시키는 계기로 작용하고 있다.

### 3) 정원과 텃밭 가꾸기의 의미

정원은 단순히 감상의 장이 아니다. 정원에는 역사적으로 자연을 대하는 인간의 입장 변화에 따라 순차적으로 바뀌어온 미적 태도가 녹아있음을 기억할 필요가 있다. 우리는 이미 자연을 더 이상 두려움의 대상으로 여기지 않으며, 니콜라이

---

6. 사지원, 「생태정신의 녹색사회: 독일」, 한국학술정보, 2011, p.102.
7. 대중예술이라고 하면 얼마전까지만 해도 그 통속성으로 인해 저급하게 받아들여졌다. 그러나 누구나 작품의 생산자가 될 수 있는 시대가 되면서 대중의 예술은 그 위상을 달리하고 있다. 대중예술의 미학적 접근에 대한 이론은 최초의 대중예술미학자 박성봉의 저작에서 다양하게 확인할 수 있다. 「대중예술의 미학 – 대중예술의 통속성에 대한 미학적 접근」(동연, 1995) 참조.

푸생, 클로드 로랭, 폴 세잔처럼 아름다움의 대상으로 여길 줄 안다. 이러한 태도가 자연을 그림처럼 보려는 시각을 가져왔고 그것은 자연에 대한 경험을 경치로 한정해버리기도 했다. '그림 같이 아름다운' 자연이 중요했으며, 이것은 서구식 자연 이해의 단면이다.

그러나 이제 그러한 단편적인 이해의 태도는 한계에 다다랐다. 더 이상 자연은 눈에만 의존하는 경치가 아니라 삶의 총체적 환경으로 받아들여진다. 자연에 대한 입장은 감상하는 자라는 관조의 태도에서 자연과 미적 장에 함께한다는 참여의 개념으로 확장되었다. 이것은 결국 자연을 보는 우리의 태도를 눈에 의한 시각적 이해가 아닌 오감에 따라 종합적으로 체험하도록 하는 감각과 의미, 그리고 행위라는 공감각적 이해의 태도로 확장시킨다. 실천과 소통이 자연에 대하여 중요해진 것이다.

정원은 자연을 느끼고 자연을 체험하는 '미적 장the aesthetic field'이며, 정원이 가진 다양한 기능 중 텃밭으로서의 역할을 통해 체험과 참여를 이끄는 중요한 요소로 부각되게 한다. 오늘날 우리가 도시농업을 이야기하면서 정원을 다루는 것도 이러한 이유 때문이다

정원은 곧 삶을 일구는 공감각적 텃밭과 같은 것이고, 이것은 그 자체로 도시 속 삶을 가꾸는 중요한 실천의 장이 된다. 이것은 우리 스스로를 자연 속의 주인공으로 만들어주며 그렇게 자연과 교감하며 배우는 인생의 가치, 삶의 풍요로움은 도시를 살리고 생태계를 살리는 중요한 원동력이 된다. 텃밭에서의 실천은 그러므로 감성과 아름다움을 실천하는 참여의 장이자 예술의 장으로 확장된다.

그리고 이러한 모든 도시농업의 효과가 강조하는 것은 정원의 대 사회적 기능이 재정의 되는 것이며, 이를 통해 지난 시대 일상의 저편으로 멀어져버렸던 정원의 가치와 자연의 의미가 새롭게 주목받고 있음을 보여준다는 점이다. 이러한 변화는 새로운 정원의 기능, 정원의 가능성, 녹색인프라로서의 '퍼블릭 가든the Public Garden'이 요청되고 있음을 의미한다. 8)

---

8. 정원은 개인 소유의 공간으로 이해되는 것이 보편적이다. 지난 시절 파크(park)가 시민에게 개방되면서 공원(public park)으로 성격을 변화시켰듯이 정원도 이제 모두를 위한 정원(공공정원, public garden)으로 개념의 확장이 필요한 시점으로 보이며, 몇 가지 주목할 만한 실천에 대하여 이와 같은 이름을 붙일 수 있다고 본다. 예를 들어 담을 허물고 행인에게 개방하는 정원은 도시계획시설로서의 현대 공원과는 달리, 집주인 소유의 정원이지만 모두를 위한 공공전원이라고도 할 수 있다.

## 녹색인프라로서 도심텃밭과 정원문화

### 1) 도시농업의 개념

도시농업은 다양한 작물과 가축을 기르기 위해 도시와 도시 근교 지역 내에서 땅과 물을 이용한 집약적 생산 기술을 적용하여, 천연 자원과 도시폐기물을 활용 또는 재활용하여 식량과 다른 부산물을 생산하고, 처리하며 사고파는 행위UNDP(1996년)를 말한다. 간단하게는 도시 행정구역 내의 모든 농업활동을 포괄한다고 할 수 있다.

기본적인 농사 조건이 갖추어지면 농사가 가능하다. 이때 텃밭을 가꾸는 시민들의 여가 활용 특성에 따라서 도시농사 양상이 구분될 수 있다. 이는 농업 생산활동의 주인공들을 중심으로 하는 것이며, 다양한 목적과 교류에 따라 그 구분을 달리할 수 있다. 따라서 텃밭정원은 농업이 가능한 터를 어디에 두느냐에 따라 그 유형이 달라진다.

과거의 도시는 지금과 같지 않았다. 도성의 형태를 완고히 했던 조선시대만 하더라도 궁과 도성 내외에는 다양한 형태의 생산용 땅(텃밭)이 있었다. 이는 당시의 회화에서 도심텃밭 활용 모습을 시각적으로 확인할 수 있다. 〈동궐도〉를 보면 근농장勤農場의 모습을 확인할 수 있는데 이는 왕이 생산의 과정을 몸소 체험하기 위한 일종의 시험 포지이자 텃밭이었다. 풍흉을 점치고 농사의 노고를 체험하면서 백성을 위한 정사에 충분히 참고하였던 나름의 기능적 텃밭이었다.

민가 텃밭의 경우는 좀 달랐다. 성 밖 또는 성내 토지에 구획을 지어 텃밭을 일구었는데 성내 텃밭의 경우는 울타리진 초가에 식생활과 의생활을 위한 생활밀착형 텃밭이었던 것으로 보인다. 사대부 민가를 그린 작자 미상의 〈옥호정도〉에서는 과원과 채원이 당시 공간적으로 어떻게 배치되었는지 직접적으로 확인할 수 있다.[9] 또 다산 선생의 『목민심서』에는 선생이 서울에 살 무렵 공무를 마치고 집에 돌아오면 직접 잔가지를 잘라주면서 뽕나무를 가꾸었다는 기록이 있는데, 수년 후 무성하게 자라 해마다 비단을 짤 수 있었다고 한다.[10] 이러한 당시의 이용은 낙안읍성의 성 내외 텃밭 모습에서도 짐작해볼 수 있다. 그림과 문헌만으로 온전히 확인할 수는 없겠으나 이미 오래 전부터 도성 내 백성에게 텃밭은 작물을 생산하여 먹기도, 팔기도 하는 중요한 경제적 수단이자 일상적 정원이었다.

## 2) 도시농사의 현황과 정원문화

도시농업은 사회적, 산업적 요청으로 강조되어 온 것이 사실이다. 이러한 사례는 우리 도시농업의 현장에서도 관찰된다. 대표적인 경우가 실천가들을 중심으로 도시농업이 주는 체험적 기능을 사회적 기능으로 확장하여 자녀 교육, 사회복지 확대, 일자리 창출 등의 문제 해결 대안으로 강조하는 것이다. 이를 위해서는 대규모의 텃밭 공간 확보가 필요한데 공원 부지를 통해 이를 해결하자는 주장으로 연결되기도 한다. 그러나 이것은 자칫 공원의 쓰임과 텃밭의 쓰임이 충돌하기 쉬우며, 산업적 측면에서 접근하여 현대 텃밭이 가진 문화적, 공간적 의미를 충분히 고려하지 못하고 공원이 가진 풍부한 사회적, 경제적 쓰임을 한정하는 일이 될 수도 있다.

도심텃밭이 우리에게 주는 의미는 다양하게 파악해 볼 수 있다. 도시농업은 경제, 문화, 사회적 관점에서 그 가치가 다양하게 지적되기도 한다. 농사를 위해서는 일견 당연시 되는 것들이지만 무엇을 어떻게 준비해야 하는지 계획을 세우며 조건들을 하나하나 살펴봄으로써 농사를 위한 기본 사항들을 확인해 볼 필요가 있다. 아울러 이러한 기초 사항 외에도 꾸준한 관심과 끈기 있는 노력, 주변 농사꾼들과의 유대 등도 중요하게 여겨야 할 것이다. 텃밭이 주는 의미와 필요한 조건, 농사 실천의 유형 등의 이해는 텃밭 가꾸기 준비의 시작이기도 하다.

## 3) 새로운 정원문화의 가능성[11]

도시농사는 개인화된 우리 도시에서 공공정원을 호출하고 있다. 이뿐만이 아니라 새롭게 눈뜬 실천적 삶으로 생산과 여가가 통합된 도시 재설정이라는 시대적 요청도 그려내고 있다. 이렇게 지적되는 공공정원이라는 화두로 텃밭 가꾸기의 도약을, 우리 도시의 정원문화 성찰을 이끌어 보자.

첫째로 우리 시대 도시농사의 문화적 의미는 한국적 도시 공동체성community의 시대를 지적한다. 산업화 및 근대화 이후 기능적 도시 공간 배치 즉, 직주 분리형의 기계적 도시가 유용하게 되었다. 좁은 공간에 많은 사람들이 살게 되고 또 직

---

9. 정재훈 저, 『한국전통조경』, 도서출판 조경, 2007, p.278.
10. 정약용 저, 『목민심서』, 다산연구회 편역, 『정선 목민심서』, 창비, 2007, p.205.
11. 안명준, "텃밭정원 만들기의 도시적 가능성: 생산공원과 공공정원의 재발견", 제8회 환태평양 커뮤니티디자인 네트워크 국제회의, 2012년 8월

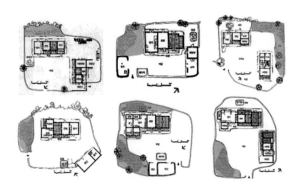

그림 6. 일상과 함께였던 전통 채소밭

장에 따라 손쉽게 주거를 옮길 수 있게 되면서 장소와 삶이 맺는 다양한 관계성, 기억과 추억, 사촌 같은 이웃 등 다채로운 삶의 모습들은 점차 옛 기억이 되어버렸다.

표 2. 도심텃밭의 유형 구분(안명준, 2010)

| 텃밭 유형 구분 | | 주요 사례 |
|---|---|---|
| 자투리 공간 텃밭 | - 건물 앞뒤 작은 공간부터 모서리 부분, 길가 등의 자투리 공간 텃밭. 자연지반인 경우도 있으며, 특별한 부가 요소 없이 돌을 골라내고 흙을 부드럽게 한 후 필요한 작물을 심고 가꿀 수 있음<br>- 햇볕이 잘 드는 공간이면 어디든지 가능한데, 상추, 고추와 같은 작물을 어렵지 않게 기를 수 있음<br>- 자투리 공간은 대체로 주택가에 많으며, 모양이 일정하지 않음. 대로변이나 하천 주변에서도 많이 볼 수 있는데 토지 소유자와 특별한 약정 없이 이루어지는 경우가 많으므로 주의가 필요함<br>- 화분이나 상자를 활용한 인공지반을 텃밭으로 이용하기도 하며, 대부분 인근 주민 또는 건물 관리인들이 만드는 경우가 많음 | |
| 플랜터텃밭 (화분, 용기, 상자) | - 자연지반의 확보가 어려운 경우 볕이 좋은 곳에 상자를 구비하고 흙을 채워 텃밭을 만들 수 있음. 식물 성장을 위한 적절한 조건과 환경을 인위적으로 만들어줌<br>- 대부분의 채소와 관목류는 뿌리가 천근성이어서 깊은 토심이 필요하지 않기 때문에 화분과 같은 텃밭 상자만으로도 충분함<br>- 최근에는 텃밭 용기가 제품으로 개발되기도 하고, 일조량이 적은 밀집된 주거지역의 경우 거울을 활용하는 기술까지 등장함<br>- 아직까지 우리 도시에서 텃밭 상자는 화분이나 스티로폼 형태의 쉽게 구할 수 있는 재료를 활용하는 경우가 많음 | |

표 2. 계속

| 텃밭 유형 구분 | | 주요 사례 |
|---|---|---|
| 옥상텃밭<br>(옥상정원) | – 건물의 상부에는 인공지반이 필요한데 화분을 쓰거나 일부 구역에 복토를 하기도 함. 옥상정원이 텃밭이 되기도 함<br>– 건물 구조가 감당할 수 있는 범위에서 흙과 수분을 조절해야 함<br>– 경량 인공토와 일반 흙을 적절히 배합하여 사용하는 것이 좋으며, 배수판을 설치하거나 관수시스템을 고려해 볼 필요도 있음<br>– 기능적 옥상정원이 정책적으로 장려되기도 하는데 이때는 주로 건물의 에너지 절감 차원에서 지적됨<br>– 교육 프로그램이 결합되어 아이들의 농사체험 또는 자연체험의 장으로 적극 활용되기도 함 | |
| 실내텃밭<br>(베란다, 발코니,<br>로비, 거실 등) | – 햇볕이 잘 드는 거실은 일종의 온실 역할을 하기도 하므로 식물의 생육에 좋은 조건이 만들어지기도 함<br>– 실내 환경을 조절하기 위해 식물을 활용하기도 하고 감상을 위해 작은 정원을 만들기도 함<br>– 온전히 실내에 두기 어려운 경우는 발코니나 베란다를 이용<br>– 대형 몰에 만들어지는 정원은 인테리어 차원에서 다루어지는 경우가 많지만 아직까지 실내 텃밭의 형태가 많지는 않음<br>– 자연 채광을 위해 광섬유를 활용하거나 LED 조명을 활용하기도 함 | |
| 공원 및<br>오픈스페이스<br>텃밭 | – 비교적 대규모로 만들어지고 지역 커뮤니티와 연계되는 영농체험형 텃밭이 공원 내에 들어서기도 함<br>– 사회적 프로그램이 함께 운영되는 경우가 많아 아이들 교육과 체험에 큰 도움이 됨<br>– 공원의 일정 공간을 논이나 텃밭 형태의 영농 공간으로 만들기도 하며, 하천변이나 도심 인공지반 위에 만들기도 함<br>– 적극적인 조성과 관리로 만들어지는 영농체험장이 있는가 하면 도시 그린벨트 지역에 무단으로 조성되는 경우도 있음 | |
| 주말농장과<br>관광농원 | – 도시 근교의 여가 활동을 위한 농장. 다양한 방식으로 운영되나 일정 공간을 분양받아 운영함<br>– 온전히 시간을 들여 농사에 전념할 수 없는 도시민들의 생활 패턴을 잘 반영함. 단순한 영농체험보다는 여가를 즐기며 활용하고 자연을 체험(자연 학습)한다는데 더 큰 의미가 있음<br>– 1980년대 중반 이후 관광농원이 추진되기도 하였는데 농촌 지역의 자연 경관을 여가 활용의 차원에서 이용하자는 목적이었음. 위락시설, 음식시설, 숙박시설 등 관광단지 차원에서 투자가 이루어진 면이 많아 현대 도시농업의 접근과는 다소 차이가 있음 | |
| 주택정원<br>(마당, 주택<br>텃밭,<br>아파트단지<br>정원 등) | – 주택 마당의 한편에 텃밭을 만들고 직접 농사를 짓는 경우<br>– 인구밀도로 인해 많지는 않지만 아파트 1층 앞 공간과 같이 새로운 형태의 주택정원이 등장하고 있어 가능성이 높은 텃밭 유형임<br>– 농사체험을 개인 소유의 공간에서 주체적으로 진행할 수 있음<br>– 채소나 꽃을 가꾸며 수확의 기쁨을 가족 단위로 누리면서 녹색의 정원 가치를 일상적으로 체험할 수 있음 | |

녹색인프라의 이해와 구축 방안

그러나 서구 사회와 달리 우리는 아직까지 농촌사회의 공동체성을 완전히 벗어나지는 않았다. 그것은 서구 사회가 200여 년에 걸쳐 이룬 산업화와 민주화를 우리의 경우 약 50년이라는 짧은 시간에 이루면서 문화적 변화가 아직 혼재되어 있기 때문이다. 서구 사회가 개인의 자유를 중심으로 이익사회의 문화로 접어들었다면, 아직 우리는 농촌사회의 특성을 가진 채 산업화와 민주화의 혜택을 누리고 있는 셈이기 때문에 이점은 아주 중요하다고 할 수 있다. 대표적인 사례로 우리의 아파트 문화, 아줌마 문화는 세계적으로 유래가 없는 공동체성의 단면이다. 참으로 다행인 기회이다.

둘째로 미모보다는 매력을 찾는 시대가 정원과 도시 가꾸기의 의미를 재설정한다는 점이다. 앞서 말했듯 아름다움에 대한 태도 변화는 형식적 아름다움the beauty에서 내용적 아름다움the aesthetic으로 그 입장이 이동했음을 알 수 있다. 이것은 객관적 아름다움 보다는 주관적 아름다움의 수용자 중심 가치와 태도가 일반화되는, 해석과 감상자 중심 태도로의 변화라고 할 수 있다. 이런 변화는 '생태, 기억, 참여, 지속'이라는 네 가지 사회적 관심 주제를 이끌고 있기도 하다.

셋째로 도심 정원화가 정원과 공원의 공진화coevolution를 이끌고 있다는 점이다. 우리시대 도시농사는 그 결과물에 방점이 있는 것이 아니라, 그 과정에 먼저 의미를 두고 있다는 데 특징이 있다. 얼마나 크게 많이 생산해 낼 것이냐가 아니라 얼마나 재미있고 의미 있게 길러내느냐에 더 초점이 있는 경작문화cultivation인 것이다. 기르는 과정에 먼저 의미를 둔다는 것은 그것이 결국 정원문화의 하나임을 강조해준다. 따라서 모든 도시농사가 보여주는 것은 정원의 대사회적 재설정이고, 자연의 의미가 새롭게 주목받고 있다는 점이다.

그러다보니 도시농사라는 주제는 우리 도시의 대표적 자연인 정원과 공원의 경계를 흐리게 하며 세분된 일상에 통합을 요청하기도 한다. 유리된 일상과 도시를 통합하고, 기계적 공간과 정서적 감흥을 통합하고, 세대 간 소통을 이루며, 나아가 소비와 생산을 융합하고, 깊이에만 몰두하고 있는 분야들을 인접 분야와 먼저 교류하도록 하는 것이다. 가로지르기를 통한 공진화의 시대에 정원이 그 대표적인 교류의 장이자 소통의 매체로 부각되는 이유이기도 하다.

표 3. 국내외 도시농사의 특징

| 텃밭 유형 구분 | 주요 사례 |
|---|---|
| 독일 클라인가르텐<br>Kleingarten | – 19세기 중반 빈민원(Armengarten)에서 시작되어, 채소밭 목적으로 조합이나 협회가 지주로부터 임차하여 회원에게 일정한 면적을 이용하게 한다. 전쟁 중에는 도시민들의 중요한 식량 공급원 역할을 하기도 했으며, 1983년에는 연방소정원법이 제정되기도 했다.<br>– 적십자사에 의해 국민 건강의 측면에서 노동자정원의 성격으로 장려되고 종교 단체에 의해서 클라인가르텐 지구가 결성됨<br>– 1919년 도시계획에 필수적으로 분구원을 설치하도록 함<br>– 전쟁 중에는 도시민들의 중요한 식량 공급원 역할을 함 |
| 영국 얼롯트먼트<br>Allotment garden | – 작물 재배를 목적으로 개인에게 임대하는 토지로, 도시개발로 줄어들다가 최근 다시 증가하는 추세에 있다. 1887년부터 소규모 농지를 원하는 사람이나 실업자 구제를 위해 얼롯트먼트법(식량 자급을 위한 얼롯트먼트와 농가정원보상법)이 제정되기도 했다. 정원문화의 형태로 발전되어 있다.<br>– 지방정부나 지주로부터 임대받은 시민농원조합에서 얼롯트먼트 운영자에게 이용권을 부여함<br>– 1887년 소규모 농지를 원하는 사람이나 실업자 구제를 위해 얼롯트먼트법(식량 자급을 위한 얼롯트먼트와 농가정원보상법)이 제정됨<br>– 공공 소유의 유휴지와 수용, 구매 또는 차입한 농지를 농작물 경작을 위해 개인이나 단체에 임대함 |
| 네델란드 호르크스튜인<br>volkstuin | – 시민의 뜰이라는 뜻으로, 원예농원으로 부를 수 있으며, 여가생활 및 공공녹지로의 기능을 위해 조성되었고, 빈곤한 농업 노동자의 구제를 목적으로 19세기에 나타난 레저 채원형 농원에서 시작되었다. 시민농원협회가 지주로부터 임차하여 회원이 구획 이용권을 구하여 사용하게 된다.<br>– 이용자가 지주로부터 직접 임차하는 방식 |
| 일본 시민농원 | – 유럽의 시민농원에서 유래하여 1924년 최초의 시민농원이 개설되었고, 전쟁으로 거의 사라졌다가 1966년부터 다시 등장하였다. 체제형 시민농원이 인기가 있으며 휴식과 여가활동이 주목적이다.<br>– 1924년 교토 원예구락부에서 추진하였음 |
| 쿠바 오르가니포니코<br>organiponico | – 친환경 유기농 도시농사의 대표적 사례로, 아바나시의 경우 도시 내에서 90% 이상의 식량을 생산하고 있다. 시내에서 농사를 지을 경우 화학비료나 농약을 사용하지 못하게 하는 조례를 제정하였고, 생태적 측면에서 주목받고 있다.<br>– 국가적 지원과 체계 수립으로 현재는 유기농 도시농사로 자리 잡게 됨 |
| 캐나다 커뮤니티 가든<br>community garden | – 동계올림픽이 있던 2010년까지 밴쿠버 시내에 2,010개의 도시텃밭을 만드는 사업을 벌인 바 있다(2010 공공텃밭 프로젝트). 뒤뜰 나누기, 한 줄 나누기 등의 사업으로 직접 기른 먹거리를 저소득층에 기부하는 프로그램도 운영되고 있다.<br>– 커뮤니티 가든으로서 시민의 일상을 지원하고 사랑받고 있음<br>– 시민과 전문가, 행정 등 도시 주체들의 역할과 체계가 잘 갖추어져 있음 |
| 미국 커뮤니티 가든<br>community garden | – 다양한 도시 녹색화 운동 중 하나로 안전한 먹거리와 커뮤니티의 관점에서 추진되고 있다. 뉴욕의 그린 섬(Green Thumb) 프로그램이라는 시영 도시텃밭사업으로 활성화되었다.<br>– 도시텃밭 이용 조직에 대하여 지자체의 지원이 확대되는 추세임 |

녹색인프라의 이해와 구축 방안

| 텃밭 유형 구분 | 주요 사례 |
|---|---|
| 러시아 다차<br>dacha | – 뒤뜰, 지하실, 옥상 등 도심에서 농사가 이루어지고 있으며, 특히 도시 외곽에 다차(시골 별장)를 두고 농사를 짓는 경우가 많다. 텃밭이 있는 작은 주택으로 휴가문화의 중심지 역할을 하기도 한다. |
| 우리나라 도시농사 | – 전통적으로 채소밭, 문전밭 역사가 오래되었으나, 외침과 상업화, 경제성장 등에 따라 사라졌다가 2000년대 초반 도시의 레저, 교육, 생산 등 애그리테인먼트(Agritainment, 농사와 엔터테인먼트의 결합)의 차원에서 주목받고 있다. 2011년에는 도시농업의 육성 및 지원에 관한 법률이 제정되기도 하였다. |

## 정원문화와 녹색인프라의 시대

### 1) 시민주도 녹색인프라의 시대

우리에게 텃밭의 가치가 부각되는 것은 정원의 사적 소유관계가 커뮤니티와 소통을 바탕으로 하는 공적 확장의 퍼블릭 가든public garden 개념으로 확장되며, 창조적인 도시 정원문화를 형성하고 있는 것으로 이해할 수 있다. 이러한 변화의 배경은 도시, 농업, 정원의 전환이라는 면에서 살펴볼 수 있다.

첫 번째는 도시urbanism의 전환이 객체성에서 주체성 중심으로 이루어지고 있다는 점이다. 전통적으로 도시는 생산과는 거리가 먼 교류와 소비의 공간이었는데, 산업화와 모더니즘 시대를 거치며 공간의 기능적 배치가 도시계획의 중요 테마였다. 최근의 도시이론은 이것의 변화를 지적하는데 '합리적 종합계획 이론'에서 '협력적 계획이론'으로의 변화라고 지적한다. 합리적 종합계획 이론은 18세기 이후 근대 산업사회의 등장과 국민국가의 형성을 배경으로 탄생한 공공 계획public planning의 개념에서부터 출발하였고, 이성적 세계관과 과학적 합리성에 충실한 이론적 패러다임이라고 할 수 있다. 근대 이후 '의사소통적 합리성communicative rationality'의 영향으로 다양한 주체들의 협력적 계획이 도시에서도 중요하게 되었으며, 종전의 국가중심적 또는 거시구조적 접근은 점차 시민사회 또는 단위 커뮤니티 중심의 계획 담론으로 확장되고 있다. 이것은 도시가 더 이상 일방적 위계 구조에 의해 형성되지 않음을 보여준다. 다양한 커뮤니티의 부각과 삶의 질 향상 노력은 이러한 변화의 일환이라고 할 수 있다. 우리 도시가 점차 각자 개인이 소비하는 공간(객체성)이 아니라 소통하며 각자 나름의 삶의 가치를 추구하는 생산 공간(주체성)으로 탈바꿈하고 있다.

두 번째는 전통적 농사 또는 생산활동이 경제성에서 심미성 중심으로 변화하고 있다는 점이다. 보릿고개를 지나 우리나라의 농업은 과거와는 다른 생산의 방식을 모색한 지 한참이다. 농촌의 모습은 점차 1차 산물을 통한 직접적 성과보다는 녹색관광, 농촌체험 등과 같은 2, 3차 성과에 더 초점을 두기도 한다. 이것은 이미 농업이 고부가가치의 일부 농산물을 제외하고는 그 직접적 산물을 통한 가치 창출보다 그 생산의 과정이 주는 참여와 체험의 가치가 더 주목받고 있음을 보여준다. 이런 측면에서 도시농사를 산업적 측면(경제성)에서 먼저 바라보는데 주저하지 않을 수 없다. 그것은 도시농사가 삶의 질 향상, 또는 삶의 실천적 확장(심미성)이라는 문화적 측면에서 먼저 우리 도시에 다시 다가왔기 때문이고 거기서부터 향방을 고려해야 하기 때문이다. 문화로 먼저 이해하고 그것이 공간 또는 장소와 어떻게 잘 융합될 수 있도록 지원할 것인가가 먼저 고민되어야 한다. 그 과정에서 도시농사의 사회적 위상이 확정될 것이며 커뮤니티와 도시 간의 유기적 연계도 가능할 것이다. 그런 점에서 도시농사가 보편적으로 강조하는 점이 하이테크놀로지의 실현이 아니라는 점을 명심해야 한다.

세 번째는 정원에 대한 사회적 통념이 개인성에서 공공성으로 확장되고 있다는 점이다. 정원은 본래 구획된 지역에서 이루어지는 생산과 열락pleasure의 공간으로, 공간과 자연물 사유화로 인한 배타적인 성격이 강했다. 이 때문에 정원이 공공으로부터 멀어지는 결과를 가져왔고, 시민사회의 성장은 과거 그것을 퍼블릭 파크public park라는 이름으로 공공으로 되돌리기도 하였다. 근현대의 정원과 공원 개념은 그렇게 확립되었고, 공원 중심의 도시 재편으로 정원의 약화를 가져오기도 하였다. 그러나 1980년대 이후 점차 정원이 재부각하며 시대적 변화를 예고하였다. 여기에는 정원에 대한 의미 상실과 주변부화, 정원 가꾸기의 비경제성과 비민주성, 자연과 문화 사이의 분절, 자본주의 상업성의 부각 등 문화사적 변화와 반성이 작용하고 극복되는 과정이 고스란히 담겨 있다. 최근에는 문화와 자연의 접점으로서 노동과 예술이 통합되는 장이자 문화적 자연이라는 '제3의 자연'으로서의 지위가 강조되기도 한다. 여기서 도시농사를 통한 정원의 문화사적 재도전이 나타난다. 도심텃밭으로 인해 커뮤니티 형성 기능과 도시 미관 향상 기능, 도시 녹지 네트워크 기능, 커뮤니티 향상 기능 등 한정된 정원에서는 볼 수 없던 공적 활동들이 활발하기 때문이다. 정원에 생산성과 공공성이 현대적으로 가미되고 있다. 이러한 양상에 보다 적극적으로 공공정원이라는 명칭을 부여해야 한다. 생산공원과 공공정원의 가치는 커뮤니티와 지속가능성 측면에

녹색인프라의 이해와 구축 방안

서 보다 확장적으로 탐구해야 할 새로운 영역이기도 하다.

## 2) 가드닝을 통한 녹색인프라의 확장

우리가 주목해야 할 핵심은 도시에 사는 우리의 삶이 부각되었다는 것이고, 그 삶을 예술로 만들려는 노력이 정원이라는 미적 장을 통해 얼마든지 가능하다는 것이다. 그리고 그 정원이라는 것이 통념처럼 거대한 것이 아니라 어디나 손쉽게 가까운 마음으로 가능하다는 것이다. 나아가 그러한 실천과 행위가 소비만이 아닌 새로운 생산과 창조의 의미조차 가득하다는 것이다.

정원을 가꾸는 일은 오로지 나 혼자만을 위함이 아니다. 크게 보면 자연과 문화가 어우러지는 새롭고 아름다운 삶의 실천 마당이면서, 도시 문제를 해결하기 위한 효과적인 실천이다. 이러한 모든 과정은 혼자만의 일이 아니고 주변 모두가 함께 이루어가는 것으로 궁극적으로는 도시의 커뮤니티를 복원하고 삶의 가치를 배양하는 공공의 정원 역할을 불러와 녹색도시를 구현하는 중요한 방편이 된다.

정원일은 본질적으로 과정을 중시하는 자연 즐기기이자 돌보기 행위임을 기억해야 한다. 정원에 들이는 노력이 '패스트$_{fast}$'하게 생산될 수 없기 때문이다. 시간이 필요하고 노력이 쌓여야 한다는 점에서 정원일은 그 자체로 삶의 태도를 바꿔주는 역할도 한다. 정원문화란 느림의 문화이고, 충분히, 천천히의 문화이자, 생각과 고민의 문화다. 지금 정원문화를 공간과 장소에 펼쳐놓으며 녹색도시와 공원녹지에 어떻게 확장할 것이냐에 대한 시대적 물음이 놓여 있다고 하겠다.

현대 도시에서 삶의 질이 중요해지면서 실천적 삶에 대한 요구도 증가하였는데, 이러한 변화는 정원의 부활과 조경의 변화를 요청하고 있다. 또한 도시농업과 같은 주목되는 실천들이 조경의 외연에서 먼저 부각되고 있고 그 의미와 발전 방향에 대한 고민도 시작되고 있다. 신도시 개발에 있어 텃밭과 정원, 옥상녹화, 녹지 네트워크 등이 충분히 고려되는 것을 보면 이러한 실천이 점차 도시의 경관으로 발전할 날도 그리 멀지 않은 듯하다. 생산과 여가가 통합된 도시로의 재탄생이라는 시대적 요청은 이미 충분하다. 변화는 빠르게 다가오고 있고 프로그램과 외부공간을 통합적으로 다루는 조경의 새로운 위상도 중요해질 것이다.

따라서 프로그램과 공간 사이의 조정자 역할로서 조경이 제공해야 할 사항은 충분한 것 같다. 도시공원의 총체적 기능을 먼저 고려한 후 요청되는 도시농업과의 혼성이 고려되어야 할 것이며, 조경은 그것에 충분한 답을 마련해야 할 것이다. 다만 그것이 도시민들의 주체적 소통과 협력을 장려하는 방향에서 도심텃밭이 어디까지나 도시 정원의 일부이자 퍼블릭 가든의 성격임을 벗어나지는 않아야 할 것이다.

정원일, 텃밭일은 이제 도시 속 삶의 질을 위한 중요한 방편이 되었다. 정원사 또는 농사꾼으로서 도시농사에 눈을 뜬 우리는 그 산물에만 집중할 것이 아니라 그것을 통해 얻는 내 삶의 풍요로움과 아름다움에 먼저 다가가야 할 것이다. 그것이 힘든 정원일에 대한 끊임없는 동기부여와 인내의 힘을 줄 것이며, 노동의 과정을 지나 얻는 달콤한 열매는 더 큰 의미와 건강이 되어 모두를 살리는 지속가능한 힘의 원천이 될 것이기 때문이다.

### 3) 녹색인프라 구축을 위한 공공정원

현대 정원은 결국 자연과 인간의 교감이 이루어지는 가장 기초적인 행위로서, 자연에 대한 본성적 복고주의의 측면에서 먼저 접근해야 하고, 자연물을 통한 문화적 변화의 측면에서 정원문화라는 개념으로 봐야 한다.

1990년대 중반 이후 우리 사회에서는 '웰빙, 친환경, 삶의 질, 녹색' 등 잘 살기 위한 방편들이 개념적으로 고민되었고 많은 부분 일상 공간을 바꾸어 놓기도 하였다. 새 천 년에 들어서는 '캠핑, 전원생활, 귀농, 가드닝 스쿨, 도시농업' 등 새로운 열풍이 실천적으로 유행하고 있고, 도시농사는 그런 주제 중 가장 폭넓게 부각되고 있는 실천 욕구라고 할 수 있다. 이것은 시민들의 자연 참여 욕구가 단계적으로 확대된 것으로 이해할 수 있는데, 자연과 삶을 아름답게 보려는 주관적 태도의 변화라는 입장에서 우리 사회의 자연을 대하는 시각 변화로 설명된다.

이런 변화가 반영되어 도시농사에는 참여와 공감각이라는 수용자 부상과 소통의 태도가 기본적으로 깔렸다. 도시농사가 결과물에 방점이 있는 것이 아니라, 그 과정에 먼저 의미를 두고 있다는 점은 그것을 단적으로 보여주며, 기르는 과정에 먼저 의미를 둔다는 것은 그것이 결국 사업이 아니라 문화의 하나로 받아들여짐을 지적해준다. 이렇게 볼 때 자연물에 다가가려는 시민들의 욕구가 이해되며, 그것이 정치, 제도적 구호가 아니라 일상적 실천으로 먼저 용인되고 받아들여지는 것이 설명된다.

이러한 모든 변화를 아우를 수 있는 개념으로서 공공정원Public Park을 지적할 때가 되었다. 공공정원은 도시에서 자연물을 모두가 함께 다루고 즐기는 방식으로 이해할 수 있다. 작게 보아 민간이 소유하고 관리하는 정원을 일반에 개방한 것에서 시작하며, 넓게 보아 도시에서 자연물(자연적 과정)을 즐길 수 있는 민간 또는 공공의 정원과 공원, 건물과 오픈스페이스 모두에까지 적용할 수 있다. 자투리땅 활용이라는 점과 함께 커뮤니티 가든, 그린파킹, 담장허물기, 상업가로, 가드닝 스쿨, 공개공지 정원화, 그린 스트리트 등 실제 도시 사업으로 이루어지는 것들도 포함될 수 있다.

공공정원은 단어적 의미의 그것만이 아니다. 정원 개념의 확장extension이며, 공원 개념의 진화를 내포한다. 지금 우리 도시는 현생 인류가 처음으로 경험하는 환경이고, 여기에는 다양한 형태의 녹색화 전략이 필요하다. 이제 세계적, 지역적으로 다양하게 추진되고 있는 녹색 실천들과 커뮤니티를 아우를 수 있는 개념적 전환이 필요한 시점이다. 공공정원은 이를 포괄할 수 있는 우리 시대의 요청이다.

자연과의 교감으로 새롭게 눈뜬 실천적 삶이 생산과 여가가 통합된 도시, 장소가 살아있는 도시로의 재탄생을 그려내고 있다. 요즈음 우리에게 유행하는 도시농사 열풍이라는 화두는 우리 도시의 정원문화라는 측면에서 지난 세기 도시가 겪었던 'Park'의 'Public Park'화와 같은 위상으로 'Garden'의 'Public Garden'화를 요청한다고 하겠다.

## 참고문헌

1. 농촌진흥청, "도시농업의 매력과 가치", 『인터러뱅』 5호.
2. 박성봉 저, 『대중예술의 미학 – 대중예술의 통속성에 대한 미학적 접근』, 동연, 1995.
3. 사지원 저, 『생태정신의 녹색사회: 독일』, 한국학술정보, 2011.

4. 안명준 외 공저, "텃밭정원 만들기의 도시적 가능성: 생산공원과 공공정원의 재발견", 『텃밭정원 도시미학: 농사일로 가꾸는 도시, 정원일로 즐기는 일상』, 서울대학교 출판문화원, 2012.

5. 안명준, "녹색인프라(Green Infrastructure)와 현대 조경의 전환", 『격월간 건축 와이드』 32, 2013년 3-4월)

6. 안명준, "현대 경관의 매체적 특성 연구", 『서울대학교 석사학위논문』, 2006.

7. 안명준, "녹색도시를 위한 정원문화와 공원녹지 전략: 정원의 재발견과 도심 가드닝의 현대적 의미", 『2012 공원·녹지 경쟁력 강화를 위한 도시공원·녹지 관련 공무원 워크샵』 자료집, 2012.

8. 안명준, "텃밭정원 만들기의 도시적 가능성: 생산공원과 공공정원의 재발견", 『제8회 환태평양 커뮤니티디자인 네트워크 국제회의』, 2012.

9. 임동원 저, 『유러피안 어바니즘의 경험』, spacetime, 2011.

10. 장용순 저, 『현대 건축의 철학적 모험 2: 은유와 생성』, 미메시스, 2010.

11. 정재훈 저, 『한국전통조경』, 도서출판 조경, 2007.

12. 조경비평 봄 저, "공원과 네트워크: 도시 재생과 녹색인프라 구축", 『공원을 읽다』, 나무도시, 2010.

13. 존 리더 저, 김명남 역, Cities, 『도시, 인류 최후의 고향』, 지호, 2006.

14. 황기원, "정원의 원형 시론", 『서울대학교 〈환경논총〉』 20, 1987.

15. 고소 이와사부로(高祖岩三郎), 뜰=운동이후(庭=運動以後)", 『VOL 01』(후지이 다케시 번역, IBUNSHA(以文社), 2006)

16. Albert Llausàs a & Maggie Roe, "Green Infrastructure Planning", Cross-National Analysis between the North East of England (UK) and Catalonia (Spain) European Planning Studies 20, 2012.

17. Architecture International Rotterdam, The Public Garden: the enclosure and disclosure of the public garden, ed.(Anne-Mie Devolder, Rotterdam: NAi.), 2002.

18. Carol Kambites & Stephen Owen, "Renewed prospects for green infrastructure planning in the UK", Planning Practice and Research 21(4), 2006.

19. Catharine Ward Thompson, "Urban open space in the 21th century", Landscape and Urban Planning 60, 2002.

20. George McKay, Radical Gardening: Politics, Idealism and Rebellion in the Garden, Frances Lincoln, 2011.

21. P. James. et al., "Towards an integrated understanding of green space in the European built environment", Urban Forestry & Urban Greening 8, 2009.

22. TEP, Towards a Green Infrastructure Framework for Greater Manchester Final Report, 2008(www.tep.uk.com)

23. Wilson. Olivia and Hughes, Olwen, "Urban Green Space Policy and Discourse in England under New Labour from 1997 to 2010", Planning Practice and Research 26(2), 2011, pp.207-228.

24. http://www.greeninfrastructurenw.co.uk

25. http://www.conservationfund.org

26. http://www.sprawlwatch.org

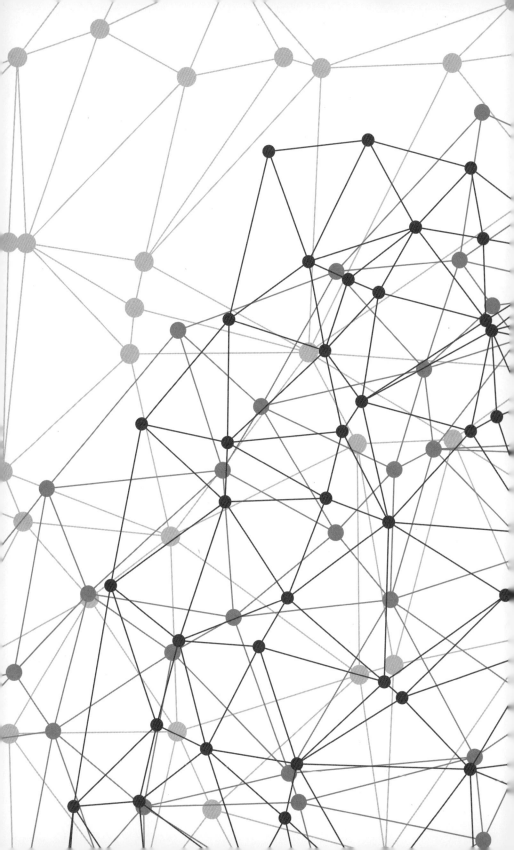

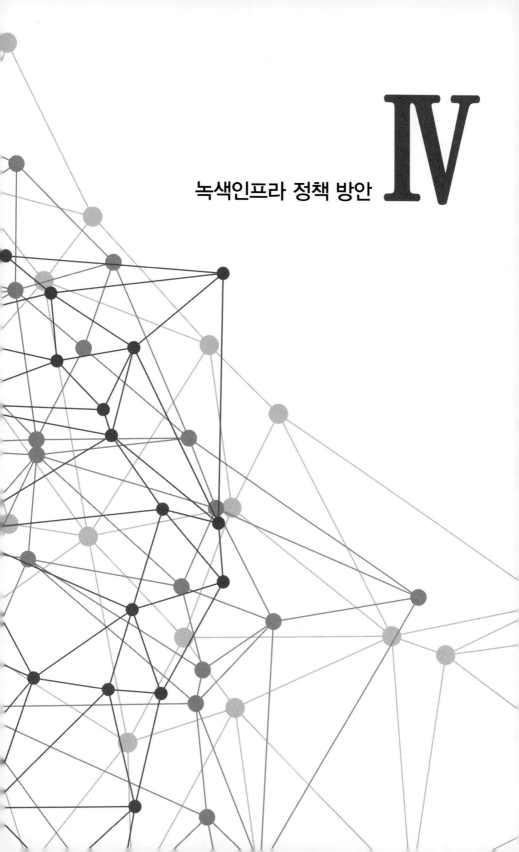

녹색인프라 정책 방안 IV

# 녹색인프라
# 정책 방안

**박 재 철**

## 녹색인프라 정책 및 적용

녹색인프라는 우리의 삶을 지탱해주는 자연 생태 시스템으로 하천, 삼림, 습지, 야생동물 서식처와 같은 자연 지역(녹도, 공원 및 보전 지역, 농경지, 목장, 숲), 그리고 이러한 모든 오픈스페이스들이 허브와 연결체의 형태로 구성되어, 고유종을 보전하고 생태학적 변화 과정을 유지하며 깨끗한 공기와 물을 제공해서 인간의 건강과 삶의 질에 기여하는 상호 연결체이다. 실제로, 녹색인프라 기술이 기존의 하수도 시설계획보다 비용이 저렴하게 소요된다는 것은 이미 미국 내에서 보편적인 생각으로 받아들여지고 있다.

녹색인프라의 이러한 환경적, 경제적 기대 효과로, 환경 선진국인 미국, 독일, 스웨덴, 일본 등지에서는 이미 많은 도시 개발 사업에 적용되고 있다. 기존의 구조형 수처리 시설보다 비용·효과 측면에서 훨씬 뛰어난 녹색인프라가 새로운 하천 수질관리의 표준이 되길 희망한다고 미국하천보호협회[1]는 밝혔다.

미국의 오바마 대통령은 2009년 대통령령 13,514호를 통해 빗물관리 가이드라

---

| **1.** http://www.americanrivers.org

인을 작성하도록 미국 환경보호청EPA에 요구하였고, 의회에 녹색인프라 관련 법안을 제출하면서 녹색인프라가 더욱 빠르게 보급되게 되었다.

2009년 10월 5일 오바마 대통령은 행정부 지시Executive Order 13514, Section 14를 통해, 465㎡ 이상 규모인 연방시설물을 개발 또는 재개발할 경우, 강우 유출수의 수온, 용량, 유출률과 유출기간 등이 개발 전 수준의 수문학 특성을 갖도록 유지하거나 복원하는 계획, 설계, 시공 및 유지관리 지침Stormwater Guidance(빗물관리 지침)을 60일 이내에 작성하도록 요구하였다.

미국의 주요 대도시들은 기존의 도시 배수체계에 녹색인프라를 도입하기 위한 기본 계획을 수립하였고, 미국 뉴욕(2010년)의 "NYC Green Infrastructure Plan - A sustainable strategy for clean waterways" 계획을 대표적 예로 들 수 있다. 이 계획에 따르면, 깨끗한 하천 수질을 위해 향후 20년 동안 총 24억 달러(한화 약 2조 7천억 원)를 녹색인프라 구축에 투자하는 전략으로 수립하였다.

이 기간에 전체 불투수 면적의 10%에서 발생하는 초기 우수 1인치(약 25.4mm)를 녹색인프라를 통해 저류·침투시키는 것이 구체적 실천 방안의 핵심 내용이다. 이를 통해, 기존 또는 계획 하수도 시설의 효율을 최적화해서 합류식 관거 월류수가 하천으로 유입되는 양을 연간 약 7천6백만 톤 줄이고, 수질개선 및 하수도 정비 소요비용을 총 68억 달러에서 53억 달러로 15억 달러 절약하는 것이 궁극적 목표이다.

뉴욕시는 예견하기를 녹색인프라 계획이 충분하게 녹화된 1에이커는 매년 에너지 절감으로 한화 약 850여만 원, 이산화탄소 저감으로 약 16여만 원, 대기 질 향상으로 100여만 원, 재산가치 상승으로 470여만 원의 가치를 제공할 수 있다고 하였다.[2]

빗물이 내린 바로 그 지점에서 자연 토양과 식생을 통해 저류, 침투 및 증발산을 유도하여 자연의 물순환 체계로 되돌려 보내는 협의(俠義)의 녹색인프라 개념이 저영향 개발Low Impact Development, LID, 독일에서는 분산형 빗물관리로 불리며 활발히 적용되고 있다.

우리나라에서는 잦은 도심 침수로 빗물처리에 고심하고 있는 서울시가 빗물 처리비용을 시민에게 부담하는 빗물세 도입 추진에 나섰다. 빗물세 도입으로 아스팔트나 시멘트 등 '불투수 면적'을 최대한 줄이고 빗물을 흡수할 수 있는 녹지

---

2. http://www.urbanparks2012.org

면적을 늘리거나 빗물 재활용을 유도하겠다는 것이다.

시는 2012년 9월 5일 빗물세 도입 방안을 검토하기 위한 정책토론회를 열고 본격적으로 빗물세 도입을 공론화했다. 급격한 도시화 과정에서 포장면적이 넓어져 빗물을 처리하는 비용이 급증함은 물론 최근 들어 강남지역 등 저지대 침수피해가 계속되는 등 '도시홍수' 우려가 커지고 있어 이에 대한 대책을 마련한다는 입장이다. 이를 위해 시는 독일식 빗물세를 모델로 관련 대안을 검토 중이다. 현재 서울시는 하수관을 통해 빗물과 오수를 함께 처리하고 있지만 오수를 처리하는 비용만 부과돼 빗물처리 비용을 부담하는 주체는 없다. 반면 독일은 지난 2000년부터 하수도 요금을 상수도사용량에 따라 부과하는 오수요금에 불투수면적에 비례하는 우수요금을 추가로 받고 있다. 반대로 빗물 투수 면적이 많으면 그만큼 우수요금을 적게 내는 방식이다(한국조경신문. 제218호).

## 1) 정책 유형과 구성 요소

녹색인프라 정책은 프로젝트의 유형에 따라 일반, 전략, 성장, 지원 등의 4가지 정책 유형으로 분류할 수 있다. 일반 프로젝트 유형은 도시 전역에 걸쳐 녹색인프라 활동을 위한 새로운 투자기회를 조성해 주기 위한 것이다. 전략 프로젝트 유형은 신선한 공기, 경관 등 도시지역 영향 정도를 고려한 중요한 녹색인프라를 개선하기 위한 것이다. 성장 프로젝트 유형은 새로운 성장거점, 도시생태 중심 정주지역, 전략적 도시재생이 필요한 지역, 농촌 경제 부흥이 필요한 지역 등 녹색인프라 성장 프로젝트는 지역주거단지중심의 고품격 녹색인프라 투자를 위한 것이다. 마지막으로 지원프로젝트 유형은 도시지역에서 경제적 혜택을 파악하고 이를 유지하기 위한 물 순환 연구 같은 녹색인프라 활동을 지원하기 위한 것이다(장병관. 2011년).

녹색인프라 구축을 위한 한국조경학회의 연구(장병관, 서주환, 권경호, 나정화, 안명준, 2012년)를 토대로 녹색인프라의 구성 요소를 크게 공원 및 공적 공간, 녹지, 그린 스트리트, 습지 및 저류지, 도시농업, 도시숲, 하천, 커뮤니티 가든, 건물녹화 등으로 분류하였고, 이들을 〈표 1〉과 같이 40개 세부정책 항목으로 분류하였다. 필요한 경우 세부 항목의 비고란에 내용을 짧게 요약하였다.

영국 버밍엄 도심지역의 녹색인프라 사례(장병관. 2011년)를 보면 40가지 세부 정책 항목 중 가로수, 옥상녹화, 벽면녹화, 도시공원 리모델링, 지속가능한 배수체계(그린 스트리트), 기존수로 복원(하천 복원), 기존 녹지공간 연결(연결녹지)의 항목을 선택

표 1. 녹색인프라 정책을 위한 세부 항목

| 항목 | 세부항목 | 비고 |
|---|---|---|
| 공원 및 공적 공간 | 국가도시공원 | '도시공원 및 녹지 등에 관한 법률' 개정, 기조성 된 도시공원, 장기미집행 도시공원, 기타 새로운 대상지 등 국가의 필요에 의해 조성되는 대규모 도시공원 |
| | 도시공원 리모델링 | 불필요한 잔디밭 공간을 줄여 수림대 및 나무그늘의 추가 확보(성현찬 외, 2009), 노후공원시설의 개선 및 공원시설의 확충 |
| | 미집행도시공원 조성 | 민간참여를 통한 공원조성 활성화(윤은주, 2011), 개발권양도제(transfer of development rights)의 도입(최영국, 1991) |
| 녹지 | 생태통로 | 터널형, 육교형, 선형 등 |
| | 보행자전용도로 | 도심형, 주거형, 녹색길이 있음, 필요시 보행자전용도로 내에 자전거도로를 설치하여 보행과 자전거 통행을 병행 |
| | 연결녹지 | 생태통로의 기능을 하는 연결녹지와 녹지의 연결 및 쾌적한 보행을 동시에 추구하는 녹도로 기능을 하는 연결녹지로 구분 |
| | 녹색연결 코리더(녹교) | 천연녹지공간-천연녹지공간, 천연녹지공간-조성형녹지공간, 조성형녹지공간-조성형녹지공간 등의 연결 유형 |
| 그린 스트리트 | 빗물정원 | 유출저감 및 비점오염 제어 효과, 증발산 증진과 경관성 향상 |
| | 수목여과박스 | 나무 또는 큰 관목이 식재된 콘크리트 박스로 식재토양층의 여과기작을 통해 강우 유출수에 포함된 오염물질을 저감시키는 시설 |
| | 식생수로 | 초지수로, 건식신생수로 및 습식식생수로 등이 있음 |
| | 식생여과대 | 조밀한 식생으로 덮인 균등경사의 지표면을 통하여 강우유출수를 이송시키는 시설 |
| | 연석 식생지 | 포장면에서 유출되는 강우 유출수의 유출과 오염부하를 저감시키는 시설 |
| | 침투화분 | 식물이 식재된 토양층과 그 하부를 자갈로 충진하여 채운 구조의 시설로 강우유출수를 식재토양층과 지하로 침투시키는 시설 |
| | 통로화단 | 자갈, 토양, 식생으로 구성되고, 일반적으로 방수되어 강우유출수를 일시적으로 저장하였다가 식생을 통해 천천히 물을 침투시키며 오염물을 여과 |
| | 고효율 비점오염처리시설 | |
| | 보수성포장 | |
| | 유공관 | |
| | 침투도랑 | 강우유출수를 처리하기 위하여 1~2.4m(현장여건에 따라 0.3~3m) 깊이로 굴착한 도랑에 자갈이나 돌을 충전하여 조성한 일종의 지하저수조 |

| 항목 | 세부항목 | 비고 |
|---|---|---|
| 그린<br>스트리트 | 침투저류지 | 강우유출수를 얕은 수심의 저류지에 차집하여 임시저장 및 침투를 통해 빗물의 직접 유출을 저감하는 동시에 오염물질이 제거 |
| | 침투측구 | |
| | 침투통 | |
| | 투수성포장 | |
| | 빗물연못 | |
| | 인공습지 | |
| | 유수지 | |
| | 지하저류탱크 | |
| | 빗물이용시설 | |
| | 다중수원 물공급 시스템 | |
| 도시농업 | 도시(체험)농업공원 | '도시공원 및 녹지 등에 관한 법률' 개정 |
| | 도시 텃밭 | 자투리 땅 등 활용 |
| 도시숲 | 산림의 복구 | 생태 복원 |
| | 신규 식재 | 백만 그루 나무 식재 등 |
| | 가로수 | |
| 하천 | 수변완충대 | 토양의 침식율을 조절하고, 빗물의 침투를 유도하는 시설로서, 잔디, 작은 식물 및 관목 등을 식재하여, 강우 시 유출되는 빗물의 침전물 및 오염물질 등을 제거 |
| | 하천 복원 | |
| 커뮤니티<br>가든 | 동네숲 조성 | 주민참여 |
| | 쌈지공원 | 주민참여 |
| 건물녹화 | 지붕 녹화 | |
| | 벽면 녹화 | |
| | 옥상 녹화 | 신규 녹지확보의 어려움으로 인한 중요성 증대 |

하여 정책을 집행하였다. 버밍엄 지역의 사례에서 보는 것처럼 각 지역의 실정에 맞게 위의 40가지 세부 항목 중에서 선정하여 정책을 수행하면 된다.

## 2) 사례로 본 주요 정책과 단계별 정책 수단

정책이란 일반적으로 정책입안자나 집행자가 의도하는 방향으로 수립된 기본방침을 의미(장병관, 2012년)하는데, 미국의 12개 도시에서 적용한 녹색인프라 정책을 검토한 결과, 공통적으로 적용한 정책으로는 빗물규제, 빗물요금, 빗물요금 할인, 조례의 개정, 실증 및 시범 사업, 자금(투자)과 교통 관련 프로젝트, 교육 및 서비스 제공, 기타 인센티브 제공 등으로 나타났다.[3] 미국의 12개 도시에서 적용한 주요정책을 정리하면 〈표 2〉와 같이 공공부문에 시범사업, 가로개선, 자금과 교통 관련 프로젝트(보조사업), 지방조례제정, 교육확산 서비스 제공 등 5가지가 있으며, 민간부문에는 빗물규제, 빗물요금제, 요금에 기반을 둔 인센티브, 기타 인센티브 등 4가지가 있다. 기타 인센티브 제공에는 요금 할인, 개발 인센티브, 리베이트 제공과 설치 보조금, 상금 수여와 홍보 프로그램 제공 등이 있다.

표 2. 주요 정책과 적용 사례

| 도시 | 공공 | | | | | 민간 | | | |
|---|---|---|---|---|---|---|---|---|---|
| | 시범 사업 | 가로 개선 | 자금 프로젝트 (보조 사업 등) | 지방 조례 개정 | 교육 확산 | 빗물 규제 | 빗물 요금 | 요금에 기반을 둔 인센티브 | 기타 인센티브 |
| 알라추아 카운티, 플로리다 | V | | V | | | V | | | |
| 필라델피아, 펜실베이니아 | V | V | V | V | V | V | V | V | |
| 포틀랜드, 오리건 | V | V | V | V | V | V | V | V | V |
| 시애틀, 워싱턴 | V | V | V | V | V | V | V | V | V |
| 산 호세, 캘리포니아 | V | V | | V | | V | | | |
| 산타 모니카, 캘리포니아 | | V | V | V | V | V | V | | V |
| 스태포드 카운티, 버지니아 | V | | | V | | V | | | |
| 윌슨빌, 오리건 | V | V | V | V | | V | | | |
| 올림피아, 워싱턴 | V | V | | V | V | V | V | | |
| 시카고, 일리노이 | V | V | V | | V | V | | | V |
| 에머리빌, 캘리포니아 | V | V | | V | | V | V | | |
| 레넥사, 캔자스 | V | V | V | V | V | V | V | | |
| 합계 | 11 | 10 | 8 | 10 | 7 | 12 | 7 | 3 | 4 |

출처: http://www.epa.gov/owow/NPS/lid/gi_case_studies_2010.pdf

| 3. http://www.epa.gov/owow/NPS/lid/gi_case_studies_2010.pdf

표 3. 빗물 요금 할인을 위한 틀

| 할인의 목표 | 요금 저감을 위한 메커니즘 | 실행을 위한 과정 |
|---|---|---|
| 불투수성 줄이기 | · 비율 요금 저감<br>· 단위 면적 당 공제 | · 불투수면적 비율에 의한 저감<br>· 투수표면의 면적 |
| On-site 관리 | · 비율에 의한 요금 저감<br>· 양/질에 의한 공제 (실행 중심) | · 공제 관련 실행 목록<br>· 관리된 총 면적 |
| Off-site 관리 | · 비율에 의한 요금 저감<br>· 실행 중심의 양 저감 | · 불투수성 저감 비율<br>· 실행 중심<br>· 관리된 총 면적<br>· 미리 약속된 실행 가치에 기반을 둔 실행 |
| 특수한 실행의 사용 | · 비율 요금 저감<br>· 1회 공제 | · 공제와 관련된 실행 목록 |

출처: http://www.epa.gov/owow/NPS/lid/gi_case_studies_2010.pdf

〈표 2〉에서 보는 것처럼 각 지역은 적게는 3개의 정책 수단을 적용하는가 하면, 많게는 9개의 정책수단을 사용하는 경우도 있다. 가장 많이 적용한 정책은 빗물 규제이고 그다음으로는 시범사업, 가로개선, 지방 조례 개정 등이다. 비중이 적은 정책은 요금에 기반을 둔 인센티브와 기타 인센티브이다. 빗물 요금 할인을 위한 방안으로는 〈표 3〉과 같이 요금 저감 메커니즘을 통해 할인 목표를 달성해 나가고 있다.

한편, 성공적인 녹색인프라 구축을 위한 정책을 수행하기 위해서는 녹색인프라 계획구상을 이끌어갈 리더 집단 구성이 필요하고, 다양한 규모와 정치적인 영역에 걸쳐서 녹지공간 구성요소를 연결하기 위한 녹색인프라 네트워크 계획이 필요하며, 이러한 네트워크 계획을 실현하기 위한 실행 계획을 개발해야 한다. 그리고 모든 녹색인프라 네트워크 구성요소의 복원과 유지를 위한 관리와 경영 계획이 필요하며, 녹색인프라 네트워크 계획 과정에서 시민에게 얻은 정보를 공개하도록 해야 하며, 녹색인프라를 지자체, 도, 그리고 국가기관의 계획과정과 기타 지역사회와 광역계획 속에 통합되도록 해야 한다. 나아가서 녹색인프라의 혜택과 녹색인프라 네트워크 계획의 필요성에 대해 시민을 이해시켜야 하며, 녹색인프라 정책 구상을 지원하고 지속시키는 데 도움을 줄 수 있는 사람들과 단체들이 파트너십을 형성하도록 해야 한다(장병관, 2011년).

시애틀 시의 녹색 부분은 업무지구에서 필지당 30%의 녹화를 요구한다. 토지소유자들은 30%의 범위에 도달하기 위하여 빗물 수집, 내건성 식물 식재, 수목 보전, 지붕 녹화 등을 통한 보너스를 포함하여 여러 가지 실행을 할 수 있다.

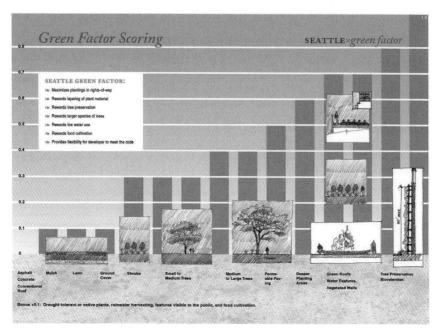

그림 1. 시애틀 시의 인센티브 사례

그림 2. 시카고 시 주거지역의 골목 투수성 포장 개선 프로그램

참조할 만한 사례로 미국 오하이오 콜럼버스 시는 홍수를 대비한 빗물의 효율적인 관리를 위하여 '빗물 공제 프로그램Stormwater Credit Program'과 연계한 빗물시설 요금제Stormwater Utility Fee System도 있다. 다른 사례로 시카고 시는 빗물 관리 조례 제정, 그린 스트리트 프로그램, 지붕 녹화 프로그램, 그린 골목 프로그램, 지속가능한 가로경관 프로그램, 그린 허가 프로그램 등을 진행하였다.[4] 그중에서 주거지역의 골목을 투수성 포장으로 개선한 그린 골목 프로그램Green Alley Program은 시카고 시 교통과에서 1년 실증 및 시범사업으로 시작되어 전체 시로 확산되었다. 필라델피아는 Green Stormwater Infrastructure Tools로서 Stormwater Tree Trench, Stormwater Bump-Out, Stormwater Planter, 투수 포장, 지붕 녹화, 빗물 통, 빗물 정원이 사용되었고, Green Stormwater Infrastructure Program으로는 그린 스트리트, 그린 학교, 그린 공공시설, 그린 주차장, 그린 공원, 그린 산업, 업무, 상업 및 기관, 그린 골목, 차도, 보도 및 그린 홈 프로그램이 수행되었다.

새로운 빗물 규제 시행의 첫해인 2006~2007년 사이에 시는 저영향 개발 특성을 보이는 부지가 1 제곱마일(2,589,988㎡)로 나타났다. 이를 통해 약 1인치의 빗물을 저감하게 되고, 250억 갤런의 합류식 관거 월류수를 줄여서 필라델피아 수자원과는 1억 7,000만 달러를 절약한다고 추정하였다. 이 프로그램의 성공은 도시 전체에 걸쳐서 녹색인프라를 통합하는 일에 정치적이고 공적인 지지를 얻는 데 도움이 되었다. 필라델피아 시에서는 이러한 빗물 규제의 시행이 전체의 20% 정도의 효과를 차지하는 것으로 나타났다.

### 3) 정책 수행의 장애물과 단계적 접근

유역, 근린주구, 대지를 포함한 다양한 규모에서 녹색인프라를 지원해 주는 완전히 발전된 지자체의 프로그램은 동시에 만들어질 수 없고, 하나의 정책이나 발의로 마련될 수도 없다. 많은 지자체는 더 나은 정책을 채택하고 반복하는 과정을 통해서 온전하고 더욱 보편적인 녹색인프라 전략을 채택해 왔다. 어떤 정책은 적은 자금을 요구하거나 기존의 프로그램과 연계하기도 하고, 지자체 정부나 기관의 지지를 얻기 쉬워 다른 정책들보다 시행하기 쉽다. 그러나 잘 알려지지 않거나 기대치 않은 장애물 때문에 시행되기 더 어려운 정책들이 있다. 이러

---

4. http://www.epa.gov/owow/NPS/lid/gi_case_studies_2010.pdf

한 장애물에는 자금, 정치적인 지지와 리더십의 부족, 변화에 대한 저항, 다양한 이해관계자들이나 파트너들의 조정, 입법 조치, 충돌하는 규제, 기술적인 정보나 훈련의 필요, 초기 시장, 토지이용에 대한 이해 부족, 비용 문제 등이 있다. 이것은 녹색인프라를 시행하는 과정에서 많은 시간과 노력이 필요하다는 것을 의미한다. 녹색인프라에 대한 잘못된 개념을 정리하는 것은 시간과 에너지가 필요할지 모르지만 성공적인 정책 수행을 위해서는 중요한 이해관계자들의 동의가 필요하다. 녹색인프라를 위한 지속적인 자금을 마련하는 것은 또 하나의 어려운 단계이지만 의심할 여지 없이 장기적이고 지속적인 프로그램의 주춧돌인 것만은 틀림이 없다.

정치적인 지지의 부족은 중요한 장애물의 하나이다. 한 개인이 쉽게 정치적인 저항의 물결을 돌려놓기는 어렵지만, 탄력을 받을 수 있는 더 단순한 프로그램에 시간과 에너지를 잘 투자한다면 프로그램의 확산을 위한 지지에 영향을 줄지도 모른다. 녹색인프라 정책을 더 빨리, 더 쉽게 수행하기 위해서는 세 가지 단계적 접근이 필요하다.

정책 수단은 〈표 4〉와 같이 3단계로 구성되어 있다. 1단계는 규제 도입단계로 빗물규제 도입, 조례 개정 등이 있으며, 2단계는 녹색인프라 정책의 확산을 위한 단계로 실증 및 시범 사업, 교육 및 서비스 제공, 인센티브 제공 등이 있다. 3단계는 경제적인 방법을 도입하는 단계로 자금(투자) 및 교통 관련 계획, 부담금

표 4. 단계별 정책 수단

| 단계 | 주요 정책 수단 |
| --- | --- |
| 1단계 | 빗물 규제 도입, 조례 개정 등 |
| 2단계 | 실증 및 시범사업, 교육 및 서비스 제공, 인센티브 제공 등 |
| 3단계 | 자금(투자) 및 교통 관련 계획, 부담금(빗물 유출), 요금할인 등 |

(빗물 유출), 요금할인 등이 있다.[5]

## 4) 접근 전략[6]

접근 전략은 다음의 정책통합, 우선순위 설정, 장기관점의 계획과 투자 세 가지

5. http://www.epa.gov/owow/NPS/lid/gi_case_studies_2010.pdf
6. http://blog.naver.com/ejh8307?Redirect=Log&logNo=80147704695

전략으로 이루어진다.

## (1) 정책통합
- 규제 및 비규제 메커니즘의 병행 추진과 다양한 기관의 참여와 지방의 리더십이 중요하다.
- 실증사업, 인센티브 및 자금 지원, 서비스 제공 프로그램 등 다양한 정책의 통합이 하천복원, 수변 프로젝트, 인식변화 등을 통해 녹색인프라 확충에 기여한다.

## (2) 우선순위 설정
지역 단위에서의 목표를 구체화하고 이에 따른 정책과 프로그램 개발, 다른 다양한 부문에서의 발전을 견인할 수 있는 정책의 선택과 여러 목표달성에 기여할 수 있는 정책의 우선순위를 선정한다. 이때 물 관련 편익 외에도 에너지 절약, 온실가스 저감, 건강, 도시 활력, 자원재생, 비용 절감 등 다양한 효과를 동시에 고려한다.

## (3) 장기관점의 계획과 투자
- 현 수요와 가용 자원에 기반을 둔 체계적 접근과 유연하고 다방면의 프로그램을 추진한다.
- 지역 및 유역 관점에서 누적효과와 전체 시스템과의 유기적인 작동 등을 감안한 장기적 관점의 생태계 투자를 한다.
- 녹색인프라 개발을 자금, 인력, 공공참여, 정치가 및 이해관계자의 지지 등 다양한 정책 옵션을 가진 반복과정으로 인식한다.

## 5) 정책 수단
보호할 만한 가치가 있는 녹색인프라의 보호를 위해서는 일반적으로 다음 세 가지의 정책 수단이 적용된다.

## (1) 소유자 재산권의 임의 제한
소유자가 소유권을 유지할 수 있는 범위 내에서 다양한 계약을 포함하고 있다. 그러나 소유자의 의사와 관계없이 지자체 임의로 개발에 대한 제한에 시민들의

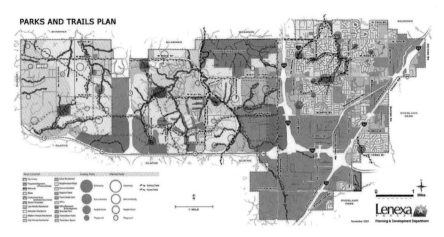

그림 3. 캔자스 르넥사를 위한 유역 규모의 녹색인프라 계획
출처: http://www.epa.gov/owow/NPS/lid/gi_case_studies_2010.pdf

동의를 통해 소유자의 재산권의 임의 제한이 가능하다.

## (2) 토지의 취득

개발로부터 보호를 목적으로 정부, 개인 또는 단체에 의해 취득을 통한 보호가 가능하다.

## (3) 규제를 통한 보호

지자체, 도, 또는 국가는 환경자원을 보호하기 위한 계획을 통해 행위의 임의 규제, 제한이 가능하다. 지방수준에서 이런 범주의 중요한 방법의 사례로는 지역지구제와 개발조례 등이 있다(장병관, 2011년).

## 녹색인프라 관련 법제도의 개선 방안

### 1) 법적인 대응 방안
#### (1) 녹색인프라 조성 및 관리에 관한 법률 제정

녹색인프라 구축을 추진할 수 있는 녹색인프라 법 제정이 시급하다. 현재 각 지방자치단체에서 개별적으로 추진하고 있는 녹색인프라 관련 정책은 기본적인 법제의 지원 없이 단편적, 임의적, 제한적으로 수행되고 있어 체계적인 녹색인프라 구축 측면에서 비효율성, 비경제성, 비형평성을 나타내고 있다. 녹색인프라 구축은 국가 정책적 틀 속에서 종합적이고 체계적으로 추진되어야 한다. 녹색인프라 구축과 녹색경관의 창출은 도시 및 지역의 가치제고, 국가 브랜드 형성 등으로 대한민국의 경쟁력을 높이는 역할을 할 것이다.

녹색인프라 법의 제정은 국토를 지속가능하도록 개선·관리하고 생태환경을 보전·증진하며, 국민의 삶의 질 향상과 국가의 공공복리 증진에 기여할 것이며, 국토 및 지역의 고유한 자연환경, 풍토, 역사 및 문화를 보전하고, 아름답고 건강한 선진 국토환경을 조성하여 미래세대에 전승될 공공적 가치를 구현하는 데 필요하다(변재상, 2012년).

## (2) '도시공원 및 녹지 등에 관한 법률'을 개정하여 국가도시공원 신설

선진국에서도 국가에서 조성·관리하는 국가도시공원national urban park의 사례가 많다. 일본에서는 국가도시공원이 국영공원 혹은 지역공원으로 불리고 있으며 이미 17개소에 조성되어 있고, 스웨덴에는 스톡홀름 국가도시공원 등이 조성되어 있다(Clark, 2006년).

그동안 정부와 지자체가 매년 공원, 녹지 등 녹색인프라에 투자해 온 비용은 도로, 교량 등 회색 인프라에 비해 미미한 수준에 그치고 있다. 2010년 기준, 전국 지자체가 고시한 공원면적 1,043㎢ 중 80%인 823㎢가 토지매입도 안 된 미집행 상태에 있다. 2020년 7월 1일이면 공원일몰제로 이들 미집행공원 면적이 사라질 위기에 처해 있다. 미집행 공원 면적을 매입하기 위해서는 약 55조 원이 소요될 예정이라 지자체가 매입하는 것은 사실상 불가능한 실정이다. 이에 대처하기 위해서는 중앙정부 차원의 공원투자가 필요하며, 국가도시공원 조성도 미집행 도시공원을 해소하는 적절한 방안이다.

국가도시공원은 국가적 기념사업의 추진, 자연경관과 역사·문화유산의 보전, 도시공원의 광역적 이용을 위해 적합한 공원이다. 국가도시공원 조성계획은 국토교통부 장관이 입안하고, 결정은 중앙도시계획위원회의 심의를 거쳐 추진한다. 지자체가 조성·관리하는 기존의 생활권공원과 주제공원에 더하여 국가도시공원의 추가가 필요하다. 국가도시공원의 조성 및 관리에 소요되는 비용은 국가가 부담하는 것을 원칙으로 하되, 필요시 해당 특별시·광역시·특별자치도·시 또는 군의 장과 협의하여 그 일부를 부담하게 할 수 있다. 국가도시공원을 효율적으로 유지·관리하는 국가도시공원관리재단의 설립이 필요하다.

### (3) 아파트 주거문화 혁신을 위한 커뮤니티 공유 공간할당 법 제정

아파트 주거지 내에 녹색인프라 확충을 위한 커뮤니티 공유 공간을 확보 방법으로 다음 두 가지 대안을 들 수 있다. 첫 번째로는 커뮤니티 공유 공간할당 법(가칭)을 통해 기존의 부대 복리 공간과는 별도로 미래 사회통합을 대비하여 각각의 아파트 건물에 일정 비율(5~10%)을 확보하게 하고 이를 정부 지자체 소유로 하여 미래사회에 필요해질 서비스 체계가 원활하게 들어가도록 공공 인프라가 되게 하는 방안이다. 두 번째는 지금 현재의 부대복리시설을 수요자 중심으로 전환하여 확대 공급하고 총량제로 지정하게 하되, 개별 주택의 접근성이 원활하도록 동별 일정 비율을 의무화하는 방안으로서, 이때 소유는 단지가 하게 되는 방안이다(이연숙, 2010년).

### (4) '도시공원 및 녹지 등에 관한 법률'을 개정하여 '농사체험공원' 신설

도시농업에 대한 수요가 급격히 늘어나고 있으므로 '도시공원 및 녹지 등에 관한 법률'을 개정하여 제15조 도시공원의 세분 항목의 주제공원에 '농사체험공원'을 추가하도록 하여 새로운 유형의 공원조성을 통해 수요를 충족시켜 나아가고 미집행공원도 줄여나가도록 한다(김학용, 2012년).

## 2) 기타 대응 방안

### (1) 도심 빈 집의 녹지화

급격한 도시화로 인한 외부 도시 확산이 일어나면서 도시마다 도심 공동화로 빈 집이 늘어나는데, 이를 매입하여 녹지공간을 만들어 나감으로서 도심에 녹색인프라를 마련해 나갈 수 있다.

### (2) 녹색인프라 구축 재원 조달

공원 등 녹색인프라 조성에는 재원이 필요하다. 선진국 일부에서는 중앙정부가 지자체에 지원하고 있으며 공원세 신설과 각종 채권발행으로 재원조달에 적극 노력하고 있다. 이러한 방안과 더불어 빗물요금제 등과 같은 방안으로 재원조달이 필요하다.

### (3) 거버넌스 체계의 뒷받침 필요

녹색인프라 구축을 위한 관련정책들의 통합적 노력의 결집을 위해서는 중심역할을 수행하는 그룹과 관련 부문 간 역할분담 및 협조체계 구축이 필요하며, 시민그룹, 지역사회, 정부 사이의 유기적 연합체(Erickson, 2006년) 결성이 필요하다. 정부는 녹색인프라의 구축을 지원하기 위하여 녹색인프라 파트너십을 설정하여야 한다. 잠재적인 파트너는 지방자치단체, 계획전문가, 개발업자, 시민사회, 환경단체, 보건단체, 기타 시민단체 등이다. 이를 통해 공공부문은 소유권을 보유하고, 민간부문은 프로젝트를 어떻게 완성해 나갈 것인가를 결정하는데 있어서 부가적인 의사결정을 할 수 있는 권한을 가지게 된다(장병관, 2011년).

## 녹색인프라 정책 수단과 전략

녹색인프라는 공원, 녹지, 하천, 습지, 농지, 텃밭, 그린벨트 등 녹색환경을 지칭하며, 녹색인프라 구축은 이들을 유기적으로 배치하고 연결하여 녹색 네트워크를 조성하는 것이다. 이러한 녹색인프라는 쾌적한 환경 제공, 시민건강 향상 등 환경복지를 위한 필수 기반시설이나, 매년 정부와 지자체가 녹색인프라에 투자하는 비용은 회색인프라에 비해 극히 미미한 형편이다.

공원 및 녹지 시설과 서비스에 대한 시민들의 요구는 증가하고 있으나, 지방자치단체의 열악한 재정으로 공급을 못 하고 있으며, 특히 도시공원일몰제로 2020년 7월까지 순수 도시공원의 85%(2010년 기준 700㎢)가 소멸할 위기에 처해있다.

녹색인프라는 가뭄, 홍수, 산사태 등 자연재해를 줄이고, 온난화는 물론 도시열섬화를 완화하는 역할을 한다. 빗물을 저류·정화하고 하천 수질을 개선하며, 생물다양성을 증가하는 데 이바지한다. 녹색인프라는 기존의 하수도 시설계획보다 비용이 적게 들며 그 편익은 커서 최근에는 하천 수질관리에 적용하는 추세이다.

시민들은 가까운 공원과 녹지에서 산책과 운동을 통해 건강을 증진하고, 생동감 넘치는 환경 속에서 높은 질의 삶을 원하고 있다. 녹색인프라 구축은 일자리 창출에 기여하며, 잘 구축된 녹색인프라는 지역 이미지를 향상하고, 관광과 토지 가치상승으로 지역경제 활성화에 기여한다.

녹색인프라 구축을 위한 정책수단으로는 빗물규제, 빗물요금, 빗물요금 할인, 조례의 개정, 실증 및 시범 사업, 자금(투자)과 교통 관련 프로젝트, 교육 및 서비스 제공, 기타 인센티브 제공 등을 들 수 있다. 이들 정책수단은 지역의 실정에 맞게 선정하여 통합적으로 적용할 필요가 있다. 녹색인프라 구축 단계는 규제를 도입하는 단계, 녹색인프라의 효과를 나타내는 단계, 녹색인프라를 확충해 나가는 단계로 구분할 수 있으며, 각 단계별 구체적인 정책수단은 지역의 특성에 맞게 적용할 필요가 있다.

국토환경 개선과 환경복지 기반 조성을 위해 녹색인프라 구축에 대한 정책적 대전환이 필요하다. 녹색인프라 구축은 국가 정책적 관점에서 체계적으로 추진되어야 하며, 이를 위해 관련법의 제정과 개정을 통한 법적 뒷받침이 시급하다.

## 1) 정책 목표

- 국토 전반에 대한 녹색인프라 구축 전략 및 체계 수립
- 녹색인프라 구축을 통한 환경복지 증대 및 일자리 창출
- 녹색인프라 구축을 통한 종다양성 증대, 기후변화 대응, 홍수 등 재해 방지
- 강우유출수 정화 및 수질개선을 위한 그린스트리트, 레인가든, 식생수로swale, 투수포장 등 친환경적 녹색인프라 시설 확충
- 녹색인프라의 핵심요소인 도시공원과 녹지를 확충 및 정비
- 도시 내 최소한의 녹지 의무공간을 강화함으로써 도시 내 부족한 녹지공간을 확충
- 정부가 조성 중인 용산국가공원과 같은 대형 국가도시공원을 정부 주도로 전국에 15개 조성하여 지역균형발전에 기여
- 2020년 일몰제 시행에 대비하여 미집행공원의 해소를 위한 재정확보 및 제도개선

## 2) 세부 전략

- 녹색기반조성 및 관리에 관한 법률' 추진
- 상위계획 및 관련 계획 사항을 고려하여 공통된 계획범위를 설정하고 중복되는 사항은 배제
- 탄소저감 등 시대적 변화에 대응하는 녹색인프라 계획 수립으로 그 실효성 증진
- 녹색인프라 위탁관리 확대를 통하여 전문가에 의한 관리 및 다양한 프로그램 운영 등 활성화 유도
- 녹색인프라에 대한 시민참여를 유도하고 체계적으로 관리하는 녹색인프라 재단 설립

| 범주 | 녹색인프라 질적 확충 | 도시공원 질적 확충 |
|---|---|---|
| **국가**<br>- 국가 및 한반도 차원<br>- 거시적, 의미적 접근<br>- 보호, 규제의 측면 | **'광역 녹색인프라 정책'**<br>• 녹색인프라 중심 국토환경 향상 정책<br>• 국가 녹색인프라 계획 수립<br>• 백두대간을 골자로 하는 기본 틀 | **'생활권 공원문화 정책'**<br>• 국가적 공원문화 향상 추진<br>• 공공재에 대한 시민협정, 시민참여 법제 도입 추진 |
| **지방권**<br>- 중부, 호남, 영남 등 지방 권역<br>- 거시적 접근<br>- 보호, 형성의 측면 | **지역적 자연환경을 고려한 녹색인프라 체계 및 관리 방안 도입**<br>• 광역 및 지역 녹색인프라 계획 수립<br>• 인접 지자체와 연계된 통합적 접근 | **'권역별 정원 · 공원 지원'**<br>• 도시계획, 어바니즘과 맞물린 공공정원 도입 및 시민협정 추진<br>• 광역 및 지역 녹색인프라 계획 수립<br>• 도시공원, 지역공원 차원의 통합계획 |
| **도시권**<br>- 도시, 행정 단위 차원<br>- 규제, 형성의 측면 | **'도시 녹색구조 형성'**<br>• 녹색 허브와 녹색 링크로 구축된 도시 녹색인프라 형성 정책 추진<br>• 도시공원녹지를 기본 틀로 녹색네트워크 보완 및 새 구조 형성 | **'권역별 정원 · 공원 지원'**<br>• 도시계획, 어바니즘과 맞물린 공공정원 도입 및 시민협정 추진<br>• 광역 및 지역 녹색인프라 계획 수립<br>• 도시공원, 지역공원 차원의 통합계획 |
| **생활권**<br>- 생활권역 중심<br>- 확충, 보완의 측면 | **'생활권 녹색허브 구축'**<br>• 도시공원녹지 중심 녹색 허브 활성화<br>• 개별 사업 중심의 녹색인프라 추진<br>• 생활권 녹색인프라 대상 | **도시공원 '생활공원화'**<br>• 생활권 가로, 공공공지, 자투리땅 등 생활공원과 공공정원 순차 지원<br>• 공개공지, 공공용지 등 단계별 확대 |

그림 4. 녹색인프라 정책 방향

- 다양한 프로그램 및 시상 등을 시행하여 녹색인프라 문화 확산
- 미집행공원 해소를 위한 국가계획을 수립하고, 광역시도, 시군구별로 수행업 무와 목표 설정
- 국가도시공원 조성을 위한 법적, 제도적 정비를 위한 '도시공원 및 녹지 등에 관한 법률' 개정
- 미집행공원 해소를 위한 국가계획을 기준으로 국가, 광역시도, 시군구, 기업 및 개인 등 민간이 미집행공원 집행 활성화를 위하여 추진하여야 하는 사항 을 새롭게 도입하거나 정비

녹색인프라의 이해와 구축 방안

# 참고문헌

1. 국토해양부, 저탄소 녹색성장형 도시공원 조성 및 관리운영 전략 정책연구, 2011.
2. 권경호, "녹색인프라 구축 보고서 자료", 『한국조경학회』 (미인쇄), 2012.
3. 김학용의원 대표발의, '도시공원 및 녹지 등에 관한 법률' 일부개정법률안, 2012.
4. 나정화, "녹색인프라 구축 보고서 자료", 『한국조경학회』 (미인쇄), 2012.
5. 변재상, "녹색기반법 제정의 배경과 주요 내용", 『한국조경학회』 (인쇄중), 2012.
6. 서주환, "녹색인프라 구축 보고서 자료", 『한국조경학회』 (미인쇄), 2012.
7. 성현찬 외 5인, "이용자 중심의 도시공원 조성방안", 『KYDI 위탁연구』 3-0, 2009.
8. 안명준, "녹색인프라 구축 보고서 자료", 『한국조경학회』 (미인쇄), 2012.
9. 윤은주, "주민참여를 통한 공원조성 활성화 방안", 『한국조경학회 조경문화제 심포지움 발표자료』, 2011.
10. 이연숙, "사회통합과 녹색성장의 구심점으로서 한국 아파트혁신방안", 『사회통합 친환경 정책 심포지움 자료』, 2010.
11. 장병관, "녹색인프라 구축의 필요성과 구축 방법", 『한국조경학회 조경문화제 심포지움 발표자료』, 2011.
12. 장병관, "녹색인프라 구축 보고서 자료", 『한국조경학회』 (미인쇄), 2012.
13. 최영국, "우리나라 도시공원의 실태와 당면과제", 『국토정보』 9(5), 1991, pp.2-84.
14. 최병춘, "서울시, 빗물세 도입 추진", 한국조경신문, 제218호.
15. Benedict, M. A. and E. T. McMahon, *Green Infrastructure: Linking Landscape and Communities*, Washington: Islandpress, 2006, pp.1-22.
16. Clark, P. ed., *The European City and Green Space*, Burlington: Ashgate Pubishing Company, 2006, pp.159-174.
17. Erickson, D., *MetroGreen: Connecting Open Space in North American Cities*, Washington: Islandpress, 2006, pp.3-44.
18. Wolf, K. L., *Metro Nature: Its Function, Benefits, and Values. In Birch, E. L. and S. M. Wachter eds., Growing Greener Cities*, Philadelphia: University of Pennsylvania Press, 2008, pp.294-315.
19. http://www.asla.org/ContentDetail.aspx?id=24076
20. http://www.asla.org/sustainablelandscapes/rooftophaven.html
21. http://blog.naver.com/ejh8307?Redirect=Log&logNo=80147704695
22. http://www.greeninfrastructure.net
23. http://nac.unl.edu/bufferguidelines/docs/GTR-SRS-109_Korean-minimized.pdf
24. http://nytelecom.vo.llnwd.net/o15/agencies/planyc2030/pdf/planyc_2011_planyc_full_report.pdf

# 저자 소개

**양 홍 모**
laep5401@gmail.com

서울대학교 조경학 학사, 동 대학 환경대학원 조경학 석사와 임학과 박사를 취득하고, 풀브라이트 장학생으로 버클리대학교(UC-Berkeley)에서 환경계획학 박사학위를 받았다. 1983년부터 전남대학교 조경학과에서 조경계획원론, 공원계획 및 실습, 생태공학 및 생태복원, 도시계획 및 도시생태계 등을 강의하며, 수질정화 인공습지의 설계·시공·운영을 통한 국내 환경에 적합한 하천수정화 인공습지를 연구해오고 있다. (사)한국조경학회장을 역임(2011-2012)하였으며, 현재는 상임고문(2013-2014)으로 활동하고 있다. 학회장 임기 중 국회, 정부, 지자체가 녹색인프라에 대한 투자를 회색인프라 투자처럼 여기도록 사고를 바꾸는 운동을 전개하였고, 2011년 전국 6대 권역과 국회에서 국가도시공원 조성 및 녹색인프라 구축 전국순회 심포지엄 개최를 추진하였다. 2012년부터는 공원일몰제 대처와 녹색인프라 구축을 위한 국가도시공원을 전국 권역에 조성할 수 있도록 '도시공원 및 녹지 등에 관한 법률'의 개정에 노력하고 있다.

**박 재 철**
pjcysael@woosuk.ac.kr

뒤로는 미륵산이 보이고 앞에는 모악산이 보이는 전북 익산 춘포에서 태어나 익산과 전주에서 초중고 시절을 보내고, 우석대에서 연구하며 가르치고 있다. 주요 저서로는 『진안의 마을숲』(공저, 2007, 진안문화원)과 『마을숲과 참살이』(공저, 2007, 계명대학교출판부), 『마을숲의 바람과 온습도 조절 기능』(2006, 한국학술정보), 『창의적 조경설계』(공역, 2009, 도서출판 대가) 등이 있다. 주요 논문으로는 『녹색 인프라 구축을 위한 정책』(연구책임, 2012, 한국조경학회)과 공모를 통해 당선된 『녹색기반조성 및 관리에 관한 법률제정 방향』(연구책임, 2012, 법제처 녹색성장 법제 논문집) 등이 있다. (사)한국농촌계획학회 회장과 (사)한국조경학회 호남지회장을 역임하였고, 현재는 (사)한국조경학회 부회장 및 녹색인프라 특별위원회 위원장과 (재)환경조경발전재단 이사 및 녹색인프라전문위원회 위원장으로 활동하고 있다.

**장 병 관**
bkjang@daegu.ac.kr

서울대학교 농과대학 조경학과를 졸업하고 동 대학에서 석사, 박사를 취득하였다. 현재 대구대학교 조경학과 교수로 재직 중이다. (사)한국조경학회 영남지회장, 편집위원장을 역임하였고, 현재 수석부회장으로 활동하고 있다. 주요 저서로 『생태설계』(공역, 2007, 보문당), 『조경가를 위한 토양학 핸드북』(공역, 2008, 태림문화사), 『최신 조경식물학』(공저, 2007, 광일문화사), 『생태조경계획 및 설계』(공저, 2008, 기문당), 『키워드로 만나는 조경』(공저, 2011, 도시출판 조경) 등이 있다.

# 서 주 환
jhsuh@khu.ac.kr

경희대학교 조경학과 학사, 석사, 박사를 취득하였다. 현재 경희대학교 환경
조경디자인학과 교수로 재직 중이다. (사)한국조경학회 연구부회장을 역임
하였고, 현재는 편집위원장으로 활동하고 있다. 주요 저서로 『ランドスケー
プの新しい波: 明日の空間論を拓く』(공저, 1991, 日本メイプルプレス), 『경
관색채학』(1994, 명보문화사), 『조원학범론』(2000, 도서출판누리에), 『자연경
관계획 및 관리』(공저, 2004, 문운당), 『예술과 테크놀로지』(공저, 2005, 에이
포미디어), 『한국조경의 도입과 발전 그리고 비전』(공저, 2008, 도서출판 조
경) 등이 있다.

# 나 정 화
jhra@knu.ac.kr

경관의 소중함을 잊지 않고 현재까지 경관자원을 보전하고 관리하기 위해
꾸준히 연구 · 실천하고 있다. 경북대학교에서 조경학 학사와 석사를 취득
하고, 독일 도르트문트(Dortmund)대학교에서 경관생태 및 경관생태계획학
과 공학박사를 취득하였다. 현재 경북대학교 조경학과 경관생태계획학연구
실에서 경관생태 및 경관계획분야에 관한 다양한 연구를 이어오고 있다. 주
요 저서로는 『조경계획』(공저, 2011, 기문당), 『생태조경계획 및 설계』(공저,
2008, 기문당), 『경관생태학』(공저, 2005, 보문당), 『자연 경관계획 및 관리』
(공저, 2004, 문운당) 등이 있다.

# 김     현
hyunkim@dankook.ac.kr

성균관대학교 조경학과에서 학사, 석사를 마치고 일본 동경대에서 온천관
광지 경관평가에 관한 연구로 박사학위를 받았다. 귀국 후 삼성에버랜드(주)
환경개발사업부 환경디자인 R&D센터에서 공원녹지, 조경계획, 지역계획,
관광지계획 관련 약 30여 프로젝트를 수행하였으며, 대성동 고분군현상설
계 공모전, 가야민속촌현상설계 공모전, 미동산산림생태원 현상설계 공모전
에 당선되었다. 한국문화관광연구원에서는 지역관광정책과 계획, 복지관광,
생태관광, 타당성분석을 연구하였다. 현재 단국대학교 녹지조경학과 부교수
로 공간설계, 관광휴양론 등을 강의하고 있으며 녹색인프라(국토교통부), 공
원정책(한국연구재단), 생태관광(환경부) 연구와 함께 마을만들기의 공간설
계, 커뮤니티 비지니스 디자인에 대한 실증연구를 진행하고 있다.

# 권 경 호
kwonkhberlin@hotmail.com

서울대와 동 대학원에서 조경학 학 · 석사를 마쳤고, 독일 베를린공대 조경
학과 응용수문학 연구실과 토목공학과 도시물관리 연구실에서 박사학위를
받았다. 서울대 공학연구소에서 행복도시, 수원시 등의 분산형 빗물관리, 저
개발국 긴급식수 지원, 통일을 대비한 북한 상하수도 인프라 계획 등 연구
과제를 수행하였고, 최근 서울특별시 환경치수 도시관리 방안, 종로구청 빗
물관리 · 물순환 기본계획 등을 수립하였다. 현재, 한국—유럽 학술교류협력
사업에 의한 물—물질—에너지 순환형 건축(Zero Emission Building)연구에 참
여하고 있으며, 분산형 빗물관리의 홍수방재, 물순환, 비점오염 저감 기능을
도시관리 계획, 조경 계획 · 설계에 연계시키는 업무를 하고 있다.

271

## 이 경 주
lgjracer@ut.ac.kr

서울대학교 조경학과를 졸업하고, 버펄로 뉴욕주립대학교의 도시 및 지역 계획학과와 지리학과에서 각각 석사 및 박사학위를 받았다. 국토연구원 책임연구원을 거쳐 현재 국립한국교통대학교 도시공학과 부교수로 재직 중이다. 주요 관심분야는 지리정보체계(GIS), 토지이용·공간구조, 공간(통계)분석, 공원녹지계획 등이다. 주요 논문으로는 'Monitoring Global Spatial Statistics(2007)', 'A spatial statistical approach to identifying areas with poor access to grocery foods in the City of Buffalo, New York(2009)', '근린공원 입지계획지원을 위한 공급적정성 평가방법에 관한 연구(2009)', 'Measuring spatial accessibility in the context of spatial disparity between demand and supply of urban park service(2013)' 등이 있다.

## 윤 상 준
alpinet0504@hotmail.com

영국 셰필드(Sheffield) 대학교 조경학과에서 정원의 역사 및 역사정원 보전 이론과 정책에 관한 연구로 박사학위를 받았다. 2008년 귀국하여 (재)환경 조경발전재단 사무국장, (재)아름지기 선임연구위원을 거쳐 현재 조경설계 이화원과 이화원 정원문화연구소를 설립하여 연구소장으로 정원과 녹색문화 정착을 위하여 활동하고 있다. 주요 저서로 『영국의 플라워 쇼와 정원문화』(2006, 도서출판 조경, 2006 문화관광부 우수교양도서), 『윤상준의 영국 정원이야기1: 12인의 정원 디자이너를 만나다』(2011, 나무도시), 『텃밭정원 도시미학: 농사일로 가꾸는 도시, 정원일로 즐기는 일상』(공저, 2012, 서울대학교 출판문화원, 2013 문화관광부 우수학술도서) 등이 있다. 식물을 중심으로 정원의 역사를 기술한 『Plants in Garden History』(공역, 2014 출판예정, 도서출판 대가)를 공동 번역하였다.

## 안 명 준
inplusgan@gmail.com

고교 시절 교정을 걸으며 느낀 아름다운 가을 아침 풍경에 매료되어 지금까지 조경을 공부·실천하고 있다. 서울대학교에서 조경학 학사, 석사 및 박사 수료 하였다. 서울대학교 조경미학연구실을 거쳐 조경비평가로 활동하며 통합설계·미학연구실에서 연구 중이다. 주요 저서로 『현대 경관을 보는 열두 가지 시선』(공저, 2006, 한국학술정보), 『LAnD: 조경·미학·디자인』(공저, 2006, 도서출판 조경), 『아름다운 농장 만들기 – 조경으로 일구는 아름다운 풍경목장』(2009, 이매진) 등이 있다. 최근에는 도시농사와 정원가꾸기에 대한 인문학적 접근을 시도한 『텃밭정원 도시미학: 농사일로 가꾸는 도시, 정원일로 즐기는 일상』(공저, 2012, 서울대학교 출판문화원, 2013 문화관광부 우수학술도서)을 기획, 공동 집필하였고, 인터넷 조경포털 라펜트(www.lafent.com)에 "경공환장: 다시 보는 일상, 느껴 보는 도시"시리즈를 연재중이다.